高效办公

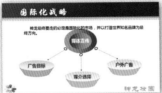

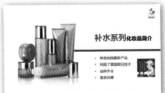
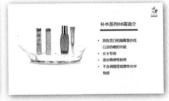

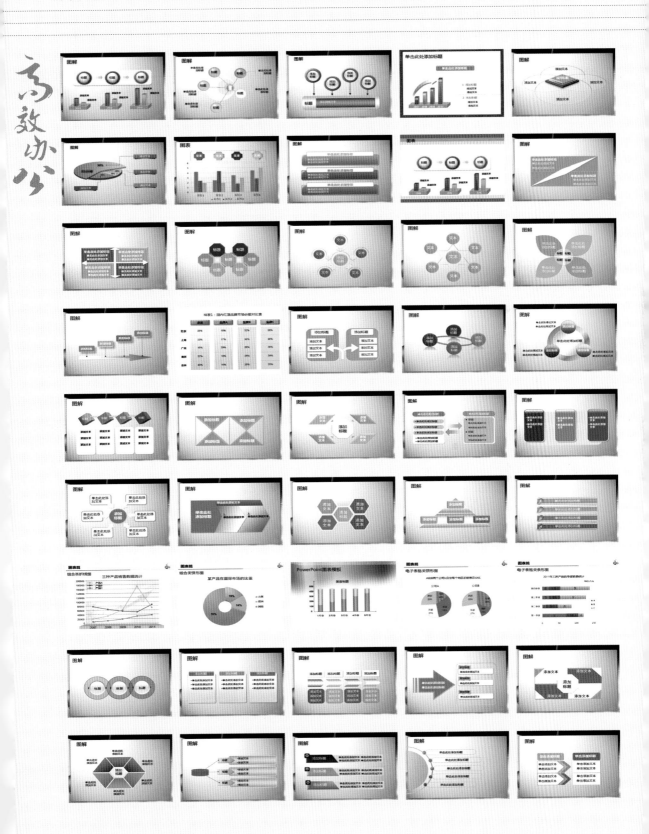

赠送PowerPoint 案例模板展示

高效办公

Word/Excel/PowerPoint 2010

三合一
办公应用

神龙工作室 杨旭 编著

人民邮电出版社

北京

图书在版编目（CIP）数据

Word/Excel/PowerPoint 2010三合一办公应用 / 杨
旭编著. -- 北京：人民邮电出版社，2014.3（2019.10重印）
ISBN 978-7-115-34429-8

Ⅰ. ①W… Ⅱ. ①杨… Ⅲ. ①文字处理系统②表处理
软件③图形软件 Ⅳ. ①TP391

中国版本图书馆CIP数据核字(2014)第010689号

内 容 提 要

本书是指导初学者学习 Word、Excel 和 PowerPoint 办公应用的入门书籍。本书打破了传统的按部就班讲解知识的模式，以企业办公的工作过程为出发点，通过大量来源于实际工作的精彩实例，全面涵盖了读者在使用 Word/Excel/PPT 2010 进行日常办公过程中所遇到的问题及其解决方案，使读者既学习了 Wrod/Excel/PPT 功能，又熟悉了现代企业办公业务。全书分为 3 篇共 11 章，Word 办公应用篇主要介绍文档编辑与 Word 表格制作，图形、图表的应用，使用 Word 排版等内容；Excel 办公应用篇主要介绍编制工作簿与工作表、数据透视表与数据透视图，排序、筛选与分类汇总，美化与打印工作表，保护与共享工作簿，图表与数据分析等内容；PowerPoint 办公应用篇主要介绍 PowerPoint 2010 快速入门、编辑演示文稿、美化演示文稿等内容。

本书附带一张专业级的 DVD 格式的多媒体教学光盘，提供长达 10 个小时的与本书内容同步的多媒体教学内容。通过全程视频讲解，对书中知识点进行深入讲解，一步一步地引导读者掌握使用 Word、Excel 和 PowerPoint 进行日常办公的各种操作与应用。此外光盘中还附有书中所有实例对应的原始文件、素材文件以及最终效果文件；并赠送一个超值大礼包，内含 8 小时的 Windows 7 基础知识和精彩实例讲解、办公设备和常用软件的视频教学、900 套 Word/Excel/PPT 2010 实用模板、包含 1200 个 Office 2010 应用技巧的电子文档、财务/人力资源/行政/文秘等岗位的日常工作手册、电脑日常维护与故障排除常见问题解答等内容。

本书既适合 Word、Excel 和 PowerPoint 的初学者阅读，又可以作为大中专院校或者企业的培训教材，同时对于在 Word、Excel 和 PowerPoint 方面有实战经验的用户也有较高的参考价值。

◆ 编　　著　神龙工作室　杨　旭
　　责任编辑　马雪伶
　　责任印制　程彦红　焦志炜
◆ 人民邮电出版社出版发行　　北京市丰台区成寿寺路 11 号
　　邮编　100164　电子邮件　315@ptpress.com.cn
　　网址　http://www.ptpress.com.cn
　　固安县铭成印刷有限公司印刷
◆ 开本：787×1092　1/16
　　印张：23　　　　　　　　　　彩插：2
　　字数：562 千字　　　　　　　2014 年 3 月第 1 版
　　印数：18 501－18 900 册　　　2019 年 10 月河北第 10 次印刷

定价：49.80 元（附光盘）

读者服务热线：（010）81055410　印装质量热线：（010）81055316
反盗版热线：（010）81055315
广告经营许可证：京东工商广登字 20170147 号

前　言

随着企业信息化的不断发展，Word/Excel/PowerPoint 已经成为企业日常办公中不可或缺的工具，目前已经广泛地应用于财务、行政、人事、统计和金融等众多领域。为了满足广大办公人员高效办公的需求，我们组织多位办公软件应用专家和资深职场人士，按照现代企业办公的实际工作流程和需求精心编写了本书。

本书特色

案例设置基于工作过程：本书最大的特点是以实际办公应用为依托，以实际办公流程为主线来选取案例。书中案例不仅涉及日常办公的各个方面，而且这些办公案例之间紧密关联。譬如在本书的第 1 章首先说明了为什么要制作销售部绩效考核制度，然后介绍了如何使用 Word 制作销售部"绩效考核制度"，而在第 6 章中又介绍了如何根据销售部绩效考核制度中的"提成工资计算标准"和"绩效工资计算标准"，使用 Excel 计算业务员的提成工资和绩效工资，前后关联，使读者既学会了 Word/Excel 功能，又熟悉了办公业务。

内容全面，重点突出：本书以 Office 2010 版本讲解，不仅详细地介绍了 Word、Excel 和 PowerPoint 的基础知识，而且把实际办公过程中经常应用的 Word、Excel 和 PowerPoint 功能作为重点内容讲解。

双栏排版，超大容量：本书采用双栏排版的格式，内容紧凑，信息量大，力求在有限的篇幅内为读者奉献更多的理论知识和实战案例。

背景引导，知识点提炼：本书增加了"案例背景"和"关键知识点"两个部分，这是有别于其他同类书籍的一个重要特点。"案例背景"部分引导读者进入本案例的学习内容，"关键知识点"部分对本实例所涉及的知识点进行了提炼，便于读者高效地学习。

一步一图，以图析文：本书采用图文结合的讲解方式，每一个操作步骤的后面均附有对应的插图，读者在学习的过程中能够更加直观、清晰地看到操作的效果，更易于理解和掌握。在讲解的过程中还穿插了各种提示技巧和注意事项，使讲解更加细致。

光盘特色

时间超长，容量更大：本书配套光盘采用 DVD 格式，讲解时间长达 10 个小时，容量更大，不仅包含视频讲解，书中所有实例涉及的素材文件、原始文件和最终效果文件，还包含一个超值大礼包。

书盘结合，通俗易懂：本书配套光盘全部采用书中的实例讲解，是书本内容的可视化教程；光盘讲解语言轻松活泼，内容通俗易懂，有利于加深读者对书本内容的理解。

超值奉送，贴心实用：光盘中不仅包含 10 个小时的与书中内容同步的视频讲解，同时还赠送了 8 小时 Windows 7 基础知识和精彩实例讲解、办公设备和常用软件的视频教学；同时赠送多个实用的电子文件，包括财务、人力资源、生产、文秘与行政等岗位日常工作手册，1200 个 Office 2010 实用技巧，900 套 Word/Excel/PPT 2010 实用模板，电脑日常维护与故障排除常见问题解答等实用内容。

光盘使用说明

（1）将光盘印有文字的一面朝上放入光驱中，几秒钟后光盘就会自动运行。

（2）若光盘没有自动运行，在光盘图标 上单击鼠标右键，在弹出的快捷菜单中选择【自动播放】菜单项（Windows XP 系统），或者选择【安装或运行程序】菜单项（Windows 7 系统），光盘就会运行。

（3）建议将光盘中的内容安装到硬盘上观看。在光盘主界面中单击【安装光盘】按钮 ，弹出【选择安装位置】对话框，从中选择合适的安装路径，然后单击 确定 按钮即可安装。

（4）以后观看光盘内容时，只要单击【开始】按钮➤【所有程序】➤【从入门到精通】【《Word/Excel/PowerPoint 2010 三合一办公应用》】菜单项就可以了。如果光盘演示画面不能正常显示，请双击光盘根目录下的 tscc.exe 文件，然后重新运行光盘即可。

（5）如果想要卸载本光盘，依次单击【开始】➤【所有程序】➤【从入门到精通】➤【卸载《Word/Excel/PowerPoint 2010 三合一办公应用》】菜单项即可。

本书由神龙工作室组织编写，杨旭编著，参与资料收集和整理工作的有孙冬梅、孙婉玉、姜楠、纪美清、左效荣等。由于时间仓促，书中难免有疏漏和不妥之处，恳请广大读者不吝批评指正。

本书提供教学 PPT 课件，如有需求，请发邮件至 shenlonggxbg2@163.com 索取。

本书责任编辑的联系信箱：maxueling@ptpress.com.cn。

编　者

2014 年 1 月

目　录

第 1 篇　Word 办公应用

第 1 章
文档编辑与 Word 表格

1.1 制作绩效考核制度 3
 1.1.1 创建并重命名新文档 4
  1. 使用【开始】菜单 4
  2. 使用鼠标右键 5
 1.1.2 输入文档内容 6
  1. 输入常规文本 6
  2. 输入特殊符号 6
  3. 输入 Microsoft 公式 7
 1.1.3 插入表格 8
  1. 快速插入表格 8
  2. 调整行高和列宽 9
  3. 设置表格的对齐方式 10
  4. 设置表格的边框和底纹 10
 1.1.4 插入当前日期 12
 1.1.5 编辑文档 12
  1. 设置字体和字号 12
  2. 设置段落格式 13
  3. 使用"格式刷"刷取格式 14
  4. 添加项目符号和编号 15
  5. 添加边框和底纹 17
  6. 去除波浪线 18
  7. 查找和替换 19
  8. 统计字数 21
1.2 设计营销策划书 22
 1.2.1 美化营销策划书 23

  1. 设置字体格式 24
  2. 设置段落格式 26
  3. 美化表格 27
 1.2.2 插入页眉和页脚 28
  1. 插入页眉 29
  2. 插入页脚 36
 1.2.3 插入封面 38
  1. 插入封面底图 39
  2. 插入形状 41
  3. 插入文本框 43
  4. 插入图片 47

第 2 章
图形、图表与简单排版

2.1 设计绩效考核流程图 50
 2.1.1 创建销售部绩效考核流程图 51
  1. 插入流程图标题 51
  2. 插入流程图 55
 2.1.2 美化销售部绩效考核流程图 62
  1. 组合 62
  2. 设置页面颜色 63
  3. 插入公司 LOGO 64
2.2 创建月度销售分析 66
 2.2.1 插入并美化图表 70
  1. 插入饼图 70
  2. 调整图表大小 71
  3. 设计图表布局 72
  4. 设置图表样式 73

5. 美化图表区域 73
6. 插入柱形图 75
7. 美化柱形图 76
8. 删除坐标轴标题 77
9. 美化图表区和绘图区 78
10. 切换行/列 79
11. 修改水平（分类）轴标签 79
12. 删除图例 81
13. 设置数据点格式 81
14. 设置数据标签 82
15. 删除数据中的某个系列 83
16. 插入条形图 85
2.2.2 使用样式 87
1. 套用系统内置样式 87
2. 修改系统原有样式 89
3. 新建样式 91
2.2.3 插入并编辑目录 92
1. 插入目录 92
2. 修改目录 93
3. 更新目录 95
4. 插入分隔符 95

5. 调整行间距 96
2.2.4 插入页眉和页脚 97
1. 插入奇数页页眉和页脚 97
2. 插入偶数页页眉和页脚 101
2.2.5 设计封面 104
1. 插入封面 104
2. 组合元素并保存封面 108
2.3 设计企业内刊 109
2.3.1 设计内刊布局 111
1. 设计页面布局 111
2. 划分板块 111
2.3.2 设计内刊刊头 113
1. 编辑内刊名 113
2. 插入公司 LOGO 115
3. 设计其他刊头消息 116
2.3.3 设计内刊的消息板块 117
2.3.4 设计内刊的其他板块 118
1. 插入形状 118
2. 插入图片 120
3. 组合 121
4. 设置表格边框 121

第 2 篇 Excel 办公应用

第 3 章
编制工作簿与工作表

3.1 创建销售明细账工作簿 125
1. 使用【开始】菜单 125
2. 使用鼠标右键 126
3.2 编辑销售明细账工作簿 127
3.2.1 工作表的基本操作 128
1. 重命名工作表 128
2. 插入、移动与删除工作表 ... 129
3.2.2 输入产品信息表内容 131
1. 输入常规型数据 131
2. 输入文本型数据 132
3. 利用数据有效性输入数据 ... 132
4. 输入数值型数据 134

3.2.3 输入客户信息表内容 134
1. 利用数据有效性限定文本长度 134
2. 插入行 135
3. 合并单元格 136
4. 设置对齐方式 136
3.2.4 输入月销售明细表内容 137
1. 函数 137
2. 公式 139
3.3 创建客户回款明细表 140
1. IF 函数简介 141
2. IF 函数的具体应用 141

第 4 章
数据透视表与数据透视图

4.1 查看销售明细账 144
  4.1.1 冻结窗口 145
    1. 冻结首行 145
    2. 冻结首列 145
    3. 冻结拆分窗格 146
  4.1.2 隐藏、显示工作表 146
  4.1.3 隐藏行或列 147
4.2 分析销售明细账 148
  4.2.1 数据透视表 150
    1. 创建数据透视表 150
    2. 调整数据透视表的布局 151
    3. 美化数据透视表 152
  4.2.2 多重数据透视表 153
    1. 添加"数据透视表和数据
       透视图向导" 153
    2. 生成多重数据透视表 154
    3. 修改字段设置 158
    4. 修改数字格式 159
    5. 修改数据透视表样式 159
  4.2.3 数据透视图 160
    1. 创建数据透视图 160
    2. 更改某一系列的图表类型 161
    3. 美化数据透视图 162

第5章

排序、筛选与分类汇总

5.1 管理客户回款明细表 166
  5.1.1 数据的排序 167
    1. 简单排序 167
    2. 复杂排序 168
    3. 自定义排序 169
  5.1.2 数据的筛选 170
    1. 自动筛选 170
    2. 高级筛选 173
5.2 汇总销售明细账 176
  5.2.1 创建分类汇总 176
  5.2.2 删除分类汇总 178

第6章

美化与打印工作表

6.1 制作销售汇总表 180
  6.1.1 创建销售汇总表 182
    1. 制作斜线表头 182
    2. 使用 SUMIF 函数调用数据 ...184
    3. 使用 SUM 函数求和 186
    4. 将公式转换为数值 186
  6.1.2 美化销售汇总表 187
    1. 设置单元格格式 187
    2. 设置/取消表格样式 188
    3. 设置边框和底纹 189
    4. 使用"格式刷"快速
       刷取格式 191
  6.1.3 设置特别标注 191
    1. 添加批注 191
    2. 突出显示单元格 193
6.2 打印工资条 194
  6.2.1 制作业务员薪资表 195
    1. SUMIFS 函数 195
    2. 使用 IF 函数计算 198
  6.2.2 快速生成工资条 198
    1. 相关函数 199
    2. 单元格引用 200
    3. 批量生成工资条 200
    4. 设置工资条格式 201
  6.2.3 打印工资条 203
    1. 页面设置 204
    2. 打印工资条 204

第7章

保护与共享工作簿

7.1 保护销售汇总表 206
  7.1.1 标记为最终状态 206
  7.1.2 用密码进行加密 208

7.1.3 保护当前工作表 209
7.1.4 保护工作簿结构 211
7.2 共享销售汇总表 212
7.2.1 设置共享工作簿 213
7.2.2 取消工作簿共享 215

第 8 章

图表与数据分析

8.1 设计销售汇总图表 218
8.1.1 创建销售汇总图表 219
1. 插入图表 219
2. 设计图表布局 220
8.1.2 美化销售汇总图表 220
1. 设置图表标题 221
2. 设置图例 221
3. 设计图表样式 222
4. 设置图表区域格式 222
5. 设置绘图区格式 224

6. 设置数据系列格式 225
7. 设置网格线格式 225
8.2 设计业务员回款分析图表 226
8.2.1 创建业务员回款分析图表 227
8.2.2 美化业务员回款分析图表 229
1. 设置图表标题 229
2. 设置图表图例 229
3. 设置数据系列格式 230
8.3 产销预测分析 232
8.3.1 合并计算 235
1. 定义名称 235
2. 合并计算 236
8.3.2 单变量求解 236
8.3.3 模拟运算表 238
1. 单变量模拟运算表 238
2. 双变量模拟运算表 239
8.3.4 规划求解 241
1. 安装规划求解 241
2. 使用规划求解 242
3. 生成规划求解报告 249

第 3 篇　PowerPoint 办公应用

第 9 章

PowerPoint 2010 快速入门

9.1 制作员工培训案例 253
9.1.1 新建演示文稿 255
1. 新建空白演示文稿 255
2. 根据模板创建演示文稿 255
9.1.2 保存和加密演示文稿 256
1. 保存演示文稿 256
2. 加密演示文稿 257
9.1.3 插入和删除幻灯片 259
1. 插入幻灯片 259
2. 删除幻灯片 260
9.1.4 设计 Office 主题 260
1. 设置幻灯片页面的大小 260
2. 编辑 Office 主题 261

9.1.5 编辑幻灯片 262
1. 编辑文本 262
2. 插入并编辑文本框 262
3. 插入并编辑图片 263
9.1.6 移动、复制与隐藏幻灯片 263
1. 移动幻灯片 263
2. 复制幻灯片 264
3. 隐藏幻灯片 264
9.2 制作产品营销案例 265
9.2.1 设计幻灯片母版 269
1. 插入企业 logo 269
2. 插入并编辑艺术字 270
9.2.2 设计标题幻灯片版式 271
1. 设置背景格式 271
2. 填充图形 272
9.2.3 编辑标题幻灯片 273
1. 插入并编辑文本框 273

2. 插入基本形状 274

9.2.4 编辑其他幻灯片 275

1. 编辑引言幻灯片 275

2. 编辑目录幻灯片 278

3. 编辑过渡幻灯片 280

4. 编辑正文幻灯片 281

9.2.5 编辑结尾幻灯片 283

1. 插入并编辑图片 283

2. 插入并编辑艺术字 284

第 10 章

编辑演示文稿

10.1 制作企业文化宣传册 286

10.1.1 绘制列表型图解 287

1. 插入 SmartArt 图形 287

2. 添加形状 288

3. 设计 SmartArt 图形样式 288

4. 在 SmartArt 中输入文本 290

10.1.2 绘制自选图形 291

1. 绘制基本形状 291

2. 组合、编辑图形 295

10.2 制作年终总结报告 296

10.2.1 插入和编辑图表 299

1. 图表的种类 299

2. 插入图表 302

3. 数据表的编辑 303

4. 美化图表 305

10.2.2 插入和编辑表格 306

1. 表格的设计技巧 306

2. 插入表格 308

3. 手动绘制单元格 309

4. 添加与删除行或列 309

5. 合并或拆分单元格 310

6. 在表格内输入文本 311

7. 调整列宽和行高 312

8. 调整表格的大小 312

9. 设置表格的背景填充 313

10. 设置表格的边框及阴影 314

第 11 章

美化与放映演示文稿

11.1 美化企业文化宣传册 318

11.1.1 为多层元素添加动画 320

1. 设置对象的进入效果 320

2. 添加强调效果 323

3. 添加自定义动作路径 324

4. 添加退出效果 325

5. 设置页面切换动画 327

11.1.2 创建超链接 327

1. 插入超链接 327

2. 添加动作按钮 331

11.2 美化产品营销案例 334

11.2.1 插入剪贴画音频 338

1. 插入剪贴画音频 338

2. 设置声音效果 339

11.2.2 使用文件中的声音 340

1. 插入声音 340

2. 利用播放按钮控制声音 342

11.2.3 插入剪贴画视频 345

11.2.4 插入文件中的视频 346

1. 从外来文件中插入影片 346

2. 设置放映时的动画效果 348

3. 设置影片放映最佳效果 350

4. 设置视频文件动画效果 352

11.3 放映产品营销案例 354

11.3.1 使用排练计时实现自动放映 355

11.3.2 设置循环播放幻灯片 357

11.3.3 添加放映幻灯片时的特殊效果 357

第 1 篇　Word 办公应用

Word 2010 以其强大的文字处理、图文混排以及打印输出等功能，被广泛地应用于各个领域，是日常工作中不可缺少的自动化办公组件之一。要使用 Word 2010 编排出具有专业水准的文档，就必须掌握一些基本的和高级的操作，主要包括文档编辑、Word 表格与图表对象、优化文档与加密文档、Word 图文混排与高级排版等。

本篇介绍 Word 2010 在日常办公中的应用。通过本篇的学习应用户熟练地掌握文档的编辑、优化等技巧，轻松地提高使用 Word 排版的水平。

- 第 1 章　文档编辑与 Word 表格
- 第 2 章　图形、图表与简单排版

第 1 章
文档编辑与 Word 表格

　　Word 2010 是一款强大的文字处理软件，主要用于输入文本和编排文档，在公司日常办公中经常使用。在编辑文本的过程中，用户可以设置文字的字体、段落、边框以及底纹等格式。为了使 Word 文档看起来更加美观，用户还可以对 Word 文档进行进一步的美化设置，例如为文档添加封面，设置页眉和页脚等。

要 点 导 航

- 制作绩效考核制度
- 设计营销策划书

1.1　制作绩效考核制度

案例背景

　　为了更好地提高销售人员工作的积极性，加强市场开发与拓展，增加营业收入，体现多劳多得的劳动分配制度，人力资源部一般会为销售部做一份绩效考核制度，针对销售部各成员进行有效的业绩指标考核挂钩。

最终效果及关键知识点

创建并重命名新文档　　　　　　　　　　　　　　输入常规文本

去除波浪线

字数统计

设置段落格式

添加编号

利用"格式刷"刷取格式

添加项目符号

插入特殊符号　　　　　　　　　　　　　　设置字体和段落格式

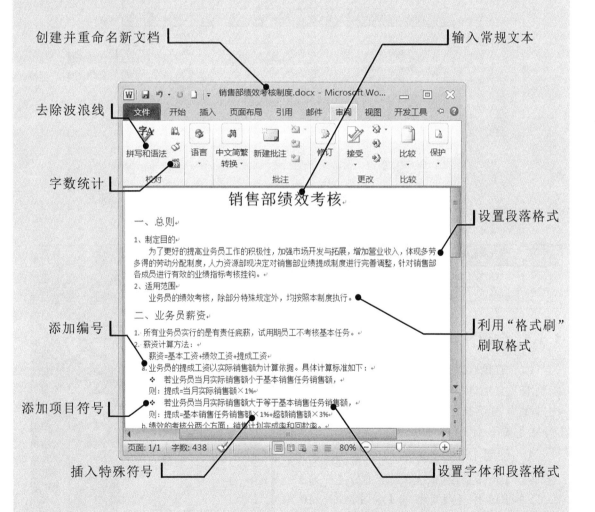

输入公式

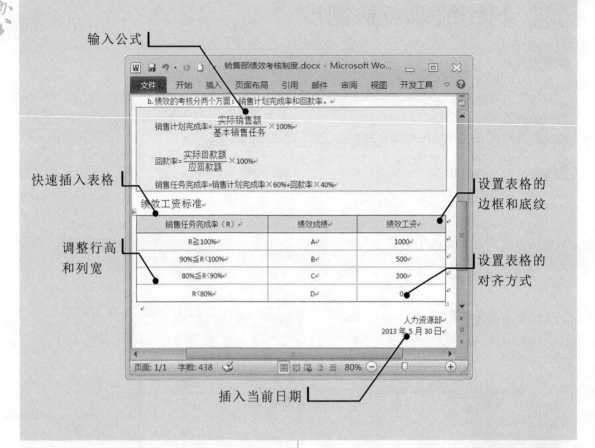

快速插入表格

调整行高
和列宽

设置表格的
边框和底纹

设置表格的
对齐方式

插入当前日期

本实例的原始文件和最终效果所在位置如下。	
原始文件	无
最终效果	最终效果\01\销售部绩效考核制度.docx

1.1.1 创建并重命名新文档

本小节我们以创建一个"销售部绩效考核制度"文档为例，介绍使用 Word 2010 创建并重命名新文档的两种常用方法：使用【开始】菜单和使用鼠标右键。

1. 使用【开始】菜单

❶单击【开始】按钮 ，在弹出的【开始】菜单中选择【所有程序】➢【Microsoft Office】➢【Microsoft Word 2010】菜单项，即可启动 Word 2010 程序。

❷启动 Word 2010 程序后,会自动生成一个新文档,默认文件名为"文档 1"。在文档中单击【保存】按钮 🖫。

❸弹出【另存为】对话框,在【保存位置】下拉列表中选择合适的位置,在【文件名】文本框中输入文件名"销售部绩效考核制度"。

❹单击 保存(S) 按钮,即可将新文档保存为"销售部绩效考核制度",效果如图所示。

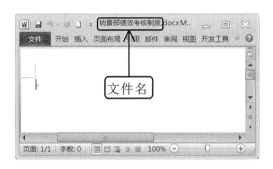

2.　使用鼠标右键

❶在需要创建新文档的文件夹的空白处,单击鼠标右键,在弹出的快捷菜单中,选择【新建】➤【Microsoft Word 文档】。

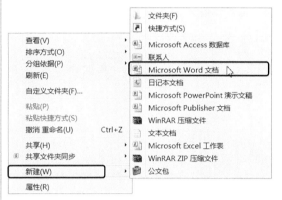

❷即可创建一个新文档,效果如图所示。

❸此时,文档名处于可编辑状态,用户直接输入新文档的名称"销售部绩效考核制度",按下【Enter】键即可。

最终文件名

提示

对于已经存在的 Word 文档,用户也可以通过鼠标右键来对其进行重命名,方法是:在需要重命名的文档上单击鼠标右键,在弹出的快捷菜单中选择【重命名】菜单项,文档的名称即可进入可编辑状态,此时直接输入新的文档名称,然后按下【Enter】键即可。

1.1.2　输入文档内容

"销售部绩效考核制度"文档创建完成后,我们就可以在此文档中输入销售部绩效考核制度的具体内容了。

1.　输入常规文本

打开"销售部绩效考核制度"文档,选择一种合适的输入法,即可输入常规文本,效果如图所示。

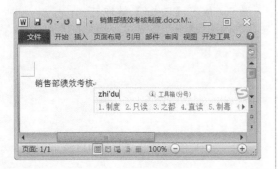

2.　输入特殊符号

在输入"销售部绩效考核制度"的具体内容的过程中,当我们输入到"提成=当月实际销售额×1%"时,其中的"×"在键盘上是没有的,这个就需要通过插入特殊符号来输入,具体操作如下。

① 将光标定位在文本"提成=当月实际销售额"后,切换到【插入】选项卡,在【符号】组中单击【符号】按钮 Ω ,在弹出的下拉列表中选择【其他符号】选项。

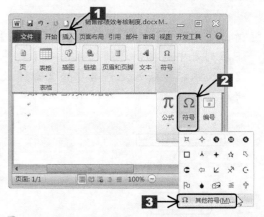

② 弹出【符号】对话框,在【子集】下拉列表中选择【拉丁语-1 增补】,然后在【符号】列表框中选择"×"。

③ 单击 插入(I) 按钮,即可在文档中插入一个"×",插入完毕,单击 关闭 按钮,返回 Word 文档即可,效果如图所示。

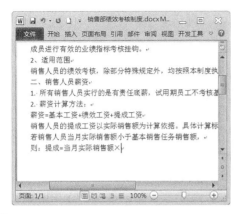

④再次输入"×"时，切换到【插入】选项卡，在【符号】组中单击【符号】按钮，用户可以看到"×"已经出现在下拉列表中，此时直接单击"×"即可。

3.　输入 Microsoft 公式

在"销售部绩效考核制度"文档中，我们需要介绍"销售计划完成率"的计算方法，而销售计划完成率的计算需要用到 Microsoft 公式，下面我们就来介绍一下 Microsoft 公式的输入方法。

❶将光标定位在文本"销售计划完成率="后，切换到【插入】选项卡，在【文本】组中单击【对象】按钮 右侧的下三角按钮，在弹出的下拉列表中选择【对象】选项。

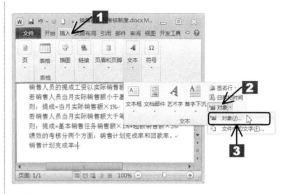

❷弹出【对象】对话框，切换到【新建】选项卡，在【对象类型】列表框中选择【Microsoft 公式 3.0】选项。

❸单击 确定 按钮，返回 Word 文档，在文档中出现一个公式编辑框，并弹出【公式】工具栏。

❹在【公式】工具栏中的【分式和根式模板】组中选择 选项。

⑤ 在弹出的 横线上方的文本框中输入"实际销售额"，在横线下方的文本框中输入"基本销售任务"。

⑥ 输入完毕，在文档的空白处单击鼠标左键，即可退出公式编辑状态。

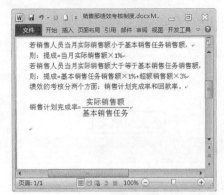

⑦ 用户可以按照相同的方法输入其他公式。

1.1.3 插入表格

在"销售部绩效考核制度"文档中为了量化考核指标，需要设置绩效考核标准。用文字描述该标准中的考核指标和分档类别会比较复杂，这个时候使用表格来描述考核标准往往会更直观。下面我们就来介绍如何在 Word 文档中插入表格。

1. 快速插入表格

① 将光标定位在要插入绩效考核标准的位置，切换到【插入】选项卡，在【表格】组中，单击【表格】按钮，在弹出的下拉列表中拖动鼠标选中合适的行数和列数。

② 单击鼠标，此时即可在 Word 中插入一个表格，效果如图所示。

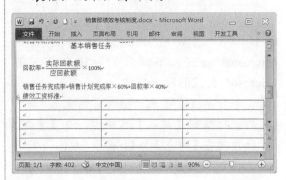

2. 调整行高和列宽

用户可以看到我们当前插入的"绩效工资标准表"自动占满了当前页面的整个宽度，用户可以在输入绩效工资标准的具体内容后，根据内容来适当调整表格的行高和列宽。

❶ 单击表格左上角的表格按钮 ✛，选中整个表格，然后单击鼠标右键，在弹出的快捷菜单中选择【表格属性】菜单项。

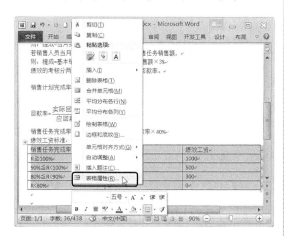

❷ 弹出【表格属性】对话框，切换到【行】选项卡，选中【指定高度】复选框，在【行高值是】下拉列表中选择【固定值】，然后在其对应的微调框中输入合适的高度，此处，我们输入"0.8 厘米"，即可将表格的所有行高调整为 0.8 厘米。

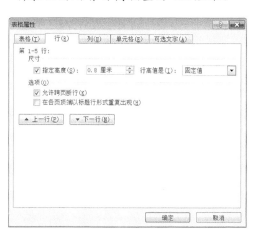

❸ 切换到【列】选项卡，选中【指定宽度】复选框，如果用户要将表格所有列调整为同样的宽度，可以直接在【指定宽度】微调框中输入合适的数值。如果用户需要将表格的列调整为不同的列宽，可以单击 ➡ 后一列(N) 按钮。

❹ 此时，用户即可调整第 1 列的宽度，例如在【指定宽度】微调框中输入"6 厘米"，即可将表格第 1 列宽度调整为 6 厘米。

⑤ 用户可以通过单击 ◆前一列(P) 或 ◆后一列(N) 按钮，来调整其他列的列宽，调整完毕，单击 确定 按钮，返回 Word 文档，效果如图所示。

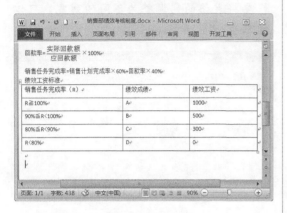

3. 设置表格的对齐方式

表格中的内容默认的对齐方式是靠上两端对齐的，为了使表格看起来更加美观，用户可以根据表格内容调整表格的对齐方式。

① 单击表格左上角的表格按钮 ✛，选中整个表格，切换到【表格工具】栏的【布局】选项卡，在【对齐方式】组中选择一种合适的对齐方式，例如我们选择【水平居中】。

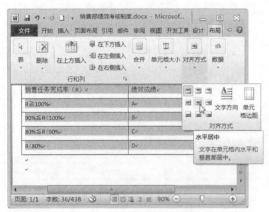

② 返回 Word 文档，效果如图所示。

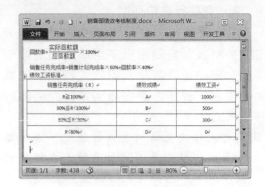

4. 设置表格的边框和底纹

Word 中插入的表格，默认边框是黑色实线，为了使表格看起来更加美观，我们可以对表格的边框进行相应设置。同时为了突出显示表格的主要内容，我们还可以为表格的表头添加底纹。

◉ **设置边框**

① 选中需要设置【边框】的表格区域，单击鼠标右键，在弹出的下拉列表中选择【边框和底纹】菜单项。

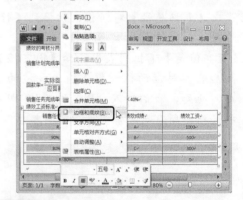

提示

选中行：将鼠标指针移动到表格左边，当鼠标指针呈 ⌐ 形状时，单击鼠标左键可以选中整行。

选中列：将鼠标指针移动到表格顶端，当鼠标指针呈 ↓ 形状时，单击鼠标左键可以选中整列。

选中表格的部分区域：按住【Ctrl】键依次选中表格中的区域即可。

❷ 弹出【边框和底纹】对话框，切换到【边框】选项卡，单击██和██，撤消表格内部框线。

❸ 在【样式】列表框中选择【虚线】，然后再次单击██和██，将表格的内部框线设置为虚线。

❹ 单击 确定 按钮，返回 Word 文档，效果如图所示。

设置底纹

❶ 选中需要设置【底纹】的表格区域，单击鼠标右键，在弹出的下拉列表中选择【边框和底纹】菜单项。

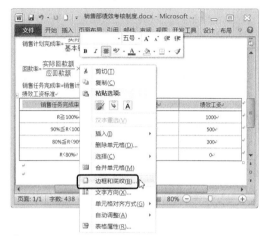

❷ 弹出【边框和底纹】对话框，切换到【底纹】选项卡，在【填充】下拉列表中选择一种合适的颜色。

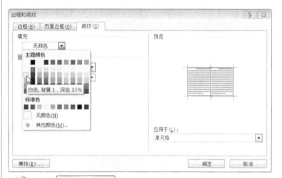

❸ 单击 确定 按钮，返回 Word 文档，效果如图所示。

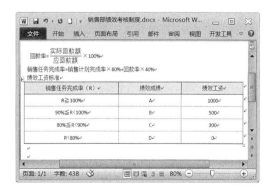

1.1.4 插入当前日期

销售部绩效考核制度内容输入完成后，我们还需要注明该考核制度的制订日期。Word 2010 中提供了一种快速插入当前日期的方法。

❶ 将光标定位在文档的最后，切换到【插入】选项卡，在【文本】组中，单击【日期和时间】按钮🗓日期和时间。

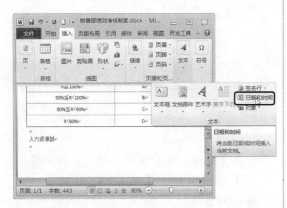

❷ 弹出【日期和时间】对话框，在【可用格式】列表框中选择一种合适的日期格式，例如选择"2013 年 5 月 30 日"。

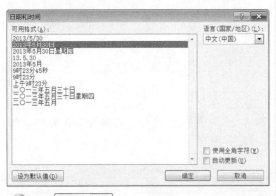

❸ 单击 确定 按钮，返回 Word 文档，效果如图所示。

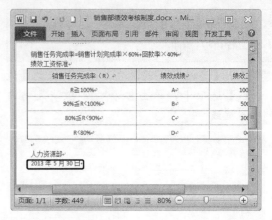

1.1.5 编辑文档

至此，"销售部绩效考核制度"的雏形已制作完成了。为使文档的内容看起来更加美观清晰，我们可以对文档的字体和段落进行设置。

1. 设置字体和字号

为了使"销售部绩效考核制度"更利于阅读，我们可以对文档中的字体及字号进行相应的设置，下面我们以设置文档标题的字体及字号为例进行讲解。

❶ 选中文档的标题"销售部绩效考核制度"，切换到【开始】选项卡，单击【字体】组右下角的【对话框启动器】按钮🡒。

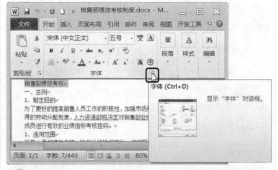

❷ 弹出【字体】对话框，切换到【字体】选项卡，在【中文字体】下拉列表中选择【宋体】，在【字形】列表框中选择【加粗】，在【字号】列表框中选择【二号】。

③ 单击 确定 按钮，返回 Word 文档，效果如图所示。

④ 用户可以按照相同的方法，设置文档中其他内容的字体格式。

2. 设置段落格式

为了使文档的结构更加美观，用户在设置完文档的字体格式后，还可以为文档设置段落格式。

设置文档的段落缩进一般是对文档的对齐方式、段落缩进以及间距进行设置，下面我们一一进行介绍。

设置对齐方式

首先，我们以将文档标题"销售部绩效考核制度"设置为居中对齐为例，讲解如何设置文档的对齐方式。

① 选中文档的标题"销售部绩效考核"，切换到【开始】选项卡，在【段落】组中单击【居中】按钮。

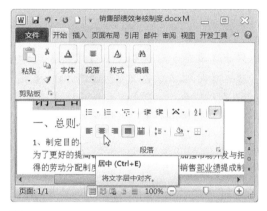

② 返回 Word 文档，效果如图所示。

设置段落缩进和间距

① 选中文档第一段正文文本，切换到【开始】选项卡，单击【段落】组右下角的【对话框启动器】按钮。

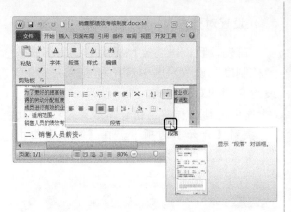

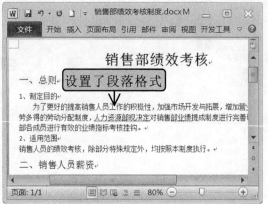

② 弹出【段落】对话框，在【缩进】组合框中的【特殊格式】下拉列表中选择【首行缩进】选项，在【磅值】微调框中选择【2字符】；在【间距】组合框中的【行距】下拉列表中选择【单倍行距】选项。

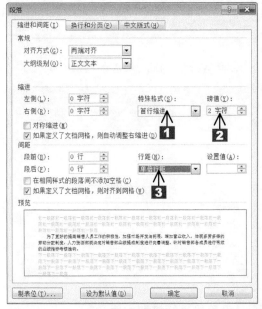

③ 设置完毕，单击 确定 按钮，返回 Word 文档，效果如图所示。

3. 使用"格式刷"刷取格式

设置完正文第一段的格式后，用户可以按照相同的方法，设置后面段落的格式。如果后面段落的格式与第一段相同，则可以使用"格式刷"快速刷取格式。

① 将光标定位到设置过格式的第一段正文文本的任意位置，切换到【开始】选项卡，在【剪贴板】组中单击【格式刷】按钮。

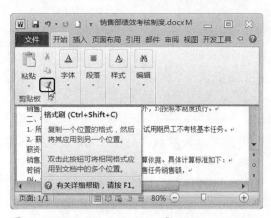

② 此时鼠标指针变为"△"形状，将指针移动到不含有格式的段落的开始位置，然后按住鼠标左键并拖动鼠标。

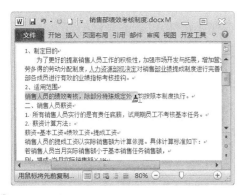

❸拖动到要刷取格式的段落的末尾，释放鼠标即可得到与刚才段落格式相同的效果。

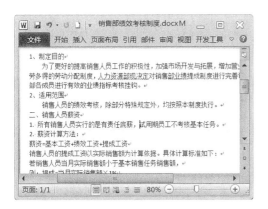

如果文档中有多处需要刷取格式，用户可以双击【格式刷】按钮 ，即可将相同格式应用到文档的多个位置。

❶将光标定位到设置过格式的正文文本的任意位置，切换到【开始】选项卡，在【剪贴板】组中双击【格式刷】按钮 。

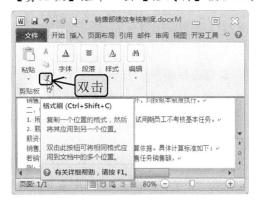

❷鼠标指针变为" "形状后，将指针移动到不含有格式的段落的开始位置，然后按住鼠标左键并拖动，拖动到要刷取格式的段落的末尾，释放鼠标，此时鼠标指针仍为" "形状，用户可以继续刷取格式。

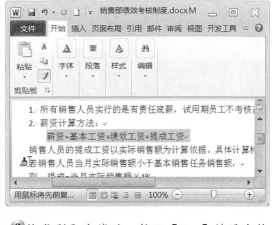

❸格式刷取完毕后，按下【Esc】键退出格式刷取状态即可。

4. 添加项目符号和编号

为了使"销售部绩效考核制度"文档看起来更有条理性，我们可以为文档的部分内容添加项目符号或者编号。

● **添加项目符号**

首先，我们以为"销售部绩效考核制度"文档中计算提成工资标准部分添加项目符号为例，介绍如何添加项目符号。

❶选中文档中计算提成工资标准部分的文本，单击鼠标右键，在弹出的快捷菜单中选择【项目符号】▶【定义新项目符号】菜单项。

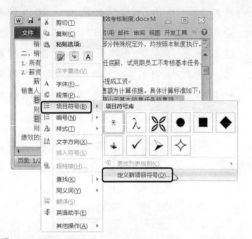

② 弹出【定义新项目符号】对话框，单击
   符号(S)... 按钮。

③ 弹出【符号】对话框，在【字体】下拉列
   表中选择【Wingdings】选项，在下面的
   列表框中找到所需的符号。

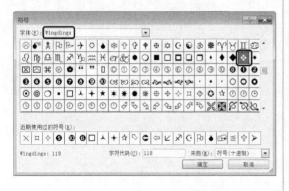

④ 单击选中的项目符号，然后单击
   确定 按钮，返回【定义新项目符号】
   对话框，我们可以看到添加项目符号的
   效果。

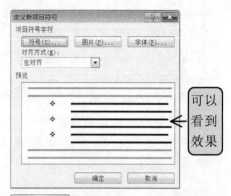

⑤ 单击 确定 按钮，返回 Word 文档，效
   果如图所示。

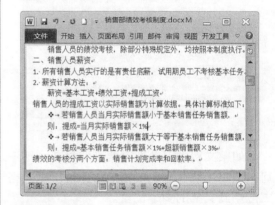

提示

如何选中不连续的行？
将鼠标指针移至要选中行左侧的选中栏中，
然后单击鼠标左键即可选定该行文本，按【Ctrl】
键，再选中其他行即可。

● **添加项目编号**

为了使文档看起来更加有序，我们可以
为文档中薪资计算方法中的提成工资和绩
效工资添加项目编号。

① 选中文档中需要添加项目编号的文本，单
   击鼠标右键，在弹出的快捷菜单中选择
   【编号】▷【定义新编号格式】菜单项。

② 弹出【定义新编号格式】对话框，在【编号样式】下拉列表中选择一种合适的样式，例如选择"a,b,c,…"，然后在【对齐方式】下拉列表中选择合适的对齐方式，此处我们选择【居中】。

③ 设置完毕，单击 ＿确定＿ 按钮，返回 Word 文档，效果如图所示。

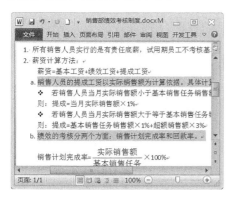

5.　添加边框和底纹

为了使"销售部绩效考核制度"文档中绩效的计算方法更醒目，我们还可以为其添加边框和底纹。

① 选中文档中绩效考核的计算公式，切换到【开始】选项卡，在【段落】组中单击【边框】按钮 右侧的下三角按钮 ，在弹出的快捷菜单中，选择【边框和底纹】菜单项。

② 弹出【边框和底纹】对话框，切换到【底纹】选项卡，用户可以直接在【填充】下拉列表中选择一种合适的颜色，也可以在【样式】下拉列表中选择一种合适的样式，然后在【颜色】下拉列表中选择一种合适的颜色，此处，我们在【样式】下拉列表中选择【浅色下斜线】，在【颜色】下拉列表中选择【橙色】。

❸切换到【边框】选项卡，在【设置】组合框下选择【方框】，在【样式】列表框中选择【直线】，在【颜色】下拉列表中选择【浅绿】，在【宽度】下拉列表中选择【1.5磅】。

❹设置完毕，单击 **确定** 按钮，返回Word文档，效果如图所示。

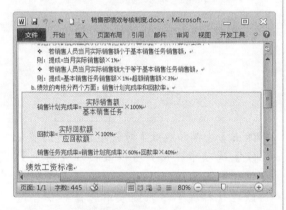

6. 去除波浪线

至此，"销售部绩效考核制度"已基本制作完成了。为了保证"销售部绩效考核制度"的准确严谨，我们在制作完成后，还需对其进行进一步的检查。

在查看"销售部绩效考核制度"文档的过程中，我们可以发现文档中部分内容下方会出现波浪线。这是由于 Word 2010 提供了自动检查拼写和语法错误的功能，系统认为有错误的内容，会自动以红色或绿色波浪线对错误处进行标注。

但是对于系统自动标注的内容，有的只是非常规用法，而不是错误用法，对于这种情况，我们可将波浪线去掉。

❶将光标定位到文档中的任意位置，切换到【审阅】选项卡，在【校对】组中单击【拼写和语法】按钮。

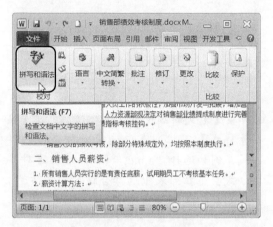

❷弹出【拼写和语法】对话框，在【输入错误或特殊用法】文本框中会显示文档中出现波浪线的词语或语句，在【建议】文本框中会显示系统给出的建议，同时错误的文本会在文档中呈反色显示。

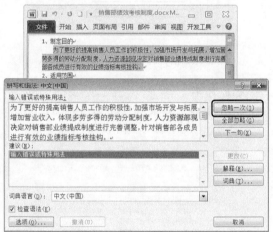

❸单击 **忽略一次(I)** 按钮，系统会自动搜索下一处错误，并将前一处的波浪线去掉。

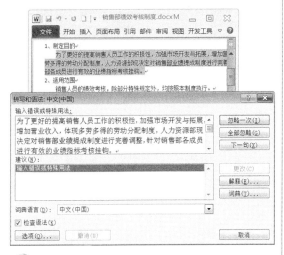

4 当文档中所有的波浪线都去掉后，系统会弹出一个【Microsoft Word】提示框，提示 "拼写和语法检查已完成"。

5 单击 确定 按钮，返回 Word 文档，效果如图所示。

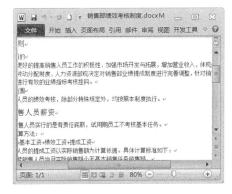

7. 查找和替换

"销售部绩效考核制度" 制作完成后，如果用户想要查找替换文档中的某些内容，可以使用 Word 2010 提供的查找和替换功能。下面我们以查找文档中的 "销售人员"，并将其替换为 "业务员" 为例，介绍 Word 2010 的查找和替换功能。

Word 2010 的查找功能分为普通查找和高级查找。普通查找是通过导航窗格查找，而高级查找则是通过对话框来查找。我们先来看看普通查找。

查找功能

1 将光标定位到文档的最前端，切换到【开始】选项卡，在【编辑】组中单击【查找】按钮右侧的下三角按钮，在弹出的快捷菜单中选择【查找】选项或者直接按下【Ctrl】+【F】组合键。

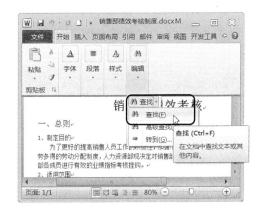

2 弹出导航窗格，在查找文本框中输入要查找的文本 "销售人员"，按下【Enter】键，随即查找到的文本会显示在导航窗格中，同时文本 "销售人员" 会在 Word 文档中呈亮色显示。

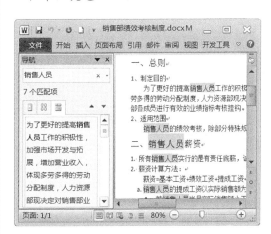

❸查找完毕单击导航窗格中的关闭按钮
即可。

介绍完了普通查找，我们再来看一下高级查找。

❶将光标定位到文档的最前端，切换到【开始】选项卡，在【编辑】组中单击【查找】按钮 右侧的下三角按钮，在弹出的快捷菜单中选择【高级查找】选项。

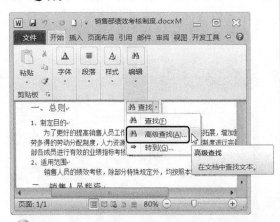

❷弹出【查找和替换】对话框，在【查找内容】文本框中输入"销售人员"，单击 按钮，系统会自动查找文档中的"销售人员"文本，查找到的文本在文档中成反色显示。

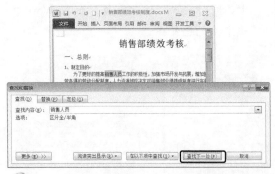

❸如果用户想要将文档中所有的"销售人员"进行标记，可以在【阅读突出显示】下拉列表中选择【全部突出显示】。

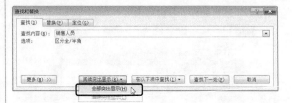

❹如果用户想要取消对"销售人员"文本的突出显示，可以在【阅读突出显示】下拉列表中选择【清除突出显示】选项。

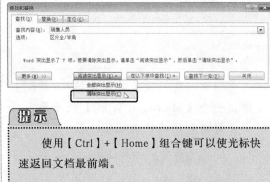

提示

使用【Ctrl】+【Home】组合键可以使光标快速返回文档最前端。

替换功能

❶将光标定位到文档的最前端，切换到【开始】选项卡，在【编辑】组中单击【替换】按钮 ，在弹出的快捷菜单中选择【替换】选项或者直接按下【Ctrl】+【H】组合键。

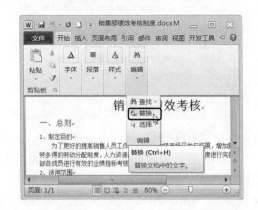

❷弹出【查找和替换】对话框，系统会自动切换到【替换】选项卡，在【查找内容】文本框中输入文本"销售人员"，在【替

换为】文本框中输入"业务员"，单击 查找下一处(F) 按钮查找到"销售人员"，然后单击 替换(R) 按钮，系统就会将查找到的第一处"销售人员"文本自动地替换为"业务员"，并定位到下一处"销售人员"文本处。

❸再次单击 替换(R) 按钮，就会自动替换下一处"销售人员"文本。如果单击 全部替换(A) 按钮，系统就会将文档中所有的"销售人员"文本都替换为"业务员"文本，替换完毕，系统会自动弹出【Microsoft Word】提示框，提示用户已完成替换，并显示替换结果。

❹单击 确定 按钮，返回【查找和替换】对话框，然后单击 关闭 按钮，退出【查找和替换】对话框，返回 Word 文档，替换效果如下图所示。

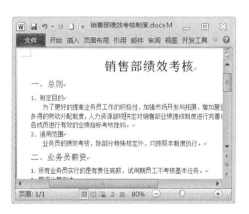

8. 统计字数

至此，"销售部绩效考核制度"已经设置完成了，如果我们现在想统计一下这个制度总共有多少个文字，该怎么办呢？一个一个地数？这样的工作量貌似很大，而且不一定准确，有没有既简单又快捷又准确的方法呢？有，那就是使用 Word 2010 中的字数统计功能。使用字数统计功能，可以快速统计文档中的字数、段落数、行数以及字符数等，也可以统计选定的文本。

❶切换到【审阅】选项卡，在【校对】组中选择【字数统计】按钮 。

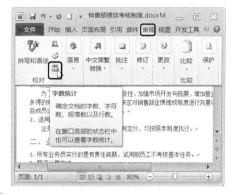

❷弹出【字数统计】对话框，其中显示了整篇文档的页数、字数和字符数等参数。

❸若要统计选定的文本，先选定要统计的文本，再进行字数统计即可。

提示

> 字数包括文字数和标点，但不包括空格。字符数包括文字数和标点，也可以包括空格。另外需要注意的字数是英文单词的个数，而字符数是英文单词中字母的个数。

1.2 设计营销策划书

案例背景

为了规划企业营销策划工作程序，快速实现营销目标，增强企业将要发生的营销活动的计划性、有序性，企业一般都会定期制作营销策划书。

最终效果及关键知识点

为文字添加下划线

设置段落缩进和段落间距

设置字体、字形和字号

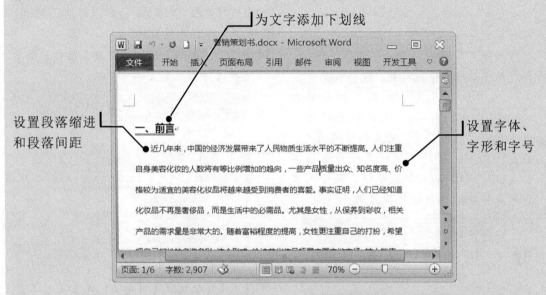

将字体加粗

设置表格中内容的对齐方式和字体颜色

设置表格底纹

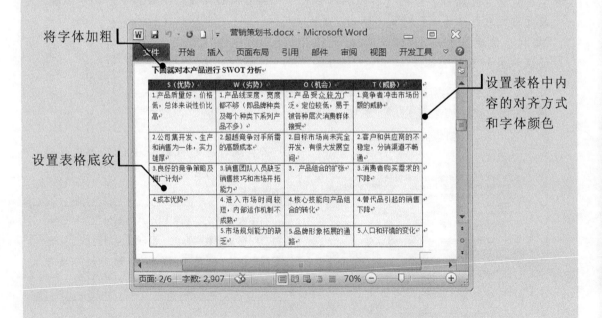

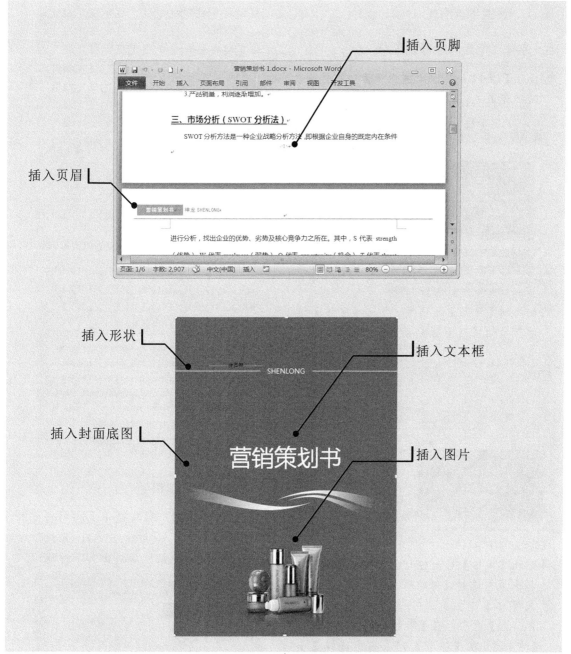

1.2.1　美化营销策划书

当前我们看到的销售部制订好的营销策划书只是一个雏形，未进行任何格式设置。为了美观，我们还需要对其进行一系列的美化设置。

本实例的原始文件和最终效果所在位置如下。		
	原始文件	原始文件\01\营销策划书.docx
	最终效果	最终效果\01\营销策划书.docx

1. 设置字体格式

字体、字形和字号设置

❶ 按住【Ctrl】键，依次选中"营销策划书"的所有正文。

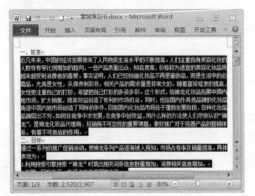

❷ 切换到【开始】选项卡，单击【字体】组右下角的【对话框启动器】按钮 。

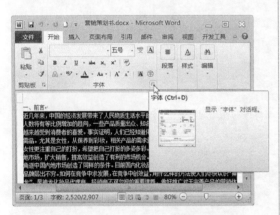

❸ 弹出【字体】对话框，在【中文字体】下拉列表中选择【微软雅黑】选项，在【西文字体】下拉列表中选择【Times New Roman】选项，在【字形】列表框中选择【常规】，在【字号】列表框中选择【小四】。

❹ 单击 确定 按钮，返回 Word 文档，效果如图所示。

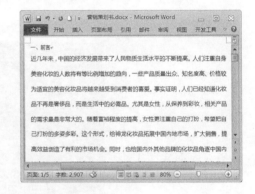

快速将字体加粗

❶ 按住【Ctrl】键，依次选中文档中的文本"下面就对本产品进行 SWOT 分析"和"综上所述，我们可以得出如下结论:"。

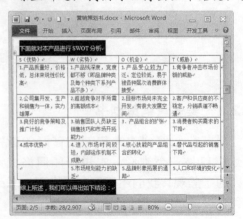

❷切换到【开始】选项卡，在【字体】组中，单击【加粗】按钮 **B** 或者直接按下【Ctrl】+【B】组合键。

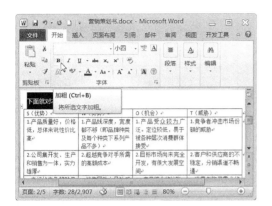

❸加粗后效果如图所示。

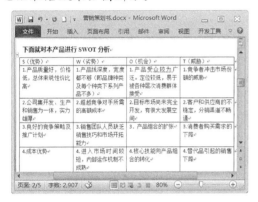

● **快速设置下划线**

❶按住【Ctrl】键，依次选中文档中的标题，按照前面的方法，将标题设置为【微软雅黑】、【小三】、【加粗】。

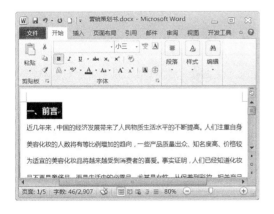

❷切换到【开始】选项卡，在【字体】组中单击【下划线】按钮 **U** 右侧的下三角按钮 。

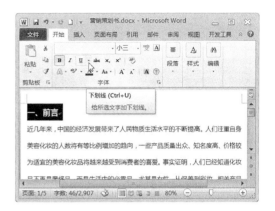

❸在弹出的下拉列表中选择【双下划线】选项。

❹再次单击【下划线】按钮 **U** 右侧的下三角按钮 ，在弹出的下拉列表中选择【下划线颜色】➢【紫色】选项。

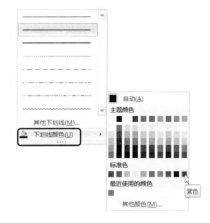

⑤设置完毕，效果如图所示。

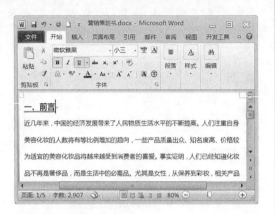

2. 设置段落格式

设置段落缩进

①选中"营销策划书"的所有正文，切换到【开始】选项卡，单击【段落】组右下角的【对话框启动器】按钮 。

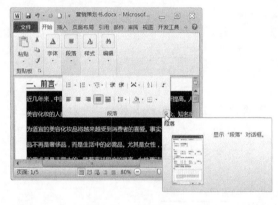

②弹出【段落】对话框，在【特殊格式】下拉列表中选择【首行缩进】选项，在其后面的【微调框】中输入【2字符】。

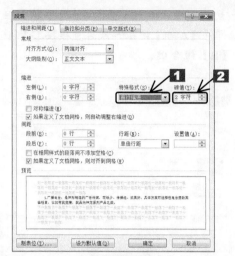

③设置完毕，单击 确定 按钮，返回 Word 文档，效果如图所示。

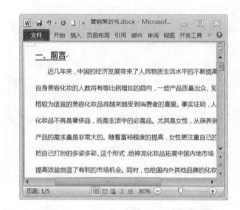

设置段落间距

①选中文档中的标题内容，单击鼠标右键，在弹出的快捷菜单中选择【段落】菜单项。

❷弹出【段落】对话框，在【间距】组合框中的【段前】微调框中输入【1 行】。

❸单击　确定　按钮，返回 Word 文档，效果如图所示。

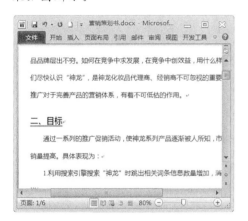

3. 美化表格

● 设置表格底纹

❶选中表格的第 1 行，切换到【表格工具】栏的【设计】选项卡，在【表格样式】组中单击【底纹】按钮 ⚑ 底纹 。

> 【提示】
>
> 选中行：将鼠标指针移动到表格中所要选中行的左边，当鼠标指针呈 ↗ 形状时，单击鼠标左键可以选中整行。

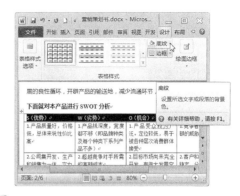

❷在弹出的颜色库中选择【紫色】。

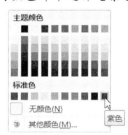

❸按照相同的方法，选中表格的第 2~5 行，切换到【表格工具】栏的【设计】选项卡，在【表格样式】组中单击【底纹】按钮 ⚑ 底纹 ，在弹出的颜色库中选择【白色，背景 1，深色 5%】。

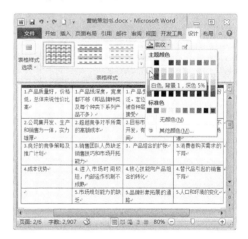

4 设置完毕，效果如图所示。

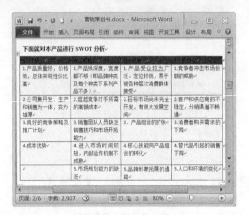

设置表格中的字体颜色

1 选中表格的第一行，切换到【开始】选项卡，在【字体】组中单击【字体颜色】按钮 **A** ▾ 右侧的下三角按钮 ▾，在弹出的颜色下拉列表中选择【白色，背景 1】。

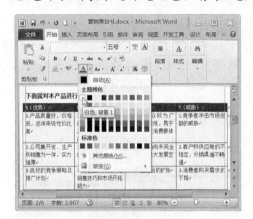

2 设置完毕，效果如图所示。

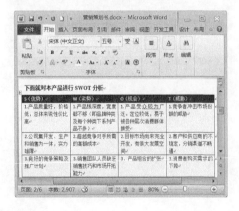

设置表格内容的对齐方式

1 选中表格的第一行，切换到【表格工具】栏的【布局】选项卡，在【对齐方式】组中单击【水平居中】按钮 ▤。

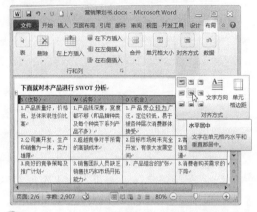

2 设置完毕，效果如图所示。

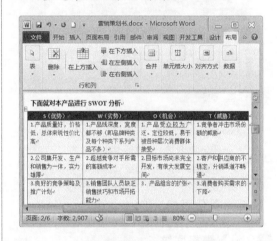

1.2.2 插入页眉和页脚

页眉和页脚常用于显示文档的附加信息，既可以插入文本，也可以插入图片等。

本实例的素材文件、原始文件和最终效果所在位置如下。		
	素材文件	素材文件\01\图片 2.jpg
	原始文件	原始文件\01\营销策划书 1.docx
	最终效果	最终效果\01\营销策划书 1.docx

1. 插入页眉

● **插入矩形**

①打开本实例的原始文件，切换到【插入】
选项卡，在【页眉和页脚】组中单击【页
眉】按钮 页眉▾。

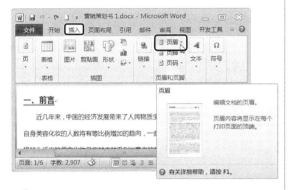

②在弹出的下拉列表中选择一种合适的页
眉格式，如果用户想自行编辑页眉，可
以选择【编辑页眉】选项。

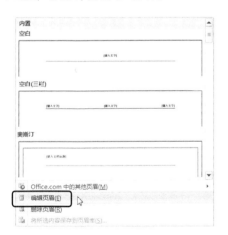

③随即页眉进入编辑状态。

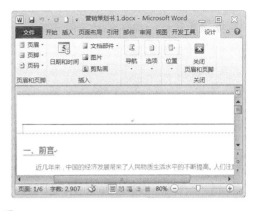

④切换到【插入】选项卡，在【插图】组中
单击【形状】按钮 。

⑤在弹出的下拉列表中的【矩形】组中选择
【矩形】。

⑥ 随即鼠标指针变成十字形状,将鼠标指针移动到页眉处,按住鼠标左键移动鼠标,即可绘制一个矩形。

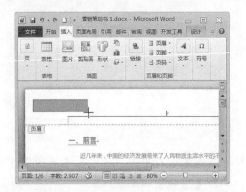

⑦ 绘制完毕,释放鼠标左键即可。选中矩形,切换到【绘图工具】栏的【格式】选项卡,单击【大小】组右下角的【对话框启动器按钮】 。

⑧ 弹出【布局】对话框,切换到【大小】选项卡,在【高度】组合框中的【绝对值】微调框中输入【0.7 厘米】,在【宽度】组合框中的【绝对值】微调框中输入【3厘米】。

⑨ 切换到【位置】选项卡,在【水平】组合框中的【绝对位置】微调框中输入【1厘米】,在【右侧】下拉列表中选择【页面】;在【垂直】组合框中的【绝对位置】微调框中输入【1 厘米】,在【下侧】下拉列表中选择【页面】。

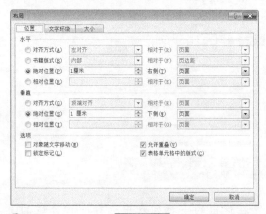

⑩ 设置完毕,单击 确定 按钮,返回 Word 文档。切换到【绘图工具】栏的【格式】选项卡,单击【形状样式】组右下角的【对话框启动器按钮】 。

⑪ 弹出【设置形状格式】对话框,切换到【填充】选项卡,选中【纯色填充】单选钮,在【颜色】下拉列表中选择【紫色】。

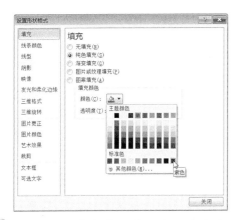

12 切换到【线条颜色】选项卡，选中【无线条】单选钮。

13 设置完毕，单击 关闭 按钮，返回 Word 文档。在插入的矩形上单击鼠标右键，在弹出的快捷菜单中选择【添加文字】菜单项。

14 随即光标自动定位到矩形框中，切换到【开始】选项卡，在【字体】组中的【字体】下拉列表中选择【黑体】，在【字号】下拉列表中选择【10】，在【字体颜色】下拉列表中选择【白色，背景 1】。

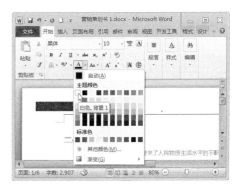

15 在矩形框中输入文本"营销策划书"，效果如图所示。

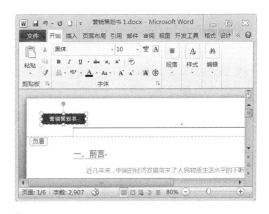

16 按照相同的方法再插入一个矩形框，然后切换到【绘图工具】栏的【格式】选项卡，单击【大小】组右下角的【对话框启动器按钮】。

17 弹出【布局】对话框，切换到【大小】选项卡，在【高度】组合框中的【绝对值】微调框中输入【0.7 厘米】，在【宽度】组合框中的【绝对值】微调框中输入【2.5 厘米】。

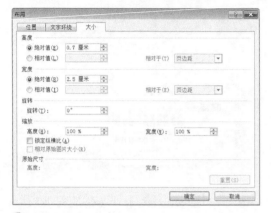

18 切换到【位置】选项卡，在【水平】组合框中的【绝对位置】微调框中输入【4 厘米】，在【右侧】下拉列表中选择【页面】；在【垂直】组合框中的【绝对位置】微调框中输入【1 厘米】，在【下侧】下拉列表中选择【页面】。

19 设置完毕，单击 确定 按钮，返回 Word 文档。切换到【绘图工具】栏的【格式】选项卡，单击【形状样式】组右下角的【对话框启动器按钮】 。

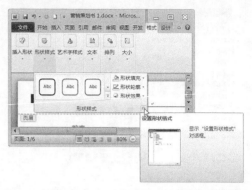

20 弹出【设置形状格式】对话框，切换到【填充】选项卡，选中【无填充】单选钮。

21 切换到【线条颜色】选项卡，选中【无线条】单选钮。

22 切换到【文本框】选项卡，将【左】、【右】、【上】、【下】微调框中的数值都调整为【0 厘米】。

23 设置完毕，单击 [关闭] 按钮，返回 Word 文档。在插入的矩形上单击鼠标右键，在弹出的快捷菜单中选择【添加文字】菜单项。

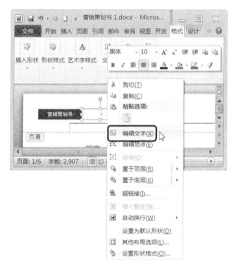

24 随即光标自动定位到矩形框中，切换到【开始】选项卡，在【字体】组中的【字体】下拉列表中选择【黑体】，在【字号】下拉列表中选择【10】，在【字体颜色】下拉列表中选择【黑色，文字 1】。

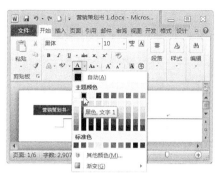

25 在矩形框中输入文本"神龙 SHENLONG"，效果如图所示。

插入直线

用户在编辑页眉时，可以发现，页眉处默认带有一条黑色直线。如果我们不需要页眉处的直线，可以直接将其删除。

此外，由于页眉处原有直线实际是页眉文本的边框，我们不能随意调整其长短和位置。用户可以删除原有直线，重新插入合适的直线。具体操作如下。

1 切换到【页面布局】选项卡，在【页面背景】组中单击【页面边框】按钮。

② 弹出【边框和底纹】对话框，切换到【边框】选项卡，在【应用于】下拉列表中选择【段落】选项，在【设置】组合框中选择【无】。

③ 单击 确定 按钮，返回 Word 文档，即可看到页眉处的黑色直线已经被删除。

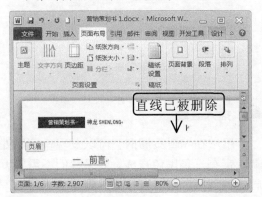

④ 切换到【插入】选项卡，在【插图】组中单击【形状】按钮。

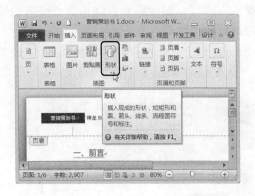

⑤ 在弹出的下拉列表中的【线条】组中选择【直线】。

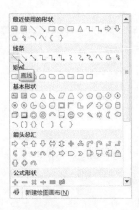

⑥ 随即鼠标指针变成十字形状，将鼠标指针移动到页眉处，按住鼠标左键并移动鼠标，即可绘制一条直线。

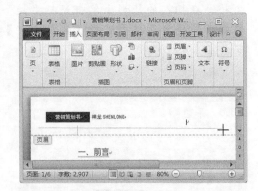

⑦ 绘制完毕，释放鼠标左键即可。选中直线，切换到【绘图工具】栏的【格式】选项卡，单击【大小】组右下角的【对话框启动器按钮】。

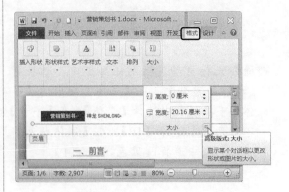

⑧ 弹出【布局】对话框，切换到【大小】选项卡，在【高度】组合框中的【绝对值】微调框中输入【0 厘米】，在【宽度】组合框中的【绝对值】微调框中输入【19.4厘米】。

⑨ 切换到【位置】选项卡，在【水平】组合框中的【绝对位置】微调框中输入【0.8厘米】，在【右侧】下拉列表中选择【页面】；在【垂直】组合框中的【绝对位置】微调框中输入【1.9 厘米】，在【下侧】下拉列表中选择【页面】。

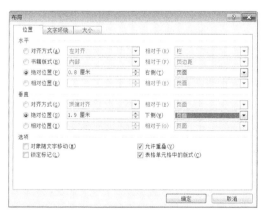

⑩ 设置完毕，单击　确定　按钮，返回 Word 文档。切换到【绘图工具】栏的【格式】选项卡，单击【形状样式】组右下角的【对话框启动器按钮】 。

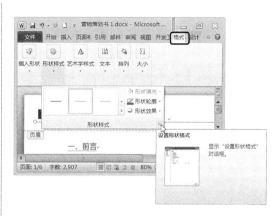

⑪ 弹出【设置形状格式】对话框，切换到【线条颜色】选项卡，选中【实线】单选钮，在【颜色】下拉列表中选择【紫色】。

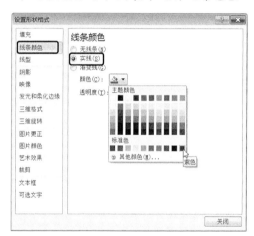

⑫ 切换到【线型】对话框，在【宽度】微调框中输入【1.5 磅】。

⑬设置完毕，单击 [关闭] 按钮，返回 Word 文档。至此，页眉就设置完成了。切换到【页眉和页脚工具】栏的【设计】选项卡，在【关闭】组中单击【关闭页眉和页脚】按钮。

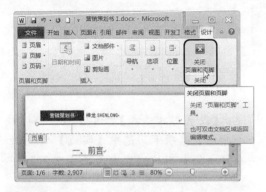

⑭页眉设置完成后的最终效果如图所示。

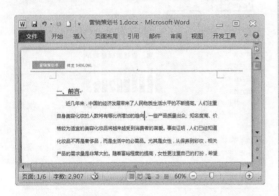

2. 插入页脚

①打开本实例的原始文件，在页脚处双击鼠标左键，页脚即可进入编辑状态。

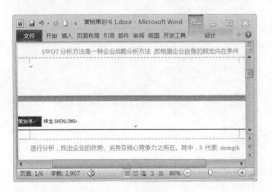

②切换到【插入】选项卡，在【插图】组中单击【图片】按钮。

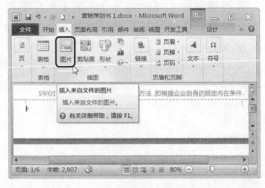

③弹出【插入图片】对话框，从中选择要插入页脚的图片"图片 1.jpg"，然后单击 [插入(S)] 按钮。

④选中插入的"图片 1.jpg"，切换到【图片工具】栏的【格式】选项卡，单击【大小】组右下角的【对话框启动器按钮】。

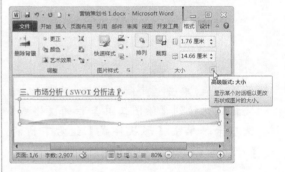

⑤ 弹出【布局】对话框，切换到【大小】选
项卡，将【宽度】组合框中的【绝对值】
微调框的数值调整为【21 厘米】。

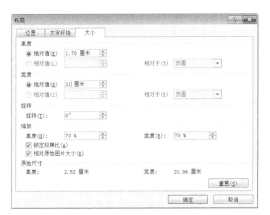

⑥ 切换到【文字环绕】选项卡，在【环绕方
式】组合框中选择【衬于文字下方】选
项。

⑦ 切换到【位置】选项卡，选择水平对齐方
式为相对于页面居中，选择垂直对齐方
式为相对于页面下对齐。

⑧ 设置完毕，单击 确定 按钮，返回 Word
文档。

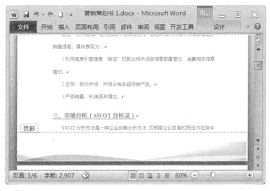

⑨ 插入页脚图片后，接着我们来插入页码。
插入页码时，首先需要设置起始页码。
切换到【页眉和页脚工具】栏的【设计】
选项卡，在【页眉和页脚】组中单击【页
码】按钮 页码，在弹出的下拉列表中选
择【设置页码格式】选项。

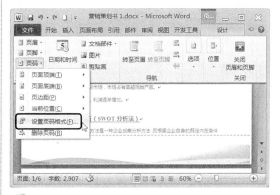

⑩ 弹出【页码格式】对话框，在【编号格式】
下拉列表中选择一种合适的格式，例如
选择 "-1-, -2-, -3-, …"，在【页码编
号】组合框中选中【起始页码】单选钮，
并将其后面微调框中的数值调整为
【-1-】。

⑪ 设置完毕，单击 确定 按钮，返回 Word 文档，切换到【页眉和页脚工具】栏的【设计】选项卡，在【页眉和页脚】组中，单击【页码】按钮 页码，在弹出的下拉列表中选择【页面底端】▶【普通数字 2】选项。

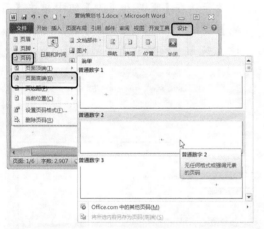

⑫ 随即页码便插入到了文档的页面底端。选中插入的页码，切换到【开始】选项卡，在【字体】组中的【字体】下拉列表中选择【Times New Roman】，在【字号】下拉列表中选择【10】，单击【加粗】按钮 B，在【字体颜色】下拉列表中选择【紫色】。

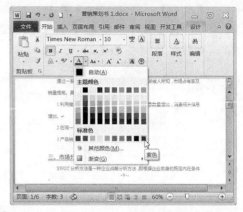

⑬ 切换到【页眉和页脚工具】栏的【设计】选项卡，在【关闭】组中单击【关闭页眉和页脚】按钮 即可。

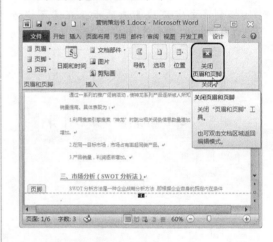

1.2.3 插入封面

文档的封面就像人的衣服，所以一份完整的文档，封面是必不可少的。本小节我们以为文档"营销策划书 2"插入封面为例，详细介绍如何为文档插入封面。

本实例的素材文件、原始文件和最终效果所在位置如下。		
	素材文件	素材文件\01\图片 2.jpg、图片 3.png
	原始文件	原始文件\01\营销策划书 2.docx
	最终效果	最终效果\01\营销策划书 2.docx

1. 插入封面底图

①切换到【插入】选项卡，在【页】组中单击【封面】按钮。

②在弹出的封面样式下拉库中选择一种合适的样式，例如选择【边线型】。

③此时，文档中插入了一个"边线型"的文档封面。

④用户按照封面提示，填写封面内容即可。如果用户对封面不满意，可以使用【Backspace】键删除原有的文本框和形状，得到一个封面的空白页。

⑤切换到【插入】选项卡，在【插图】组中单击【图片】按钮。

⑥弹出【插入图片】对话框，从中选择要插入的图片素材文件"图片 2.jpg"。

7 单击 插入(S) ▼ 按钮，返回 Word 文档中，此时，文档中插入了一个封面底图。选中该图片，然后单击鼠标右键，在弹出的快捷菜单中选择【大小和位置】菜单项。

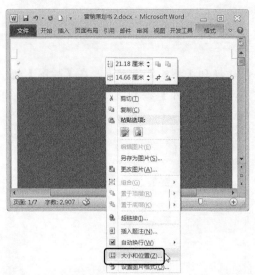

8 弹出【布局】对话框，切换到【大小】选项卡，撤选【锁定纵横比】复选框，然后在【高度】组合框中的【绝对值】微调框中输入"29.7 厘米"，在【宽度】组合框中的【绝对值】微调框中输入"21厘米"。

9 切换到【文字环绕】选项卡，在【环绕方式】组合框中选择【衬于文字下方】选项。

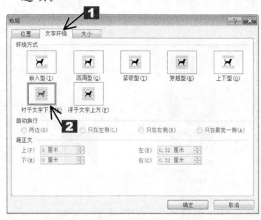

10 切换到【位置】选项卡，选择水平对齐方式为相对于页面居中，选择垂直对齐方式为相对于页面居中。

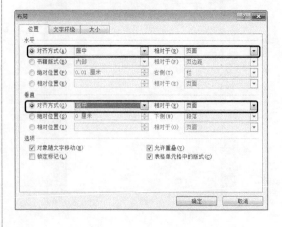

⓫单击 确定 按钮，返回 Word 文档中，设置效果如图所示。

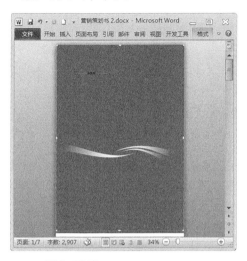

2. 插入形状

❶切换到【插入】选项卡，在【插图】组中单击【形状】按钮。

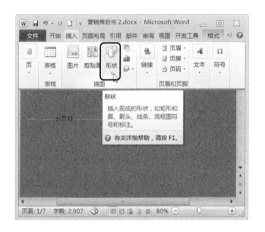

❷在弹出的下拉列表中的【线条】组中选择【直线】。

❸随即鼠标指针变成十字形状，将鼠标指针移动到封面中，按住鼠标左键并移动鼠标，即可绘制一条直线。

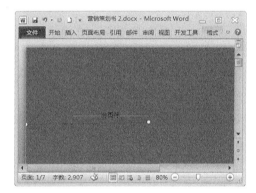

❹绘制完毕，释放鼠标左键即可。选中直线，切换到【绘图工具】栏的【格式】选项卡，单击【大小】组右下角的【对话框启动器按钮】。

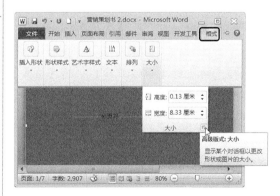

⑤ 弹出【布局】对话框，切换到【大小】选项卡，在【高度】组合框中的【绝对值】微调框中输入【0 厘米】，在【宽度】组合框中的【绝对值】微调框中输入【8 厘米】。

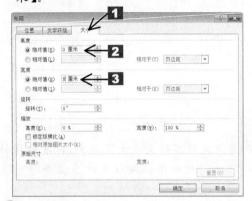

⑥ 切换到【位置】选项卡，设置水平对齐方式为相对于页面左对齐。在【垂直】组合框中的【绝对位置】微调框中输入【5 厘米】，在【下侧】下拉列表中选择【上边距】。

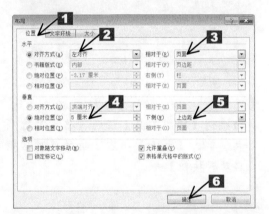

⑦ 设置完毕，单击 确定 按钮，返回 Word 文档。切换到【绘图工具】栏的【格式】选项卡，单击【形状样式】组右下角的【对话框启动器】按钮。

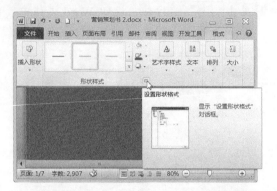

⑧ 弹出【设置形状格式】对话框，切换到【线条颜色】对话框，选中【实线】单选钮，单击【颜色】按钮，在【颜色】下拉列表中选择【白色，背景1】。

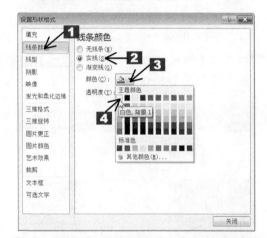

⑨ 切换到【线型】对话框，在【宽度】微调框中输入【1.5 磅】。

⑩ 设置完毕，单击 关闭 按钮，返回 Word 文档，按【Ctrl】+【C】组合键，然后按【Ctrl】+【V】组合键，即可复制出一条同样的直线。

⑪ 在复制的直线上单击鼠标右键，在弹出的快捷菜单中选择【其他布局选项】菜单项。

⑫ 弹出【布局】对话框，系统自动切换到【位置】选项卡，设置水平对齐方式为相对于页面右对齐。在【垂直】组合框中的【绝对位置】微调框中输入【5 厘米】，在【下侧】下拉列表中选择【上边距】。

⑬ 设置完毕，单击 确定 按钮，返回 Word 文档。

3. 插入文本框

① 切换到【插入】选项卡，在【文本】组中单击【文本框】按钮。

② 在弹出的下拉列表中选择【绘制文本框】选项。

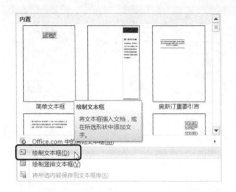

③随即鼠标指针变成十字形状,将鼠标指针移动到文档中,按住鼠标左键并移动鼠标,即可绘制一个文本框。

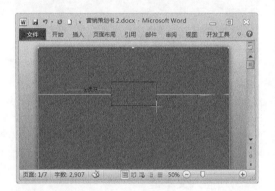

④绘制完毕,释放鼠标左键即可。选中文本框,单击鼠标右键,在弹出的快捷菜单中选择【其他布局选项】。

⑤弹出【布局】对话框,切换到【大小】选项卡,将【高度】组合框中的【绝对值】调整为【1.2 厘米】,将【宽度】组合框中的【绝对值】调整为【5 厘米】。

⑥切换到【位置】选项卡,将水平对齐方式设置为相对于页面居中,在【垂直】组合框中的【绝对位置】微调框中输入【4.4厘米】,在【下侧】下拉列表中选择【上边距】。

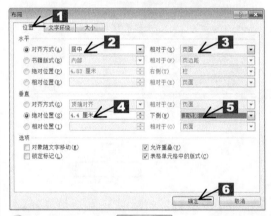

⑦设置完毕,单击 确定 按钮,返回 Word文档。切换到【绘图工具】栏的【格式】选项卡,在【形状样式】组中单击【形状填充】按钮 ，在弹出的下拉列表中选择【无填充颜色】选项。

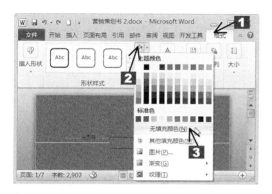

⑧ 在【形状样式】组中单击【形状轮廓】按钮，在弹出的下拉列表中选择【无轮廓】选项。

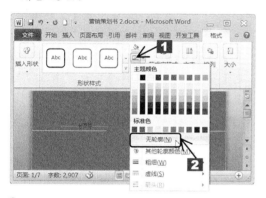

⑨ 切换到【开始】选项卡，在【字体】下拉列表中选择【微软雅黑】选项，在【字号】下拉列表中选择【小二】，在【字体颜色】下拉列表中选择【白色，背景1】。

⑩ 在【段落】组中单击【居中】按钮。

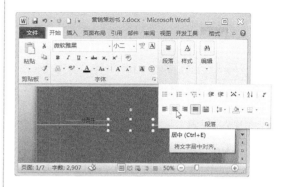

⑪ 设置完毕，输入文本 "SHENLONG" 即可。

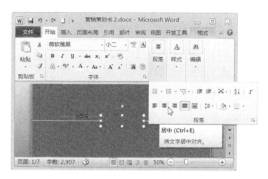

⑫ 按照相同的方法，在封面上再插入一个文本框。插入后切换到【绘图工具】栏的【格式】选项卡，单击【大小】组右下角的【对话框启动器】按钮。

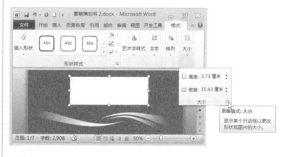

⑬ 弹出【布局】对话框，切换到【大小】选项卡，将高度绝对值调整为【4 厘米】，将宽度绝对值调整为【12 厘米】。

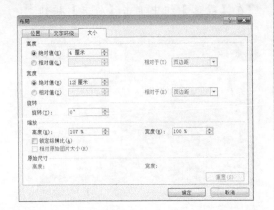

14 切换到【位置】选项卡，将水平对齐方式设置为相对于页面居中；在【垂直】组合框中的【绝对位置】微调框中输入【11厘米】，在【下侧】下拉列表中选择【上边距】。

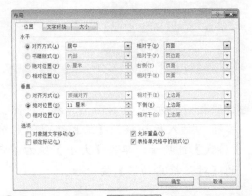

15 设置完毕，单击 确定 按钮，返回 Word 文档。切换到【绘图工具】栏的【格式】选项卡，在【形状样式】组中单击【形状填充】按钮，在弹出的下拉列表中选择【无填充颜色】选项。

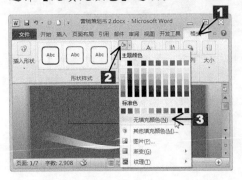

16 在【形状样式】组中单击【形状轮廓】按钮，在弹出的下拉列表中选择【无轮廓】选项。

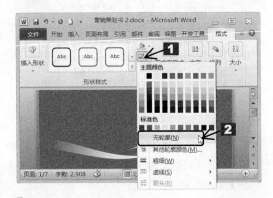

17 切换到【开始】选项卡，在【字体】下拉列表中选择【微软雅黑】选项，在【字号】下拉列表中输入【60】，在【字体颜色】下拉列表中选择【白色，背景1】。

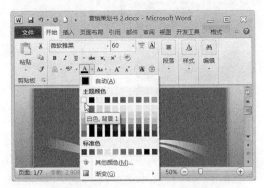

18 在【段落】组中单击【居中】按钮。

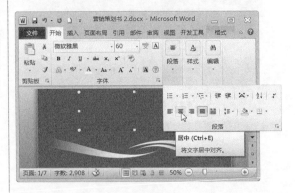

⑲ 设置完毕，输入文本"营销策划书"即可。

4. 插入图片

① 切换到【插入】选项卡，在【插图】组中单击【图片】按钮 。

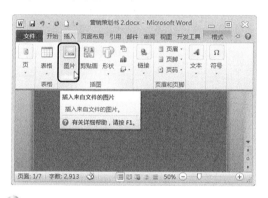

② 弹出【插入图片】对话框，从中选择要插入的页脚图片"图片 3.png"，然后单击 插入(S) 按钮。

③ 选中插入的"图片 3.png"，切换到【图片工具】栏的【格式】选项卡，单击【大小】组右下角的【对话框启动器按钮】 。

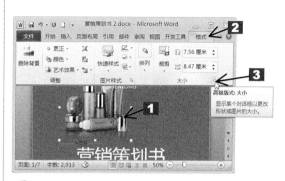

④ 弹出【布局】对话框，切换到【文字环绕】选项卡，在【环绕方式】组合框中选中【衬于文字下方】。

⑤切换到【位置】选项卡，将水平对齐方式设置为相对于页面居中；在【垂直】组合框中的【绝对位置】微调框中输入【21厘米】，在【下侧】下拉列表中选择【上边距】。

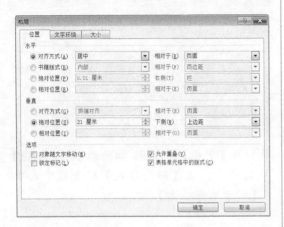

⑥设置完毕，单击 确定 按钮，返回 Word 文档。至此，"营销策划书"的封面就设计完成了。

第 2 章
图形、图表与简单排版

Word 2010 除了可以编辑文字外，还具有强大的图文混排功能，可以通过插入和编辑图片、图形、艺术字以及文本框等要素，使编辑的文档看起来图文并茂、生动有趣。图文混排在报刊编辑、产品宣传品制作等工作中应用非常广泛。此外，用户还可以使用 Word 2010 提供的相关的工具对文档进行排版，轻松编排出不同版式且具有专业水准的文档。本章介绍如何在 Word 2010 中插入图形、图表，以及进行简单排版。

要 点 导 航

- 设计绩效考核流程图
- 创建月度销售分析
- 设计企业内刊

2.1 设计绩效考核流程图

案例背景

为了明确销售部绩效考核的流程，体现公司透明、公正的原则，公司在制定绩效考核制度的同时，往往会同时制定一份销售部绩效考核流程图，使公司每个员工都能清楚明确地看到公司的考核流程。

最终效果及关键知识点

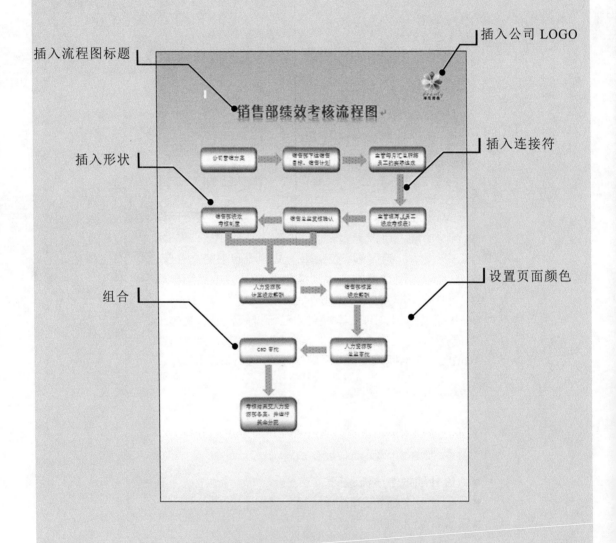

插入流程图标题　　　　插入公司 LOGO

插入形状　　　插入连接符

组合　　　设置页面颜色

2.1.1 创建销售部绩效考核流程图

本实例的原始文件和最终效果所在位置如下。	
原始文件	无
最终效果	最终效果\02\销售部绩效考核流程图.docx

实际工作生活中，在 Word 文档的应用中，往往十分重视图文结合。而流程图就是图文结合的一个很好的体现。本节我们就以创建"销售部绩效考核流程图"为例，介绍流程图的创建方法。

1. 插入流程图标题

1️⃣ 新建一个名为"销售部绩效考核流程图"的 Word 文档，切换到【插入】选项卡，在【文本】组中单击【文本框】按钮。

2️⃣ 在弹出的下拉列表中选择【绘制文本框】选项。

3️⃣ 将光标移动到文档中，此时鼠标指针变为"十"形状，按住鼠标左键不放，拖动鼠标即可绘制文本框。

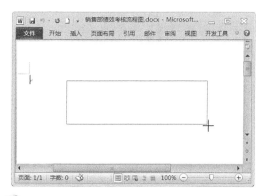

4️⃣ 绘制完毕，释放鼠标左键即可。

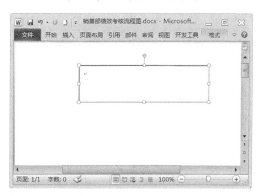

5️⃣ 选中文本框，单击鼠标右键，在弹出的快捷菜单中选择【其他布局选项】。

6 弹出【布局】对话框，切换到【大小】选项卡，将高度绝对值调整为【2.2厘米】，将宽度绝对值调整为【12厘米】。

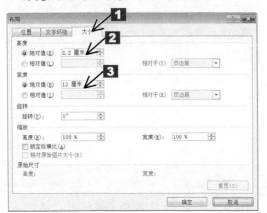

7 切换到【位置】选项卡，将水平对齐方式设置为相对于页面居中；在【垂直】组合框中的【绝对位置】微调框中输入【3厘米】，在【下侧】下拉列表中选择【上边距】。

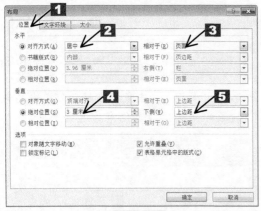

8 设置完毕，单击 确定 按钮，返回Word文档。切换到【图片工具】栏的【格式】选项卡，在【形状样式】组中单击【形状填充】按钮 ，在弹出的下拉列表中选择【无填充颜色】选项。

9 在【形状样式】组中单击【形状轮廓】按钮 ，在弹出的下拉列表中选择【无轮廓】选项。

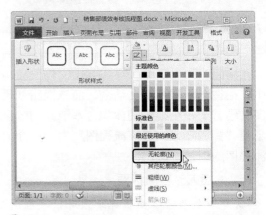

10 在文本框中输入文本"销售部绩效考核流程图"。

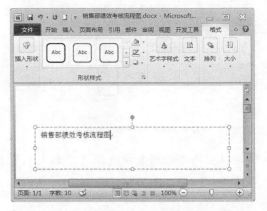

11 选中文本"销售部绩效考核流程图"，切换到【开始】选项卡，单击【字体】组右下角的【对话框启动器】按钮 。

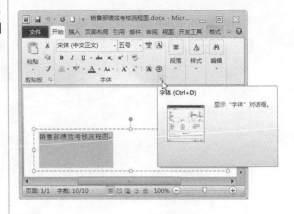

⓬弹出【字体】对话框，切换到【字体】选
项卡，在【中文字体】下拉列表中选
择【微软雅黑】，在【字形】下拉列表中
选择【加粗】，在【字号】下拉列表中选
择【小一】。

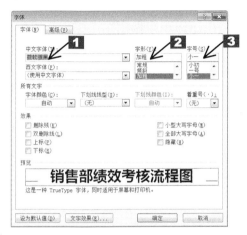

⓭切换到【高级】选项卡，在【间距】下拉
列表中选择【加宽】，在其后面的【磅值】
微调框中输入【2 磅】。

⓮设置完毕，单击 确定 按钮，返回
Word 文档。切换到【开始】选项卡，在
【段落】组中单击【居中】按钮 。

⓯为了使文本标题看起来更加美观，在对其
进行基本的字体、段落设置后，我们还
可以对其进行艺术字设置。切换到【绘
图工具】栏的【格式】选项卡，单击【艺
术字样式】组右下角的【对话框启动器】
按钮 。

⓰弹出【设置文本效果格式】对话框，切换
到【文本填充】选项卡，选中【纯色填
充】单选钮，在【颜色】下拉列表中选
择一种合适的颜色，如果当前颜色库中
没有合适的颜色，用户可以选择【其他
颜色】选项。

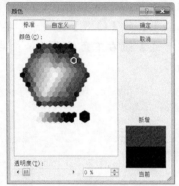

17 弹出【颜色】对话框，切换到【标准】选项卡，从中选择一种合适的颜色即可。

18 设置完毕，单击 确定 按钮，返回【设置文本效果格式】对话框，切换到【阴影】选项卡，在【预设】下拉列表中选择【外部】➤【右下斜偏移】。

19 在【颜色】下拉列表中选择一种合适的阴影颜色，例如选择【黄色】。

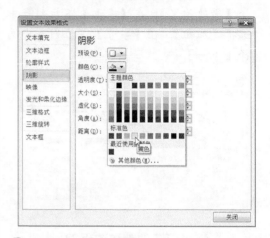

20 切换到【映像】选项卡，在【预设】下拉列表中选择【映像变体】➤【紧密映像，接触】。

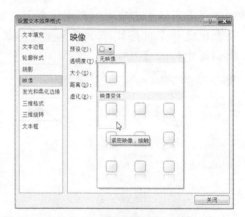

21 设置完毕，单击 关闭 按钮，返回 Word 文档，效果如图所示。

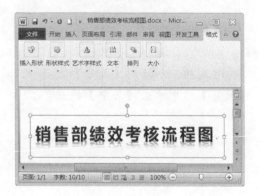

2. 插入流程图

流程图是 SmartArt 图形中层次结构的一种。SmartArt 图形可用来说明各种概念性的内容，并且比文档更加生动。除流程图外，SmartArt 图形还包括组织结构图、列表、循环、关系、矩阵、棱锥图和图片。

● 插入系统流程图

Word 2010 中提供了多种 SmartArt 模板，用户可以根据需要选择一种合适的 SmartArt 图形，用户还可以对原有 SmartArt 图形进行添加或删减操作。

①切换到【插入】选项卡，在【插图】组中单击【SmartArt 图形】按钮。

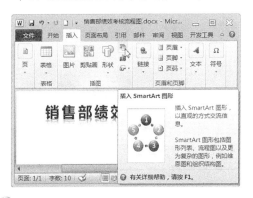

②弹出【选择 SmartArt 图形】对话框，切换到【流程】选项卡，选择【基本蛇形流程】选项。

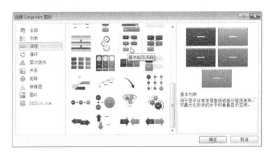

③单击 确定 按钮，此时在 Word 文档中已经插入了一个基本蛇形流程图，将其调整到合适的位置，效果如图所示。

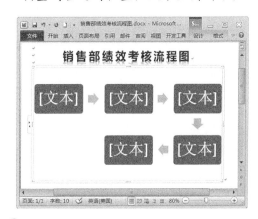

④插入蛇形流程图后，用户直接单击任意一个形状，即可在形状中输入文本。

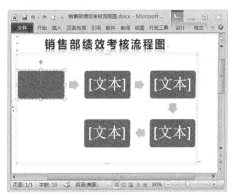

⑤如果流程比较多，用户还可以在原有流程图的前面或后面添加形状。选中一个形状，单击鼠标右键，在弹出的快捷菜单中选择【添加形状】➤【在后面添加形状】。

6 随即在选中的形状后面添加了一个新的形状。

自行绘制流程图

由于系统提供的流程图都是比较规范简单的，但是在实际工作中，我们需要的流程图往往会比较复杂。当系统提供的流程图就无法满足我们的要求时，我们可以自行绘制流程图。

1 在绘制新的流程图前，首先我们需要将刚才插入的系统流程图删除。选中整个流程图，按下【Delete】键，即可删除原来的流程图。

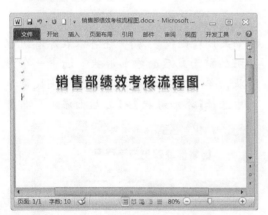

2 切换到【插入】选项卡，在【插图】组中单击【形状】按钮。

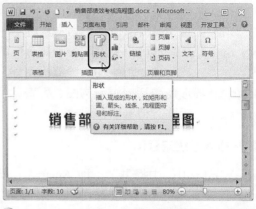

3 在弹出的下拉列表中选择【圆角矩形】。

4 此时鼠标指针变成"十"形状，将其移动到合适的位置，单击即可绘制一个"圆角矩形"图形。

⑤切换到【绘图工具】栏的【格式】选项卡，在【大小】组中的【高度】微调框中输入【1.6 厘米】,【宽度】微调框中输入【3.8 厘米】。

⑥单击【形状样式】组右下角的【对话框启动器】按钮 。

⑦弹出【设置形状格式】对话框，切换到【填充】选项卡，选中【渐变填充】单选钮。

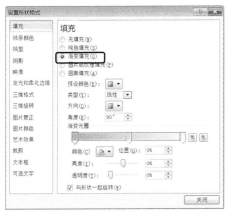

⑧系统提供了多种渐变颜色，用户可以在【预设颜色】下拉列表中选择一种合适的颜色。

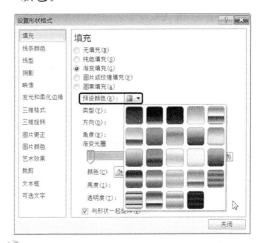

⑨如果在【预设颜色】中用户找不到合适的渐变颜色，还可以通过渐变光圈来自行设置渐变颜色。单击【添加渐变光圈】按钮 ，即可添加一个新的渐变光圈。

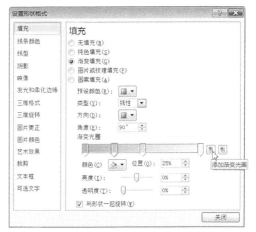

⑩单击【删除渐变光圈】按钮 ，即可将选中的渐变光圈删除。

11 选中第 1 个渐变光圈,在【颜色】下拉列表中选择【其他颜色】选项。

12 弹出【颜色】对话框,切换到【标准】选项卡,选择一种合适的颜色。

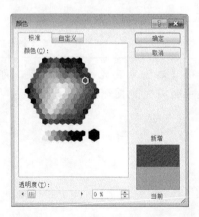

13 单击 确定 按钮,返回【设置形状格式】对话框。选中第 2 个渐变光圈,在【颜色】下拉列表中选择【白色,背景 1】。

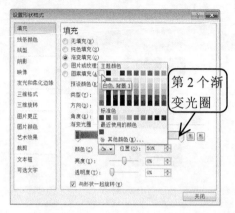

第 2 个渐变光圈

14 选中第 3 个渐变光圈,在【颜色】下拉列表中选择与第 1 个渐变光圈相同的颜色。

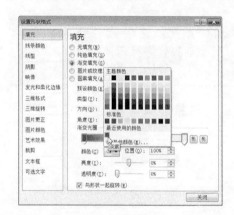

15 设置完毕,切换到【线条颜色】选项卡,选中【无线条】单选钮。

16 切换到【三维格式】选项卡，在【顶端】
下拉列表中选择【圆】。

17 设置完毕，单击 关闭 按钮，返回 Word
文档，效果如图所示。

18 选中圆角矩形，按【Ctrl】+【C】组合键
复制，再按【Ctrl】+【V】组合键 10 次，
即可复制出 10 个相同的"圆角矩形"图
形。

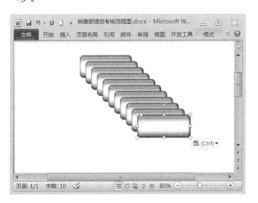

19 调整所有"圆角矩形"的位置，用户可以
使用键盘上的【↑】、【↓】、【←】和【→】
4 个方向键移动。

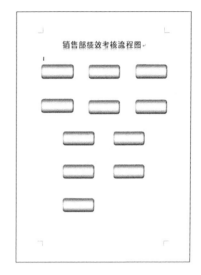

20 在调整的过程中，为了使图形更加整齐，
用户还可以使用对齐命令自动对齐图
形。例如，按住【Ctrl】键，依次选中第
1 行的 3 个"圆角矩形"图形。

21 切换到【绘图工具】栏的【格式】选项卡，
在【排列】组中单击【对齐】按钮 对齐 。

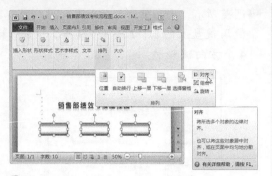

22 在弹出的下拉列表中选择【顶端对齐】选项。

23 按照相同的方法，调整其他"圆角矩形"的位置，设置完毕，效果如图所示。

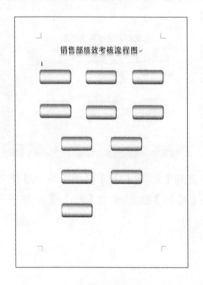

24 形状绘制完成后，用户就可以在"圆角矩形"中输入内容了。在"圆角矩形"上单击鼠标右键，在弹出的快捷菜单中选择【添加文字】选项。

25 此时该图形处于可编辑状态，输入相应文字，然后设置其字体格式即可。

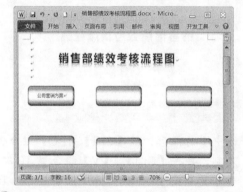

26 用户可以按照相同的方法，在其他图形中输入文本。如果输入的文本无法完全显示，可以通过图形的控制点来调整图形的大小。

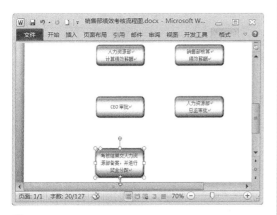

27 流程图的基本形状绘制完成后，接下来就是绘制连接符了。切换到【插入】选项卡，在【插图】组中单击【形状】按钮。

28 在弹出的下拉列表中选择【右箭头】。

29 此时鼠标指针变成"十"形状，将其移动到合适的位置，单击即可绘制一个"右箭头"图形，然后适当地调整其大小和位置。

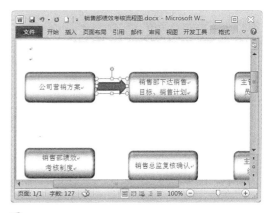

30 选中右箭头，单击鼠标右键，在弹出的快捷菜单中选择【设置形状格式】选项。

31 弹出【设置形状格式】对话框，切换到【填充】选项卡，选中【图案填充】单选钮，并在其下面的列表框中选择【10%】，然后分别在【前景色】和【背景色】下拉列表中选择一种合适的颜色。

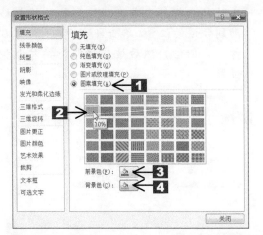

32 切换到【线条颜色】选项卡，选中【无线条】单选钮。

33 设置完毕，单击 关闭 按钮，返回 Word 文档，效果如图所示。

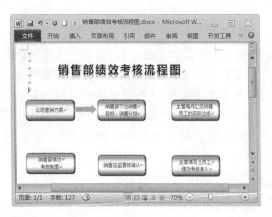

34 用户可以按照相同的方法，插入其他连接符。

> **提示**
>
> 　形状相同的连接符用户可以通过复制、粘贴、翻转等操作得到。

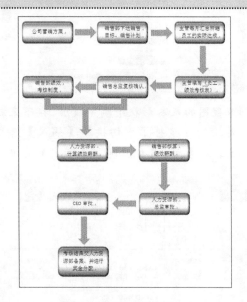

2.1.2　美化销售部绩效考核流程图

本实例的素材文件、原始文件和最终效果所在位置如下。	
素材文件	素材文件\02\公司 LOGO.jpg
原始文件	原始文件\02\销售部绩效考核流程图 1.docx
最终效果	最终效果\02\销售部绩效考核流程图 1.docx

　　插入流程图后，我们还可以对流程图进行完善、美化，比如：组合流程图中的图形，设置页面颜色，插入公司 LOGO 等。

1.　组合

　　为方便对整个流程图进行设置，我们还可以将流程图的各个图形和连接符组合在一起，具体操作步骤如下。

1 按住【Shift】键，选中组织结构图的所有"圆角矩形"和连接符。

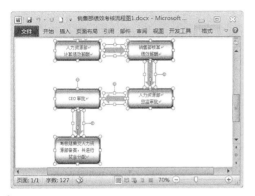

② 切换到【绘图工具】栏的【格式】选项卡，在【排列】组中，选择【组合】▶【组合】。

③ 此时，所有的"圆角矩形"和连接符就组合在一起了。

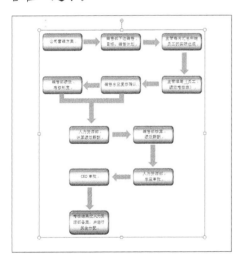

提示

　　对图形进行组合主要是为了便于对组合后的图形对象进行整体移动、修改大小等操作。如果用户需要对其中的某个图形对象进行移动、修改大小等操作，则需要取消组合。

2. 设置页面颜色

　　为了使流程图整体看起来更加美观，我们还可以对页面进行相应设置，例如设置页面颜色。

① 切换到【页面布局】选项卡，在【页面背景】组中，单击【页面颜色】按钮 页面颜色，在弹出的下拉列表中选择【填充效果】选项。

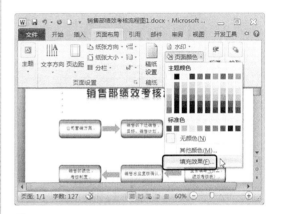

② 弹出【填充效果】对话框，切换到【渐变】选项卡，在【颜色】组合框中选中【双色】单选钮，然后在【颜色1】下拉列表中选择【其他颜色】选项。

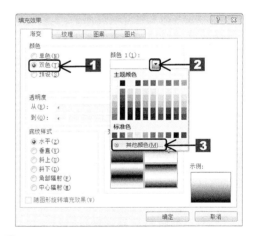

③ 弹出【颜色】对话框，切换到【标准】选项卡，在标准颜色库中选择一种合适的颜色。

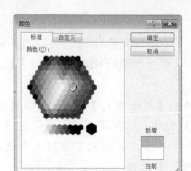

④单击 确定 按钮，返回【填充效果】对
话框，在【颜色2】下拉列表中选择【白
色，背景1】。

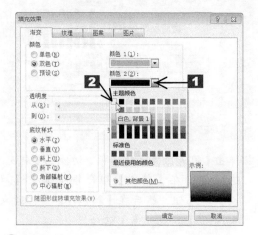

⑤在【底纹样式】组合框中选中【水平】单
选钮，在【变形】组合框中选中第一个
变形。

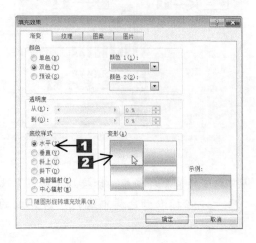

⑥单击 确定 按钮，返回 Word 文档，效
果如图所示。

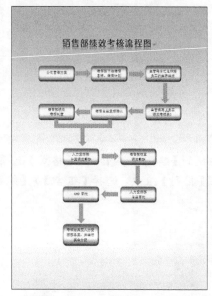

3. 插入公司 LOGO

　　公司 LOGO 是公司的象征，公司文件一
般都需要带有公司 LOGO。销售部绩效考核
流程图作为公司的正式文件，当然也需要有
公司 LOGO。

①切换到【插入】选项卡，在【插图】组中
单击【图片】按钮。

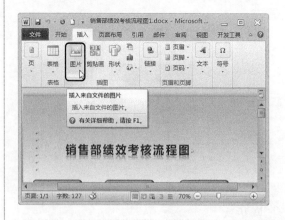

❷ 弹出【插入图片】对话框，从中选择素材图片"公司 LOGO.JPG"。

❸ 单击 插入(I) 按钮，此时图片被插入文档中，选中该图片，然后单击鼠标右键，在弹出的快捷菜单中选择【大小和位置】选项。

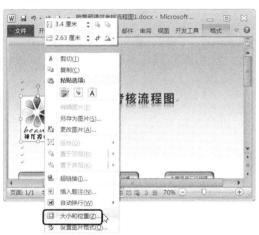

❹ 切换到【文字环绕】选项卡，选择【浮于文字上方】。

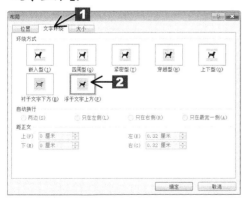

❺ 单击 确定 按钮，返回 Word 文档，通过图片上的控制点调整其大小，并将其移动到合适的位置。

❻ 切换到【绘图工具】栏的【格式】选项卡，在【调整】组中单击【颜色】按钮。

❼ 在弹出的下拉列表中选择【设置透明色】选项。

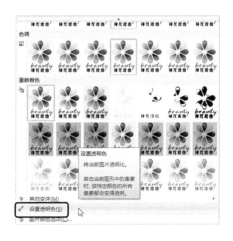

⑧此时鼠标指针变成"↙"，移动鼠标指针到图片"公司 LOGO"的白色背景处并单击鼠标左键。

⑨随即图片变为透明色，效果如图所示。

2.2 创建月度销售分析

案例背景

为了更好地了解公司的产品的销售及回款情况，销售部门需要在月末对当月的销售情况及回款情况作出总结分析。

最终效果及关键知识点

插入条形图（条形图能清楚、直观地表示出每个项目的具体数目）

美化条形图

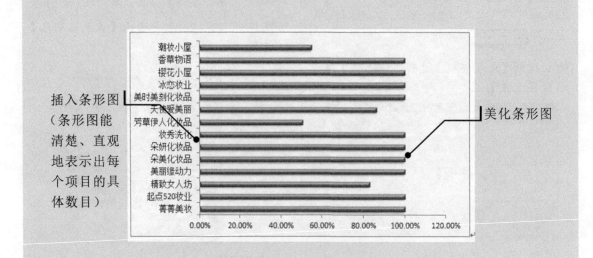

插入偶数页页眉

插入饼图
（饼图能较
好地表示出
各部分在总
体中所占的
百分比）

美化饼图

插入柱形图
（柱形图能
较好地表示
出每个项目
的具体数目
和对比情
况）

美化柱形图

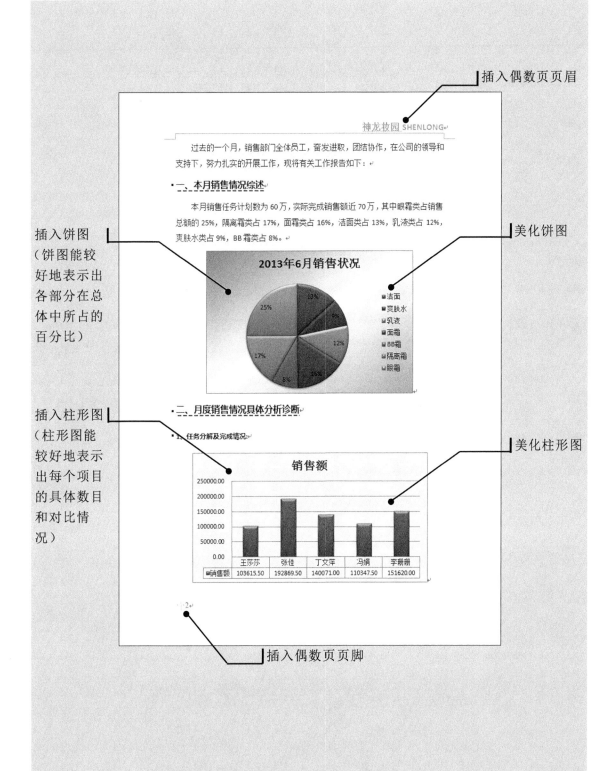

插入偶数页页脚

更新目录

插入奇数页
页眉

调整行间距

插入分隔符

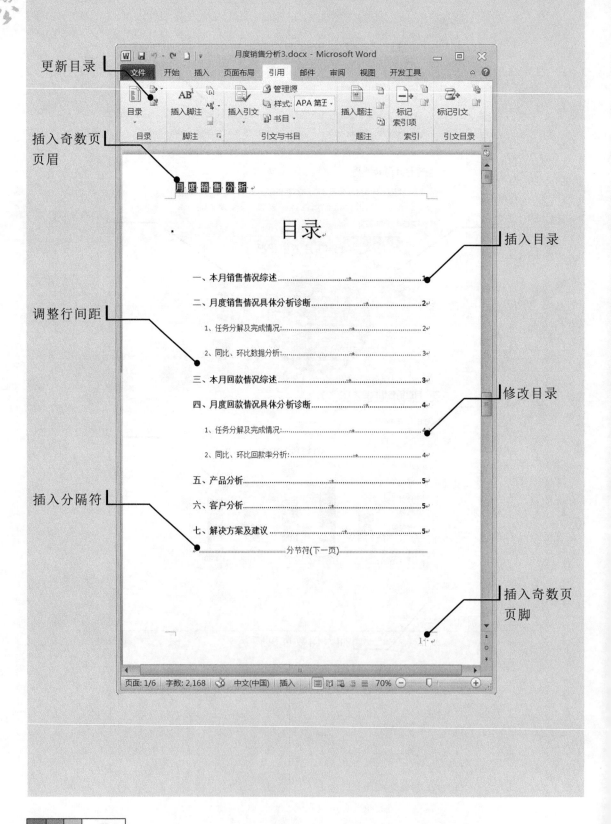

插入目录

修改目录

插入奇数页
页脚

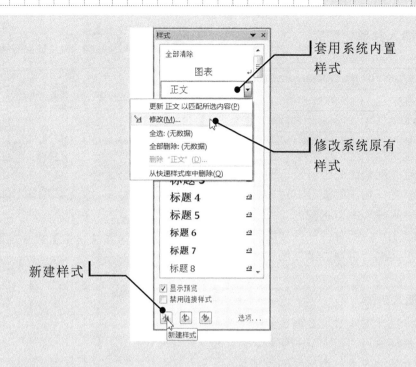

套用系统内置
样式

修改系统原有
样式

新建样式

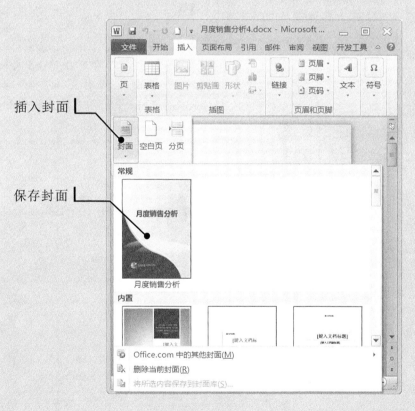

插入封面

保存封面

2.2.1　插入并美化图表

本实例的素材文件、原始文件和最终效果所在位置如下。	
素材文件	素材文件\02\6月销售数据分析.xlsx
原始文件	原始文件\02\月度销售分析.docx
最终效果	最终效果\02\月度销售分析.docx

在对月度销售情况进行分析时，为了更直观地看到销售情况的波动、对比，我们可以使用图表来表现销售状况。

Word 2010 自带有各种各样的图表，如柱形图、折线图、饼图、条形图、面积图、散点图等。

1.　插入饼图

首先，我们来为"月度销售分析"文档插入一个表现本月销售情况的图表。为了使读者能够清楚地看清各类产品的销售情况，这里我们可以插入一个饼图。具体操作如下。

❶新建一个名为"月度销售分析"的 Word 文档，并输入相关的文字信息。

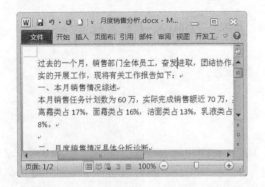

❷将光标定位在需要插入本月销售情况图表的位置，切换到【插入】选项卡，在【插图】组中单击【插入图表】按钮。

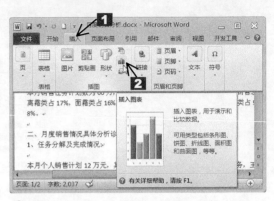

❸弹出【插入图表】对话框，切换到【饼图】选项卡，在【饼图】组中选择【饼图】。

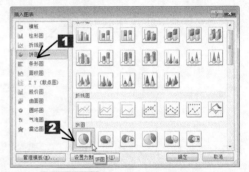

❹单击 确定 按钮，即可在 Word 文档中插入一个饼图，同时弹出一个名为"Microsoft Word 中的图表"的电子表格。

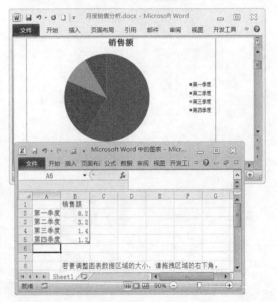

❺打开本实例的素材文件"6 月销售数据分析.xlsx"，在 Word 文档中，切换到【图表工具】栏的【设计】选项卡，在【数据】组中，单击【选择数据】按钮。

❻弹出【选择数据源】对话框，单击【图表数据区域】右侧的【折叠】按钮。

❼随即【选择数据源】对话框处于折叠状态，切换到素材文件"6 月销售数据分析.xlsx"，选中数据区域"B4:C10"，然后单击【展开】按钮。

❽返回展开后的【选择数据源】对话框，单击 确定 按钮。

❾返回 Word 文档，插入的本月销售情况的饼图效果如图所示。

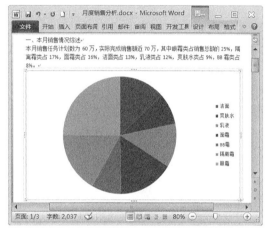

创建了图表后，为了使创建的图表看起来更加美观，用户可以对图表大小、图表布局、图表区域等项目进行格式设置。

2. 调整图表大小

❶选中整个图表，随即图表边框上出现 8 个控制点，将鼠标移至控制点上，鼠标指针变为"⟷"形状。

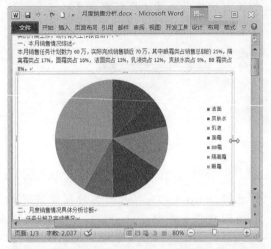

2 按住鼠标左键，此时，鼠标指针变成"十"形状，拖动鼠标指针将其调整为合适大小，释放鼠标即可。

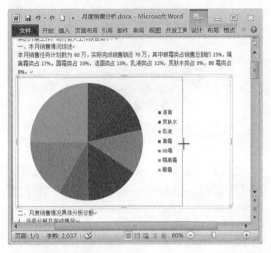

3. 设计图表布局

1 选中图表，切换到【图表工具】栏的【设计】选项卡，在【图表布局】组中单击【快速布局】按钮。

2 在弹出的下拉列表中选择【布局6】选项。

3 应用布局样式后的效果如图所示。

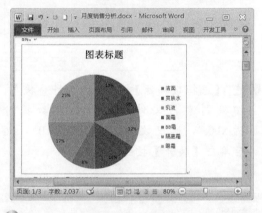

4 将光标定位在图表标题文本框中，删除文本框中的原有文本，然后输入图表标题"2013年6月销售状况"。

4. 设置图表样式

系统提供了多种花图表样式，用户可以直接从系统提供的图表样式中选择一种合适的图表样式。

❶ 选中图表，切换到【图表工具】栏的【设计】选项卡，在【图表样式】组中单击【快速样式】按钮 。

❷ 在弹出的样式库中选择一种合适的样式，此处，我们选择【样式 26】。

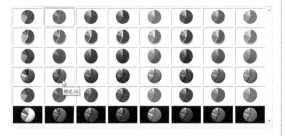

❸ 应用样式后效果如图所示。

5. 美化图表区域

❶ 选中图表区域，然后单击鼠标右键，在弹出的快捷菜单中选择【设置图表区域格式】菜单项。

❷ 弹出【设置图表区格式】对话框，切换到【填充】选项卡，选中【渐变填充】单选钮。

3 选中第 1 个渐变光圈,在【颜色】下拉列表中选择【其他颜色】选项。

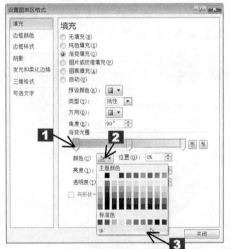

4 弹出【颜色】对话框,切换到【标准】选项卡,在颜色库中选择一种合适的颜色。

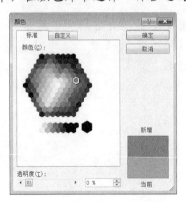

5 单击 确定 按钮,返回【设置图表区格式】对话框,选中第 2 个渐变光圈,在【颜色】下拉列表中选择【白色,背景 1】选项。

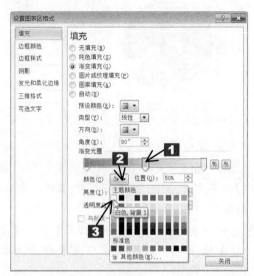

6 按照相同的方法,将第 3 个渐变光圈的颜色设置为与第 1 个渐变光圈相同的颜色。

7 单击 关闭 按钮,返回 Word 文档,效果如图所示。

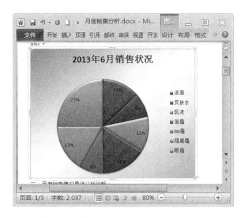

6.　插入柱形图

销售人员当月的销售计划都是一样的，但是实际销售情况却是存在差异的。在描述当月各业务员任务分解和完成情况时，为了更好地表现这种差异，我们可以使用柱形图。

❶ 将光标定位在需要插入业务员任务分解和完成情况图表的位置，切换到【插入】选项卡，在【插图】组中单击【插入图表】按钮 。

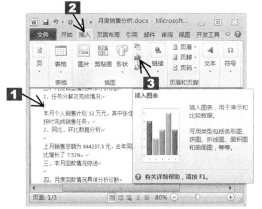

❷ 弹出【插入图表】对话框，切换到【柱形图】选项卡，在【柱形图】组中选择【簇状柱形图】。

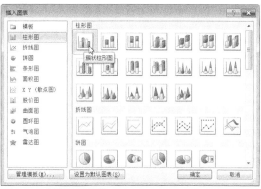

❸ 单击 确定 按钮，即可在 Word 文档中插入一个柱形图，同时弹出一个名为"Microsoft Word 中的图表"的电子表格。

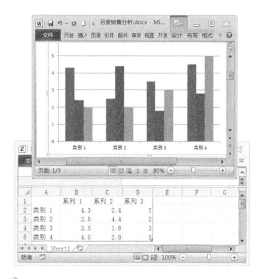

❹ 在 Word 文档中，切换到【图表工具】栏的【设计】选项卡，在【数据】组中单击【选择数据】按钮 。

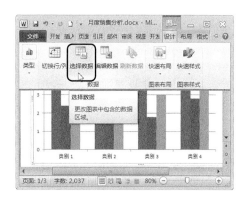

5 弹出【选择数据源】对话框,单击【图表数据区域】右侧的【折叠】按钮。

6 随即【选择数据源】对话框处于折叠状态,切换到素材文件"6月销售数据分析.xlsx",选中数据区域"B15:C20",然后单击【展开】按钮。

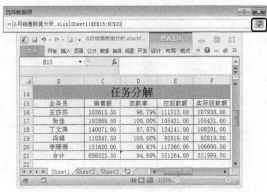

7 返回展开后的【选择数据源】对话框,单击 确定 按钮。

8 返回 Word 文档,插入的业务员任务分解和完成情况图表效果如图所示。

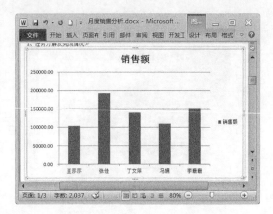

7. 美化柱形图

设计图表布局

1 选中图表,切换到【图表工具】栏的【设计】选项卡,在【图表布局】组中单击【快速布局】按钮。

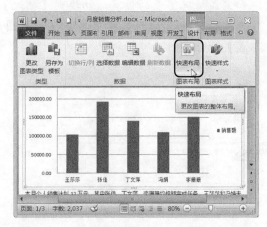

2 在弹出的下拉列表中选择【布局5】选项。

❸应用布局样式后的效果如图所示。

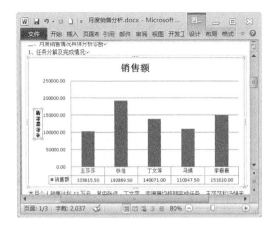

设计图表样式

❶选中图表，切换到【图表工具】栏的【设计】选项卡，在【图表样式】组中单击【快速样式】按钮。

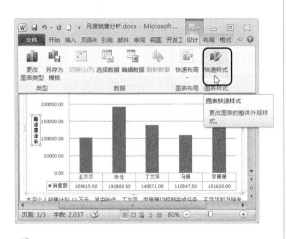

❷在弹出的样式库中选择一种合适的样式，此处，我们选择【样式30】。

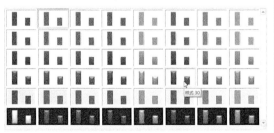

❸应用样式后效果如图所示。

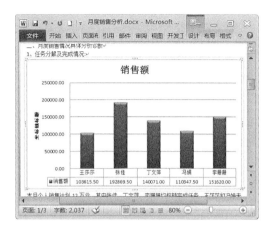

8. 删除坐标轴标题

❶选中图表的坐标轴标题文本框，然后按【Delete】键。

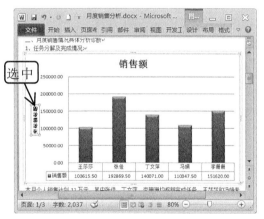

❷即可将坐标轴标题删除。

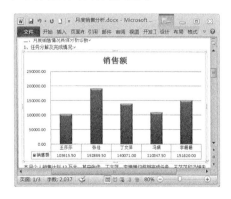

9. 美化图表区和绘图区

美化图表区

1 选中图表区域，然后单击鼠标右键，在弹出的快捷菜单中选择【设置图表区域格式】菜单项。

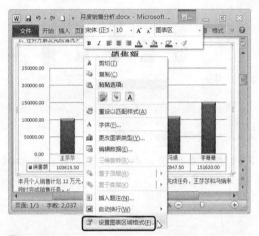

2 弹出【设置图表区格式】对话框，切换到【填充】选项卡，选中【图片或纹理填充】单选钮。

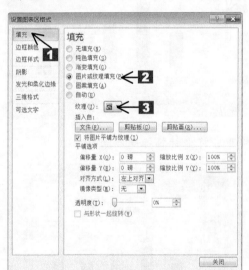

3 单击【纹理】按钮，在弹出的下拉列表中选择一种合适的纹理，此处，我们选择【羊皮纸】。

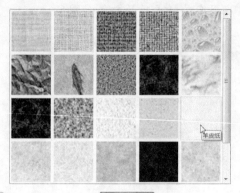

4 设置完毕，单击 关闭 按钮，返回 Word 文档，效果如图所示。

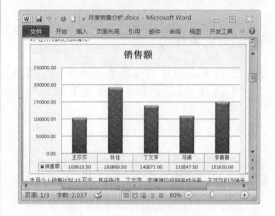

美化绘图区

1 选中图表的绘图区，单击鼠标右键，在弹出的快捷菜单中选择【设置绘图区格式】选项。

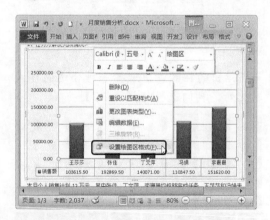

② 弹出【设置绘图区格式】对话框，切换到【填充】选项卡，选中【无填充】单选钮。

③ 设置完毕，单击 关闭 按钮，返回 Word 文档，效果如图所示。

10. 切换行/列

按照前面的方法，创建一个同比、环比分析的柱形图，柱形图的数据区域为"'[6月销售数据分析.xlsx]Sheet1'!$C$11:$E$11"，并对图表布局、样式、坐标轴标题、图表区域、绘图区域进行美化设置。设置完成后，用户可以发现系统默认的水平标签并不符合我们的要求，此时，用户可以使用图表的"切换行/列"功能，以达到切换水平标签的目的。具体操作如下。

① 选中图表，切换到【图表工具】栏的【设计】选项卡，在【数据】组中单击【切换行/列】按钮 切换行/列。

② 随即图表的行和列进行了切换，效果如图所示。

11. 修改水平（分类）轴标签

由于在创建图表的时候，我们选择的数据区域不包含标题，所以系统默认生成的水平标签为"1,2,3"，我们可以根据实际需要将水平标签更改为"本月，同比，环比"。具体操作如下。

❶ 选中图表，切换到【图表工具】栏的【设计】选项卡，在【数据】组中单击【选择数据】按钮 选择数据。

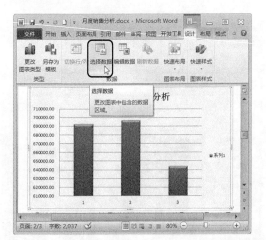

❷ 弹出【选择数据源】对话框，在【水平（分类）轴标签】组合框中，单击 编辑(T) 按钮。

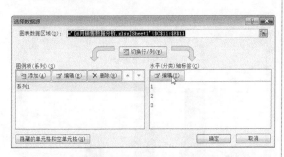

❸ 弹出【轴标签】对话框，单击【轴标签区域】文本框后面的【折叠】按钮。

❹ 此时【轴标签】对话框处于折叠状态，在工作表"6月销售数据分析.xlsx"中拖曳鼠标选中数据区域"C3:E3"。

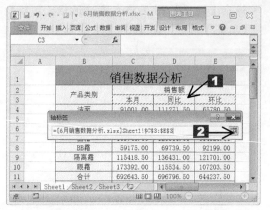

❺ 选择完毕，单击【展开】按钮，返回展开状态的【轴标签】对话框。

❻ 单击 确定 按钮，返回【选择数据源】对话框。

❼ 单击 确定 按钮，返回 Word 文档，效果如图所示。

12. 删除图例

由于"同比、环比数据分析"图表只有一个图例,无需标注,所以我们可以将图表中的图例删除。

删除图例的方法有两种,一种是选中图例,然后按下【Delete】键。这种方法和前面删除坐标轴标题的方法相同。另一种是利用图表工具栏删除图例。具体操作如下。

❶切换到【图表工具】栏的【布局】选项卡,在【标签】组中单击【图例】按钮。

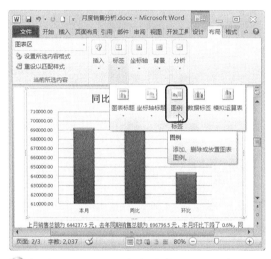

❷在弹出的下拉列表中选择【无】选项。

❸即可将图表的图例删除。

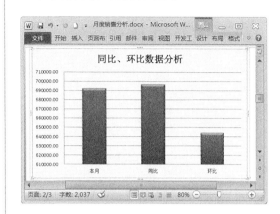

13. 设置数据点格式

只有一个图例项的图表,系统默认各个数据点的颜色相同,在"同比、环比数据分析"图表中,为了更好地区分三个不同时期的柱图,我们可以将各个数据点设置为不同颜色。

❶选中一个数据点,单击鼠标右键,在弹出的快捷菜单中选择【设置数据点格式】菜单项。

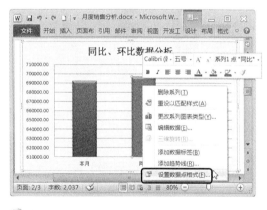

❷弹出【设置数据点格式】对话框,切换到【填充】选项卡,选中【纯色填充】单选钮,在【颜色】下拉列表中选择一种合适的颜色,此处我们选择【深红】。

③ 设置完毕，单击 关闭 按钮，返回 Word
文档。

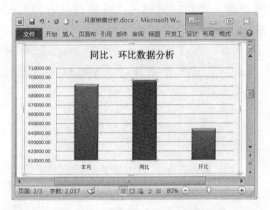

④ 按照相同的方法，设置其他数据点的格
式。

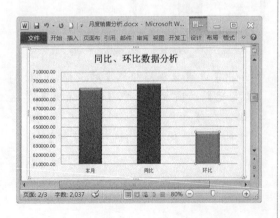

14. 设置数据标签

为了使用户在查看图表的时候，就可以
清楚地知道各个时期销售额的准确值，用户
可以为图表的数据系列添加数据标签。

① 选中整个数据系列，切换到【图表工具】
栏的【布局】选项卡，在【标签】组中
单击【数据标签】按钮。

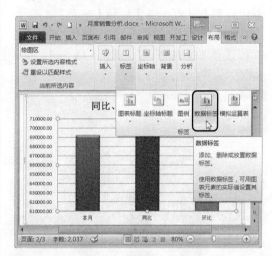

② 在弹出的下拉列表中选择一种合适的标
签位置，此处我们选择【数据标签外】。

③ 返回 Word 文档，效果如图所示。

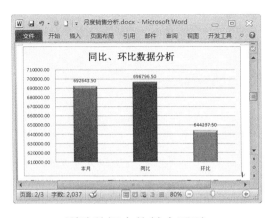

15.　删除数据中的某个系列

接下来我们再创建一个各业务员回款完成情况的柱形图。由于各业务员回款完成情况的数据源和各业务员销售额在同一个表中，且创建图表的数据源不能跨区域，所以在选择数据源的时候，选定的数据源会带有销售额部分，这种情况下，我们就需要在选定数据源后，再将"销售额"图例项删除。具体操作如下。

① 将光标定位在要插入各业务员回款完成情况图表处，切换到【插入】选项卡，在【插图】组中单击【插入图表】按钮 📊。

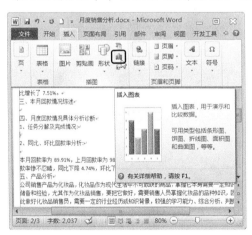

② 弹出【插入图表】对话框，切换到【柱形图】选项卡，在【柱形图】组中单击【簇状柱形图】。

③ 单击 确定 按钮，即可在 Word 文档中插入一个柱形图，同时弹出一个名为 "Microsoft Word 中的图表" 的电子表格。

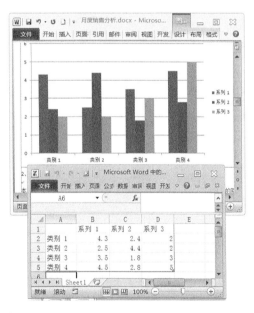

④ 在 Word 文档中，切换到【图表工具】栏的【设计】选项卡，在【数据】组中单击【选择数据】按钮。

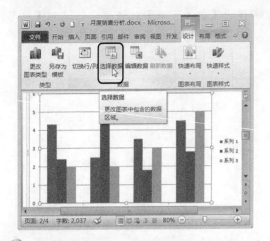

⑤ 弹出【选择数据源】对话框，单击【图表数据区域】右侧的【折叠】按钮 。

⑥ 随即【选择数据源】对话框处于折叠状态，切换到素材文件"6月销售数据分析 .xlsx"，拖曳鼠标选中数据区域"B15:D20"。

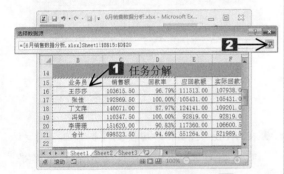

⑦ 选择完毕，单击【展开】按钮 ，返回展开后的【选择数据源】对话框。在【图例项】列表框中选中"销售额"，然后单击 ✕ 删除(R) 按钮。

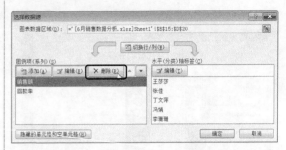

⑧ 此时图例项"销售额"即可被删除。

⑨ 单击 确定 按钮，返回 Word 文档，效果如图所示。

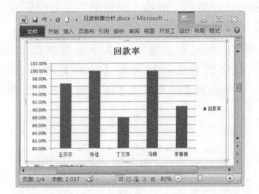

⑩ 图表创建完成后，用户可以按照前面的方法对其进行美化设置。

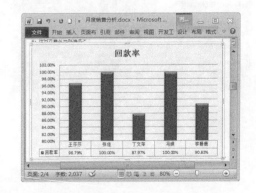

11 回款率的同比、环比分析图表与销售额的同比、环比分析图表类似，这里不再做详细介绍。用户可以按照前面的方法创建并美化。

16. 插入条形图

目前，我们的"月度销售分析"文档中还有一个客户回款情况的图表未插入。制作这个图表的目的是对比各客户的回款情况。而条形图是显示各个项目之间的比较情况的一种图表，所以，此处使用条形图最合适不过了。具体操作如下。

1 将光标定位在要插入客户回款情况图表的位置，切换到【插入】选项卡，在【插图】组中单击【插入图表】按钮 📊。

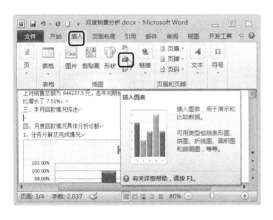

2 弹出【插入图表】对话框，切换到【条形图】选项卡，在【条形图】组中单击【簇状条形图】。

3 单击 确定 按钮，即可在 Word 文档中插入一个条形图，同时弹出一个名为"Microsoft Word 中的图表"的电子表格。

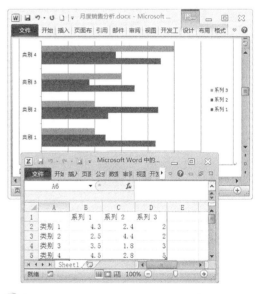

4 在 Word 文档中，切换到【图表工具】栏的【设计】选项卡，在【数据】组中，单击【选择数据】按钮 选择数据。

⑤ 弹出【选择数据源】对话框，单击【图表数据区域】右侧的【折叠】按钮。

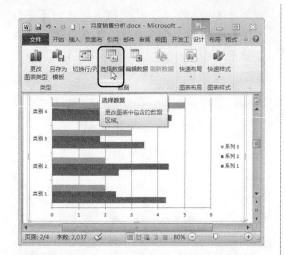

⑥ 此时【选择数据源】对话框处于折叠状态，切换到素材文件"6 月销售数据分析.xlsx"，选中数据区域"B26:C39"。

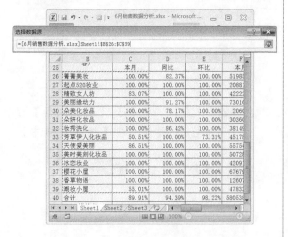

⑦ 选择完毕，单击【展开】按钮，返回展开后的【选择数据源】对话框。

⑧ 单击 确定 按钮，返回 Word 文档，效果如图所示。

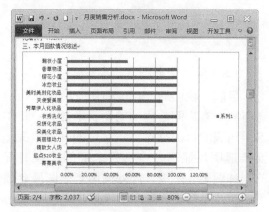

⑨ 用户可以按照前面美化柱形图的方法，对当前条形图进行美化设置。

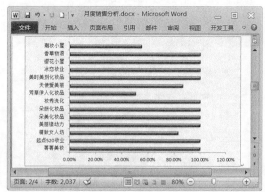

2.2.2 使用样式

	本实例的原始文件和最终效果所在位置如下。
原始文件	原始文件\02\月度销售分析 1.docx
最终效果	最终效果\02\月度销售分析 1.docx

样式是指一组已经命名的字符和段落格式。在编辑文档的过程中，正确设置和使用样式可以极大地提高工作效率。

本小节我们为将文档"月度销售分析"应用样式为例，介绍使用样式的几种方法。

1. 套用系统内置样式

Word 2010 自带了一个样式库，用户可以套用内置样式，设置文档格式。套用内置样式的方法有两种：使用【样式】库和使用【样式】窗格。下面我们对这两种方法一一进行介绍。

● 使用【样式】库

① 打开本实例的原始文件"月度销售分析1.docx"，选中文档中的一级标题"一、本月销售情况综述"，切换到【开始】选项卡，在【样式】组中单击【其他】按钮 。

【其他】按钮

选中标题

② 弹出【样式】下拉库，从中选择合适的样式，此处我们选择【标题 1】选项。

③ 返回 Word 文档，选中的文本已经应用"标题 1"的样式。

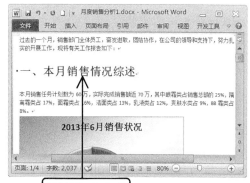

标题格式改变

● 使用【样式】窗格

除了利用【样式】库之外，用户还可以使用【样式】窗格应用内置样式。具体操作如下。

① 选中文档中的一级标题"二、月度销售情况具体分析诊断"，切换到【开始】选项卡，单击【样式】组右下角的【对话框启动器】按钮 。

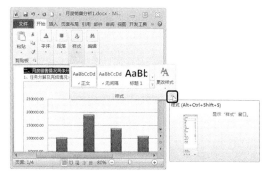

②随即弹出【样式】任务窗格，用户可以直接在【样式】任务窗格中选择【标题1】。

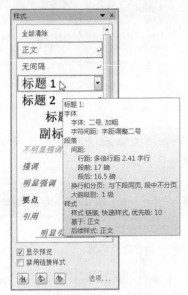

③此时，选中的文本即可应用"标题1"的样式。

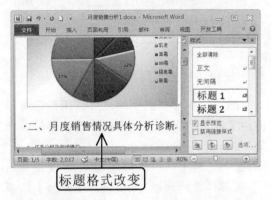

标题格式改变

④【样式】任务窗格中默认显示推荐的样式，而推荐的样式中只有标题1和标题2，如果文档中有3级以上标题，用户可以单击窗格右下角的 选项 按钮。

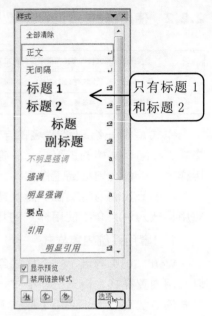

只有标题1和标题2

⑤弹出【样式窗格选项】对话框，在【选择要显示的样式】下拉列表中选择【所有样式】选项。

⑥单击 确定 按钮，返回【样式】任务窗格，此时，系统提供的所有样式就都显示在【样式】任务窗格中了。

2．修改系统原有样式

如果系统提供的样式库中的样式不符合用户要求，用户还可以修改原有样式。

①在【样式】任务窗格中的【标题1】上单击鼠标右键，在弹出的快捷菜单中选择【修改】菜单项。

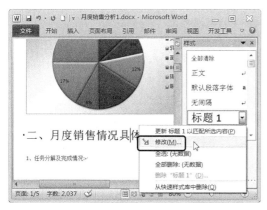

②弹出【修改样式】对话框，标题1的具体样式如图所示。

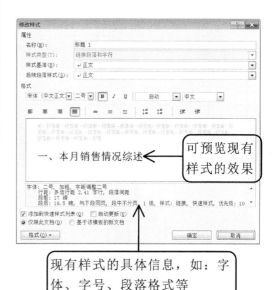

③单击 格式(O) 按钮，在弹出的下拉列表中选择【字体】选项。

④弹出【字体】对话框，切换到【字体】选项卡，在【中文字体】下拉列表中选择【微软雅黑】选项，在【字形】列表框中选择【加粗】，在【字号】列表框中选择【四号】选项。在【下划线线型】下拉列表中选择一种合适的下划线线型，然后在【下划线颜色】下拉列表中选择一种合适的颜色。

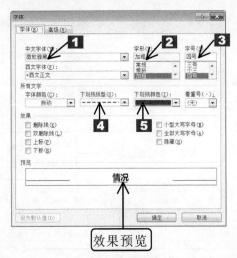

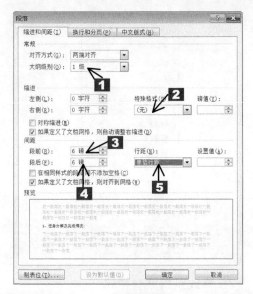

效果预览

5 设置完毕,单击【确定】按钮,返回【修改样式】对话框。再单击【格式(O)▼】按钮,在弹出的下拉列表中选择【段落】选项。

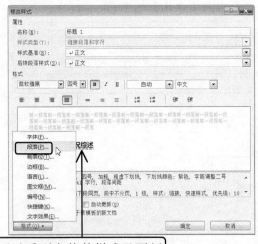

可以看到字体的样式已更新

6 弹出【段落】对话框,切换到【缩进和间距】选项卡,在【大纲级别】下拉列表中选择【1级】,在【特殊格式】下拉列表中选择【无】,在【间距】组合框下的【段前】微调框中输入【6磅】,在【段后】微调框中输入【6磅】,在【行距】下拉列表中选择【单倍行距】。

7 设置完毕,单击【确定】按钮,返回【修改样式】对话框,修改完成后的所有样式都显示在了样式面板中。

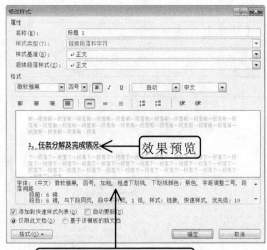

效果预览

可以看到段落样式已更新

8 单击【确定】按钮,返回 Word 文档中,此时文档中所有应用了标题 1 样式的文本都重新应用了新的标题 1 样式。

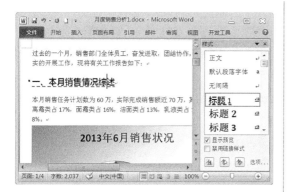

9 用户可以按照相同的方法修改【样式】窗格中的其他样式，并将这些样式应用到文档中。

3. 新建样式

在文档"月度销售分析 1"中，不仅包含了文本，还有图表，但是系统提供的样式中没有图表的样式，此时，用户可以在文档中新建样式。具体操作如下。

1 选中任意一个图表，在【样式】窗格中，单击【新建样式】按钮 。

2 弹出【根据格式设置创建新样式】对话框，在【名称】文本框中输入新样式的名称"图表"，在【后续段落样式】下拉列表中选择【图表】选项，然后单击 格式(O)▼ 按钮，在弹出的下拉列表中选择【段落】选项。

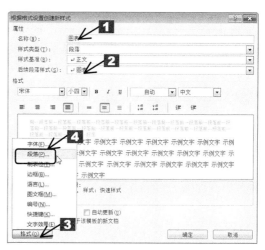

3 弹出【段落】对话框，在【对齐方式】下拉列表中选择【居中】选项，在【特殊格式】下拉列表中选择【无】，在【间距】组合框下的【段前】微调框中输入【0.5 行】，在【段后】微调框中输入【0.5 行】，在【行距】下拉列表中选择【单倍行距】。

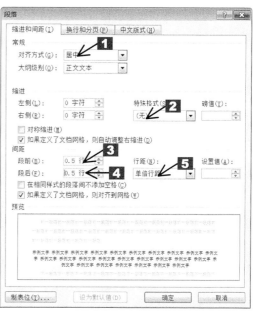

4 设置完毕，单击 确定 按钮，返回 Word 文档，在【样式】任务窗格中我们即可以看到新建的样式"图表"。

5 用户可以按照前面的方法，为文档中的所有图表应用样式"图表"。应用完成后，用户可以适当地调整文档中各图表的大小，使得文档的布局更加合理美观。

2.2.3 插入并编辑目录

本实例的原始文件和最终效果所在位置如下。		
	原始文件	原始文件\02\月度销售分析 2.docx
	最终效果	最终效果\02\月度销售分析 2.docx

文档创建完成后，为了便于阅读，用户可以为文档添加一个目录。使用目录可以使文档的结构更加清晰，便于阅读者对整个文档进行定位。

1. 插入目录

在 Word 中插入目录的方法有两种：一种是手动插入目录，另一种是自动生成目录。通常我们使用的都是自动生成目录。使用自动生成目录的前提是文档必须已经设置过大纲级别。

由于当前的文档已经应用过样式，而在样式中我们已经设置过大纲级别了，所以我们可以直接生成目录。

1 将光标定位到文档中第一行的行首，切换到【引用】选项卡，在【目录】组中，单击【目录】按钮。

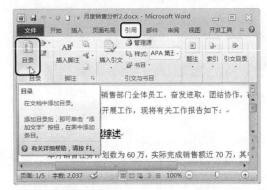

2 弹出【内置】下拉列表，从中选择合适的目录选项即可，例如选择【自动目录 1】选项。

3 返回 Word 文档中，在光标所在位置自动生成了一个目录，效果如图所示。

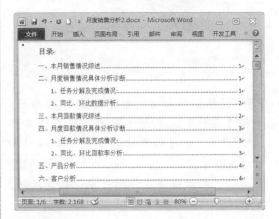

2.　修改目录

如果用户对插入的目录不是很满意，还可以修改目录或自定义个性化的目录。

❶ 切换到【引用】选项卡，在【目录】组中，单击【目录】按钮，然后在弹出的下拉列表中选择【插入目录】选项。

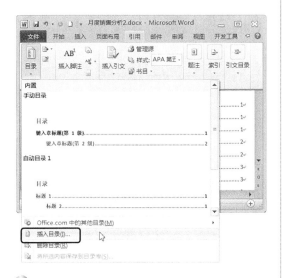

❷ 弹出【目录】对话框，在【格式】下拉列表中选择【来自模板】选项，在【显示级别】微调框中输入"2"。

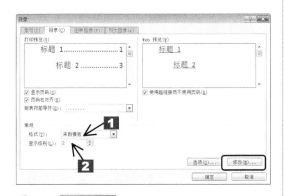

❸ 单击 修改(M)... 按钮，弹出【样式】对话框，在【样式】列表框中选择【目录 1】选项。

❹ 单击 修改(M)... 按钮，弹出【修改样式】对话框，在【格式】组合框中的【字号】下拉列表中选择【四号】选项，然后单击【加粗】按钮 B 。

❺ 单击 确定 按钮，返回【样式】对话框，再次单击 确定 按钮，返回【目录】对话框。

⑥ 单击 确定 按钮，弹出【Microsoft Word】对话框，并提示用户"是否替换所选目录"。

⑦ 单击 确定 按钮，返回 Word 文档中，效果如图所示。

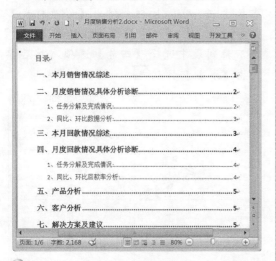

⑧ 选中"目录"文本，切换到【开始】选项卡，在【字体】组中的【字号】下拉列表中选择【小初】，在【字体颜色】下拉列表中选择【黑色】。

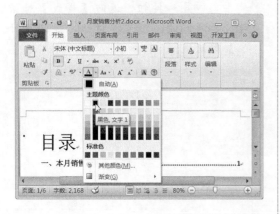

⑨ 单击鼠标右键，在弹出的快捷菜单中选择【段落】菜单项。

⑩ 弹出【段落】对话框，在【常规】组合框中的【对齐方式】下拉列表中选择【居中】选项，在【缩进】组合框中的【特殊格式】下拉列表中选择【无】选项，在【间距】组合框中的【段前】微调框中输入【24 磅】，【段后】微调框中输入【2 行】，在【行距】下拉列表中选择【单倍行距】。

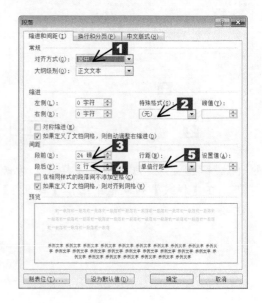

⓫设置完毕,单击 [确定] 按钮,返回 Word 文档, 效果如图所示。

3. 更新目录

生成目录后,如果用户又对文档进行了编辑,致使文档的标题和页码发生了变化,则需要更新目录。

①切换到【引用】选项卡,在【目录】组中,单击【更新目录】按钮。

②弹出【更新目录】对话框,然后选中【更新整个目录】单选钮。

③单击 [确定] 按钮,即可更新整个目录。

提示

如果用户在编辑文档的时候,只改变了文档的页码,则用户可以在【更新目录】对话框中选中【只更新页码】单选钮。

4. 插入分隔符

通常情况下,目录是自成一页的,但是当前我们的目录和正文是在同一页上,要想将目录自成一页,我们可以在正文前面插入一个分页符。具体操作如下。

①将光标定位在正文前面,切换到【页面布局】选项卡,在【页面设置】组中,单击【插入分页符和分节符】按钮。

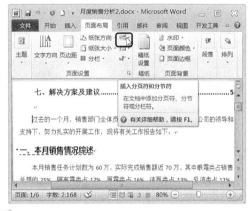

②在弹出的下拉列表中选择【分节符】▶【下一页】选项。

❸ 此时在文档中插入了一个分节符,光标之后的文本自动切换到了下一页。

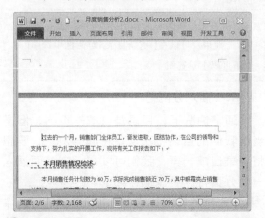

❹ 如果看不到分节符,在【段落】组中单击【显示/隐藏编辑标记】按钮 即可。

❺ 随即在第一节的后面会出现一个分节符。

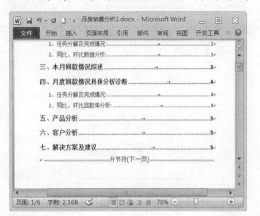

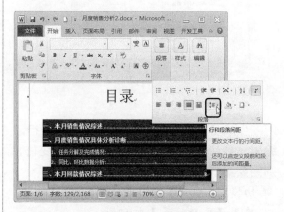

提示

　　分节符是不会被打印到纸稿中的。

5. 调整行间距

　　由于"月度销售分析"的目录内容较少,不满一页,看起来不美观,此时,我们可以通过适当的调整行间距,使得目录内容填充整页。具体操作如下。

❶ 选中整个目录内容,切换到【开始】选项卡,在【段落】组中单击【行和段落间距】按钮 。

❷ 在弹出的下拉列表中选择【2.5】选项。

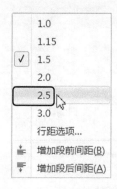

❸ 返回 Word 文档,即可看到目录内容的行间距已经调大。

2.2.4　插入页眉和页脚

本实例的原始文件和最终效果所在位置如下。	
原始文件	原始文件\02\月度销售分析 3.docx
最终效果	最终效果\02\月度销售分析 3.docx

前面我们已经介绍过如何为文档插入相同的页眉和页脚，本小节我们再来介绍一下如何为文档的奇偶页分别插入不同的页眉和页脚。

1.　插入奇数页页眉和页脚

❶在文档的页眉或页脚处双击鼠标左键，此时页眉和页脚进入编辑状态。

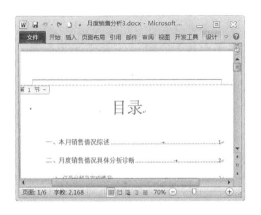

❷切换到【页眉和页脚工具】栏的【设计】选项卡，在【选项】组中，选中【奇偶页不同】复选框。

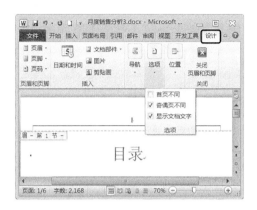

❸切换到【开始】选项卡，在【字号】下拉列表中选择【四号】。

❹单击【段落】组右下角的【对话框启动器】按钮 。

⑤ 弹出【段落】对话框，在【常规】组合框中的【对齐方式】下拉列表中选择【左对齐】选项，在【缩进】组合框中的【特殊格式】下拉列表中选择【无】，在【间距】组合框中的【行距】下拉列表中选择【单倍行距】选项。

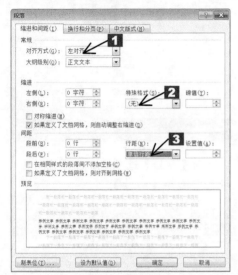

⑥ 设置完毕，单击 确定 按钮，返回 Word 文档，在页眉处输入文本"月 度 销 售 分 析"，字与字之间用空格隔开。步骤 ⑦~步骤⑩将美化这几个字。

⑦ 下面为"月"字添加底纹。选中文字"月"，切换到【开始】选项卡，在【段落】组中，单击【边框和底纹】按钮 □·，在弹出的下拉列表中选择【边框和底纹】选项。

⑧ 弹出【边框和底纹】对话框，切换到【底纹】选项卡，在【应用于】下拉列表中选择【文字】，在【填充】下拉列表中选择【紫色】。

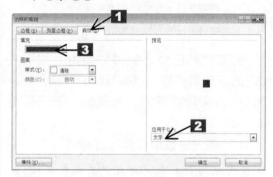

⑨ 为文字设置深色底纹后，将文字颜色设置为白色，这样效果更好。设置完毕，单击 确定 按钮，返回 Word 文档，切换到【开始】选项卡，在【字体】组中的【字体颜色】下拉列表中选择【白色，背景 1】选项。

❿ 在【剪贴板】组中双击【格式刷】按钮 ✏️。

⓫ 随即鼠标指针变为 "📖" 形状，依次选中文字 "度"、"销"、"售"、"分"、"析"，使它们应用文字 "月" 的格式，应用完毕，按下【Esc】键，退出格式刷状态。

⓬ 为了美观，我们将页眉文字底纹设置为紫色后，可以将页眉处的横线也设置为紫色。切换到【页面布局】选项卡，在【页面背景】组中单击【页面边框】按钮。

⓭ 弹出【边框和底纹】对话框，切换到【边框】选项卡，在【应用于】下拉列表中选择【段落】，在【样式】下拉列表中选择【直线】，在【颜色】下拉列表中选择【紫色】，在【宽度】下拉列表中选择【1.5磅】，在【预览】框中单击【下框线】 。

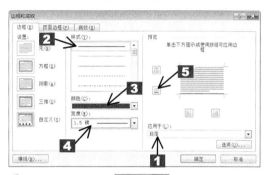

⓮ 设置完毕，单击【确定】按钮，返回 Word 文档，效果如图所示。

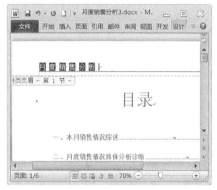

⓯ 切换到【页眉和页脚工具】栏的【设计】选项卡，在【导航】组中，单击【转至页脚】按钮。

16 随即光标自动定位至页脚处，切换到【开始】选项卡，单击【段落】组右下角的【对话框启动器】按钮。

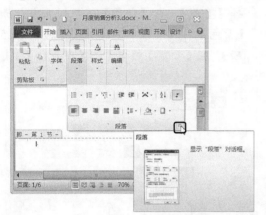

17 弹出【段落】对话框，在【常规】组合框中的【对齐方式】下拉列表中选择【右对齐】，在【缩进】组合框中的【特殊格式】下拉列表中选择【无】，在【间距】组合框中的【行距】下拉列表中选择【单倍行距】。

18 设置完毕，单击 确定 按钮，返回 Word 文档，切换到【页眉和页脚工具】栏的【设计】选项卡，在【页眉和页脚】组中，单击【页码】按钮，在弹出的下拉列表中选择【设置页码格式】。

19 弹出【页码格式】对话框，在【编号格式】下拉列表中选择一种合适的编码格式，在【页码编号】组合框中选中【起始页码】单选钮，在其微调框中输入【1】。

20 设置完毕，单击 确定 按钮，返回 Word 文档，切换到【页眉和页脚工具】栏的【设计】选项卡，在【页眉和页脚】组中，单击【页码】按钮，在弹出的下拉列表中选择【当前位置】➤【强调线 1】。

㉑随即在页脚处插入了选中格式的页码。选中插入的页码，切换到【开始】选项卡，在【字体】组中的【字体】下拉列表中选择【Times New Roman】，在【字号】下拉列表中选择【四号】，在【字体颜色】下拉列表中选择【紫色】。

插入了页码

㉒至此，奇数页的页眉和页脚就设置完成了。

2. 插入偶数页页眉和页脚

❶将光标定位到偶数页的页眉处，切换到【开始】选项，在【字号】下拉列表中选择【四号】，在【字体】颜色下拉列表中选择【紫色】，并选中【加粗】按钮 **B** 。

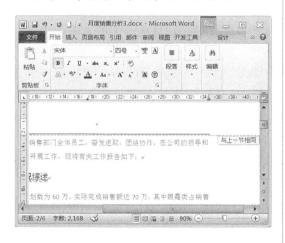

❷单击【段落】组右下角的【对话框启动器】按钮 。

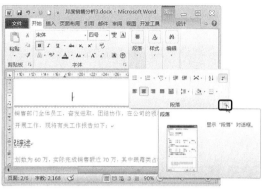

❸弹出【段落】对话框，在【常规】组合框中的【对齐方式】下拉列表中选择【右对齐】选项，在【缩进】组合框中的【特殊格式】下拉列表中选择【无】，在【间距】组合框中的【行距】下拉列表中选择【单倍行距】选项。

❹设置完毕，单击 确定 按钮，返回 Word 文档，在页眉处输入文本"神龙妆园 SHENLONG"。

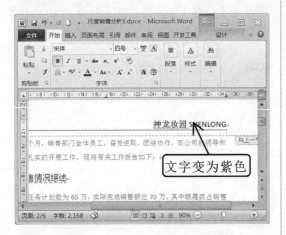

5 为了美观，我们将页眉文字设置为紫色后，同样可以将页眉处的横线也设置为紫色。切换到【页面布局】选项卡，在【页面背景】组中单击【页面边框】按钮。

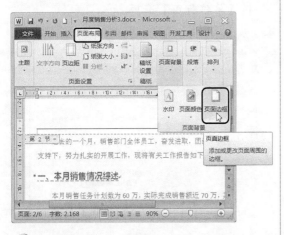

6 弹出【边框和底纹】对话框，切换到【边框】选项卡，在【应用于】下拉列表中选择【段落】，在【样式】下拉列表中选择【直线】，在【颜色】下拉列表中选择【紫色】，在【宽度】下拉列表中选择【1.5磅】，在【预览】框中单击【下框线】。

7 设置完毕，单击 确定 按钮，返回 Word 文档，效果如图所示。

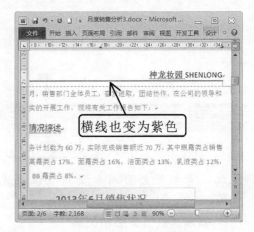

8 将光标定位至偶数页的页脚处，切换到【开始】选项卡，单击【段落】组右下角的【对话框启动器】按钮。

⑨ 弹出【段落】对话框，在【常规】组合框
中的【对齐方式】下拉列表中选择【左
对齐】，在【缩进】组合框中的【特殊格
式】下拉列表中选择【无】，在【间距】
组合框中的【行距】下拉列表中选择【单
倍行距】。

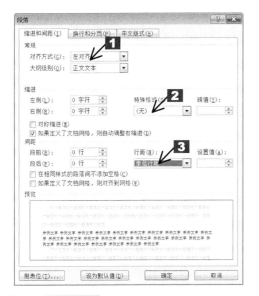

⑩ 单击 确定 按钮，返回 Word 文档，切
换到【页眉和页脚工具】栏的【设计】
选项卡，在【页眉和页脚】组中单击【页
码】按钮 页码，在弹出的下拉列表中选
择【当前位置】➢【强调线 2】。

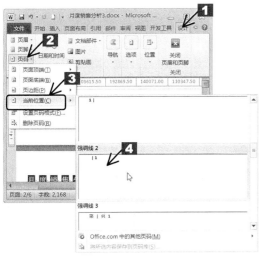

⑪ 随即在页脚处插入了选中格式的页码。选
中插入的页码，切换到【开始】选项卡，
在【字体】组中的【字体】下拉列表中
选择【Times New Roman】，在【字号】
下拉列表中选择【四号】，在【字体颜色】
下拉列表中选择【紫色】。

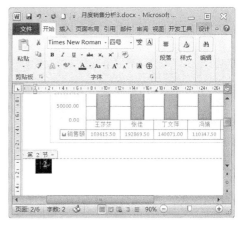

⑫ 至此，文档的奇偶页页眉和页脚都设置完
成了，此时，切换到【页眉和页脚工具】
栏的【设计】选项卡，在【关闭】组中，
单击【关闭页眉和页脚】按钮，退出
页眉和页脚编辑状态即可。

2.2.5　设计封面

本实例的素材文件、原始文件和最终效果所在位置如下。		
	素材文件	素材文件\02\公司 LOGO.jpg、图片 1.jpg
	原始文件	原始文件\02\月度销售分析 4.docx
	最终效果	最终效果\02\月度销售分析 4.docx

正文和目录设置完成后，接下来就是为文档添加封面了。

1.　插入封面

❶切换到【插入】选项卡，在【页】组中单击【封面】按钮。

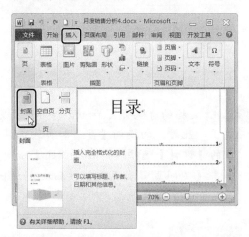

❷在弹出的封面样式下拉库中选择一种合适的样式，例如选择【边线型】。

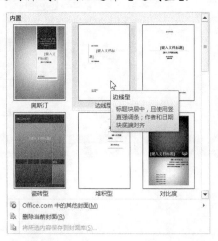

❸此时，文档中插入了一个"边线型"的文档封面。

❹使用【Backspace】键删除原有的文本框和形状，得到一个封面的空白页。切换到【插入】选项卡，在【插图】组中单击【图片】按钮。

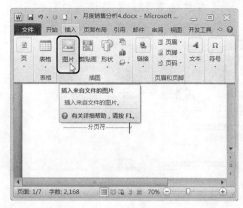

❺弹出【插入图片】对话框，从中选择要插入的素材文件"图片 1.jpg"。

6 单击 插入(S) ▼ 按钮，返回 Word 文档中，此时，文档中插入了一个封面底图。作为封面底图，应充满整个页面，下面进行调整。选中该图片，然后单击鼠标右键，在弹出的快捷菜单中选择【大小和位置】菜单项。

7 弹出【布局】对话框，切换到【大小】选项卡，撤选【锁定纵横比】复选框，然后在【高度】组合框中的【绝对值】微调框中输入"29.7 厘米"，在【宽度】组合框中的【绝对值】微调框中输入"21 厘米"。

> **提示**
>
> 　　高 29.7 厘米、宽 21 厘米，是当前文档的页面尺寸。将底图的大小调整为与文档的尺寸同样，这样就能使底图充满整个页面了。

8 切换到【文字环绕】选项卡，在【环绕方式】组合框中选择【衬于文字下方】选项。

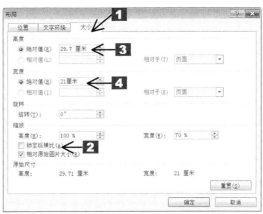

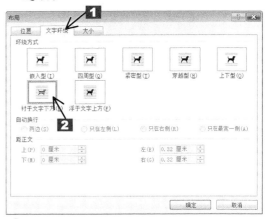

9 切换到【位置】选项卡，选择水平对齐方式为相对于页面居中，选择垂直对齐方式为相对于页面居中。

⑩ 单击 确定 按钮，返回 Word 文档中，设置效果如图所示。

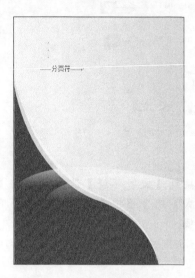

⑪ 插入封面底图后，我们就可以插入封面文字了。切换到【插入】选项卡，在【文本】组中单击【文本框】按钮。

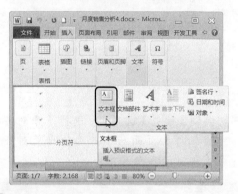

⑫ 在弹出的【内置】下拉列表中选择【绘制文本框】选项。

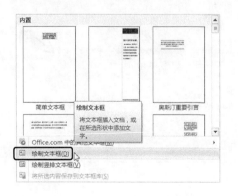

⑬ 随即鼠标指针变成十字形状，将鼠标指针移动到文档中，按住鼠标左键移动鼠标，即可绘制一个文本框。

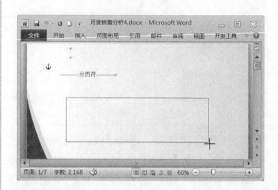

⑭ 绘制完毕，释放鼠标左键即可。切换到【绘图工具】栏的【格式】选项卡，在【形状样式】组中，单击【形状填充】按钮，在弹出的下拉列表中选择【无填充颜色】选项。

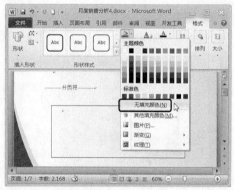

⑮ 在【形状样式】组中单击【形状轮廓】按钮，在弹出的下拉列表中选择【无轮廓】选项。

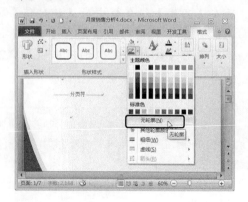

16 在文本框中输入文本"月度销售分析"，然后选中输入的文本，切换到【开始】选项卡，在【字体】组中的【字体】下拉列表中选择【微软雅黑】，在【字号】文本框中输入【60】，在【字体颜色】下拉列表中选择【紫色】，单击【加粗】按钮 **B** 。

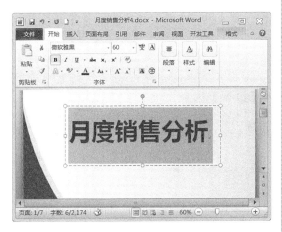

17 按照相同的方法，再插入一个文本框，并将其设置为无填充颜色、无轮廓。然后切换到【插入】选项卡，在【插图】组中单击【图片】按钮。

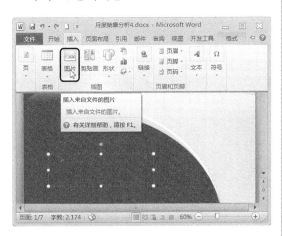

18 弹出【插入图片】对话框，从中选择要插入的素材图片"图片 2.jpg"，然后单击 插入(S) 按钮。

19 切换到【绘图工具】栏的【格式】选项卡，在【调整】组中单击【颜色】按钮 颜色 。

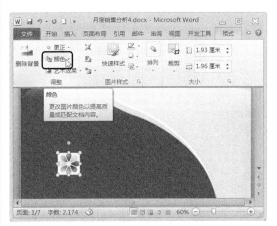

20 在弹出的下拉列表中选择【设置透明色】选项。

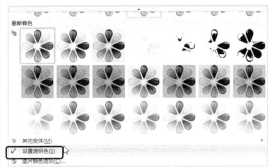

21 此时鼠标指针变为"✍"形状，移动指针到图片的背景处并单击鼠标左键。

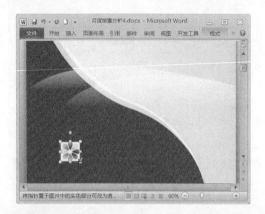

22 随即图片的背景变为透明色。在插入的图片后面再插入一个文本框，并将其设置为无填充颜色、无轮廓。

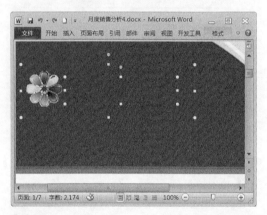

23 在新插入的文本框中，输入文本"神龙妆园 SHENLONG"，然后将其设置为微软雅黑、16 号、白色，并为文本"神龙妆园"添加双下划线。

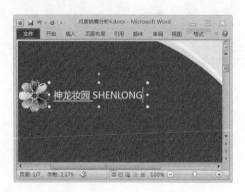

2. 组合元素并保存封面

月度销售分析封面设置完成后，为方便下次使用，我们可以将其保存在封面库中。由于我们制作的封面是由图片、文本框等组合而成的，因此，在保存该封面之前，我们还需将封面中所有元素组合在一起。具体操作如下。

1 按住【Shift】键，依次选中封面中的所有元素，切换到【绘图工具】栏的【格式】选项卡，在【排列】组中单击【组合】按钮 组合，在弹出的下拉列表中选择【组合】选项。

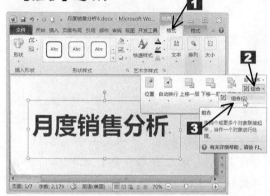

2 即可将封面的所有元素组合在一起。切换到【插入】选项卡，在【页】组中单击【封面】按钮。

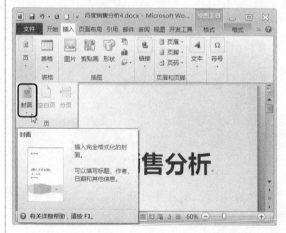

❸ 在弹出的下拉列表中选择【将所选内容保存到封面库】选项。

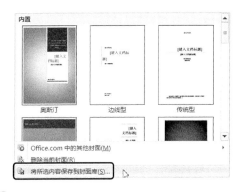

❹ 弹出【新建构建基块】对话框,在【名称】文本框中输入"月度销售分析"。

❺ 单击 确定 按钮,再次切换到【插入】选项卡,在【页】组中,单击【封面】按钮,我们即可在弹出的下拉列表中看到刚刚保存的月度销售分析的封面。

2.3 设计企业内刊

案例背景

为了宣传企业内部文化,给员工提供一个良好的交流和发展平台,人力资源部门需要切实抓好企业的文化建设。这不仅可以提升企业的竞争力,而且可以为企业的健康发展带来持久的推动力。同时可以向客户宣传企业文化,充分展示企业的风采,对企业的长期发展有着重大的作用。

最终效果及关键知识点

编辑内刊名　　　　　　插入公司 LOGO　　　　　　划分板块

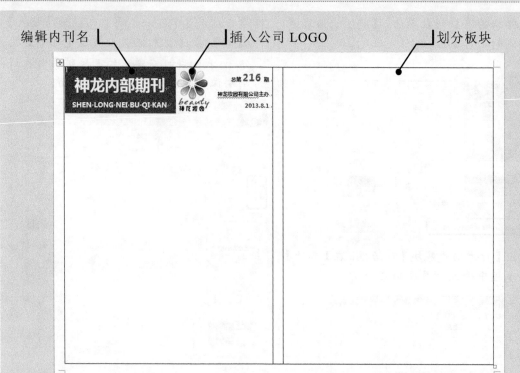

插入形状　　　　　　　　插入艺术字

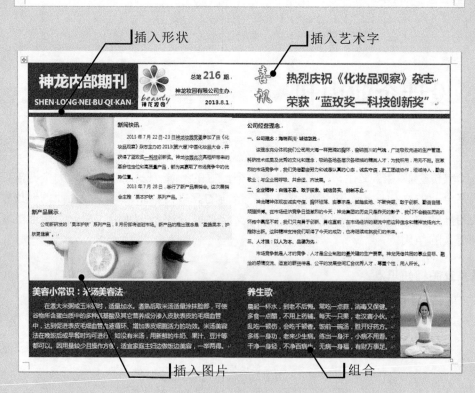

插入图片　　　　　　　组合

2.3.1 设计内刊布局

本实例的原始文件和最终效果所在位置如下。	
原始文件	无
最终效果	最终效果\02\企业内部期刊.docx

内刊布局就是将整个版面合理地划分为几个板块。

1. 设计页面布局

设计内刊布局，首先要对页面进行设计，确定纸张大小、纸张方向、页边距等。

❶新建一个 Word 文档"企业内部期刊"，切换到【页面布局】选项卡，单击【页面设置】组右下角的【对话框启动器】按钮 。

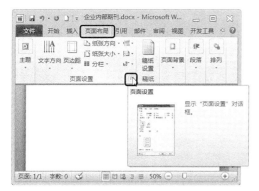

❷弹出【页面设置】对话框，切换到【页边距】选项卡，在【页边距】组合框中的【上】、【下】、【左】、【右】微调框中分别输入【1.3 厘米】、【0.8 厘米】、【1 厘米】、【1 厘米】，然后在【纸张方向】组合框中选中【横向】选项。

❸切换到【纸张】选项卡，在【纸张大小】下拉列表中选择【A3】选项，设置完毕，单击 确定 按钮。

2. 划分板块

页面布局完成以后，接下来就可以将期刊划分为合适的几个板块。用户可以通过插入并编辑表格的方式快速地将期刊版面划分为多个板块。

❶在"公司内部期刊"文档中，切换到【插入】选项卡，在【表格】组中单击【表格】按钮，在弹出的下拉列表中选择【插入表格】选项。

② 随即弹出【插入表格】对话框，在【列数】和【行数】微调框中分别输入"3"和"1"。

③ 单击 确定 按钮，在 Word 文档中插入了一个表格。单击表格左上角的表格按钮 ✛，选中整个表格，切换到【表格工具】栏的【布局】选项卡，单击【单元格大小】组右下角的【对话框启动器】按钮 □。

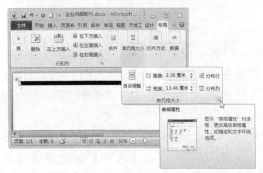

④ 弹出【表格属性】对话框，切换到【行】选项卡，将【行】的【指定高度】设置为【27 厘米】，【行高值是】设置为【固定值】。

⑤ 切换到【列】选项卡，通过 前一列(P) 和 后一列(N) 按钮选择列，将第 1 列的【指定宽度】设置为【19.5 厘米】，第 2 列的【指定宽度】设置为【1 厘米】，第 3 列的【指定宽度】设置为【19.5 厘米】。

6 设置完毕，单击 [确定] 按钮，返回 Word 文档，切换到【开始】选项卡，在【段落】组中，单击【居中】按钮，使表格在页面居中显示。

2.3.2 设计内刊刊头

本实例的素材文件、原始文件和最终效果所在位置如下。		
	素材文件	素材文件\02\公司 LOGO.jpg
	原始文件	原始文件\02\企业内部期刊 1.docx
	最终效果	最终效果\02\企业内部期刊 1.docx

刊头是期刊的眼睛，包括刊名、期数、日期、编辑单位以及公司 LOGO 等。

1. 编辑内刊名

刊名一般通过插入和编辑文本框进行设计。

1 打开本实例的原始文件，切换到【插入】选项卡，在【文本】组中单击【文本框】按钮。

2 在弹出的下拉列表中选择【绘制文本框】选项。

3 将光标移动到文档中，此时鼠标指针变成"十"形状，按住鼠标左键不放，拖动鼠标即可绘制文本框。

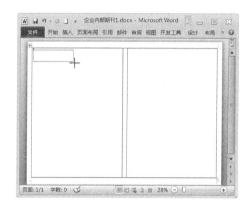

4 绘制完毕，释放鼠标左键即可。选中该文本框，单击鼠标右键，在弹出的快捷菜单中选择【设置形状格式】菜单项。

⑤ 弹出【设置形状格式】对话框，切换到【填充】选项卡，选中【纯色填充】单选钮，然后单击【颜色】按钮，在弹出的下拉列表中选择【紫色】选项。

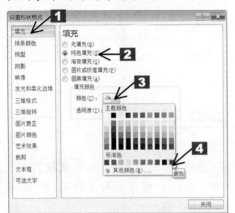

⑥ 切换到【线条颜色】选项卡，选中【无线条】单选钮。

⑦ 单击 关闭 按钮，效果如图所示。

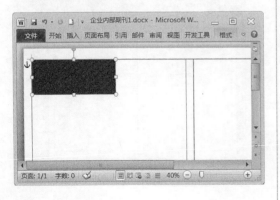

⑧ 在文本框中输入文本"神龙内部期刊"，然后按下【Enter】键，再输入文本"SHEN LONG NEI BU QI KAN"。选中文本"神龙内部期刊"，切换到【开始】选项卡，在【字体】组中的【字体】下拉列表中选择【微软雅黑】，在【字号】文本框中输入【40】，在【字体颜色】下拉列表中选择【白色，背景 1】，并单击【加粗】按钮。

⑨ 在【段落】组中单击【居中】按钮。

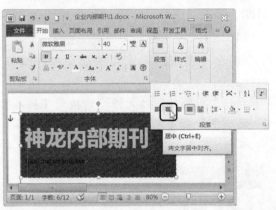

⑩ 按照相同的方法，将文本"SHEN LONG NEI BU QI KAN"设置为微软雅黑字体、18 磅、加粗、"白色，背景 1"并且居中显示。

2. 插入公司 LOGO

LOGO 是一个公司的标识和徽章，是公司形象的体现。因此在企业内刊中插入公司 LOGO 是必不可少的。

1 切换到【插入】选项卡，在【插图】组中单击【图片】按钮。

2 弹出【插入图片】对话框，从中选择要插入的图片"公司 LOGO.jpg"。

3 单击 插入(S) 按钮，返回 Word 文档，切换到【图片工具】栏的【格式】选项卡，在【排列】组中单击【自动换行】按钮。

4 在弹出的下拉列表中选择【浮于文字上方】选项。

5 返回 Word 文档，使用鼠标将图片拖动调整到合适的位置。

3. 设计其他刊头消息

接下来设置刊头的其他信息：期数、日期、编辑单位等。

1 按照前面的方法，在"公司 LOGO"的后面绘制一个文本框，选中该文本框，切换到【绘图工具】栏的【格式】选项卡，在【形状样式】组中单击【形状填充】按钮 形状填充，在弹出的下拉列表中选择【无填充颜色】选项。

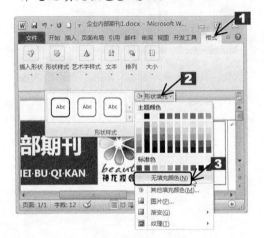

2 在【形状样式】组中单击【形状轮廓】按钮 形状轮廓，在弹出的下拉列表中选择【无轮廓】选项。

3 在文本框中输入内刊的期数、主办单位以及日期。

4 选中刚才输入的文本，切换到【开始】选项卡，在【字体】组中的【字体】下拉列表中选择【微软雅黑】，在【字号】文本框中输入【14】，单击【加粗】按钮 B。

5 切换到【段落】组中，单击【右对齐】按钮 。

6 在内刊设计中，期数通常需要突出显示。选中期数"216"，切换到【开始】选项卡，在【段落】组中的【字号】文本框中输入【26】，在【字体颜色】下拉列表中选择【红色】。

2.3.3 设计内刊的消息板块

在企业内部期刊中通常会有一个或几个消息板块，用于发表企业的近期公告和重要信息，以便员工及时了解企业在经营发展中的重大事件。

1 打开本实例的原始文件，切换到【插入】选项卡，在【文本】组中单击【艺术字】按钮。

2 在弹出的【艺术字样式】列表框中选择一种合适的样式，例如选择【填充-无，轮廓-强调文字颜色2】选项。

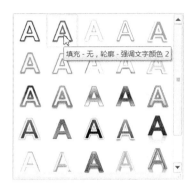

3 此时，在 Word 文档中插入了一个应用样式的艺术字文本框。

4 在艺术字文本框中输入文本"喜讯"，选中文本"喜讯"，切换到【绘图工具】栏的【格式】选项卡，单击【艺术字样式】组右下角的【对话框启动器】按钮。

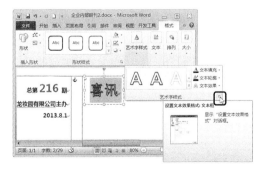

⑤ 弹出【设置文本效果格式】对话框,切换到【轮廓样式】选项卡,设置【宽度】为【2磅】。

⑥ 切换到【文本框】选项卡,在【水平对齐方式】下拉列表中选择【居中】,在【文字方向】下拉列表中选择【竖排】。

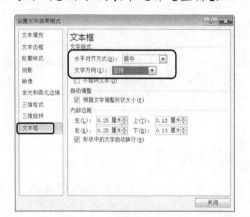

⑦ 设置完毕,单击 关闭 按钮,返回 Word 文档,切换到【开始】选项卡,在【字体】组中的【字体】下拉列表中选择【华文行楷】,在【字号】文本框中输入【50】。

⑧ 在"喜讯"后面再插入一个无轮廓、无填充颜色的文本框,并在文本框中输入喜讯的内容:热烈庆祝《化妆品观察》杂志荣获"蓝玫奖—科技创新奖"。将喜讯内容的字体设置为微软雅黑、30 号、加粗、深红色。

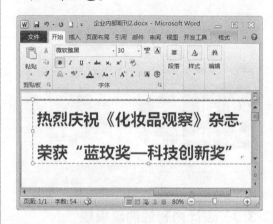

2.3.4 设计内刊的其他板块

	本实例的原始文件和最终效果所在位置如下。	
	原始文件	原始文件\02\企业内部期刊 3.docx
	最终效果	最终效果\02\企业内部期刊 3.docx

1. 插入形状

为了区分刊头和内刊的其他内容,我们可以在刊头下面添加两条直线。

① 打开本实例的原始文件,切换到【插入】选项卡,在【插图】组中单击【形状】按钮。

2 在弹出的下拉列表中选择【直线】。

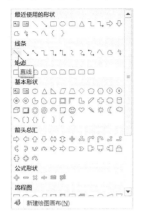

3 将光标移动到文档中，此时鼠标指针变成"十"形状，按住鼠标左键不放，拖动鼠标即可绘制直线。

绘制的直线

4 切换到【绘图工具】栏的【格式】选项卡，为保证直线是水平的，我们在【大小】组中，将【高度】设置为【0 厘米】，为了美观，将直线的宽度设置为【40 厘米】，与表格的宽度一致。

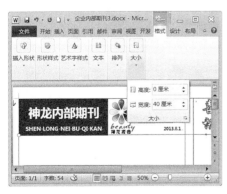

5 单击【形状样式】组右下角的【对话框启动器】按钮。

6 弹出【设置形状格式】对话框，切换到【线条颜色】选项卡，选中【实线】单选钮，在【颜色】下拉列表中选择【紫色】。

7 切换到【线型】选项卡，设置【宽度】为【1.5 磅】。

⑧ 设置完毕，单击 关闭 按钮，返回 Word
文档，效果如图所示。

直线设置为 1.5 磅、紫色

⑨ 按照相同的方法，再绘制一条紫色直线，
宽度为【12 磅】。

绘制一条宽为 12 磅的紫色直线

2. 插入图片

① 将光标定位在内刊的任意空白处，切换到
【插入】选项卡，在【插图】组中单击【图
片】按钮。

② 弹出【插入图片】对话框，从中选择要插
入的图片"图片 4.jpg"。

③ 单击 插入(S) 按钮，选中的图片即可插入
到 Word 文档中，在新插入的图片上单击
鼠标右键，在弹出的快捷菜单中选择【自
动换行】➤【浮于文字上方】菜单项。

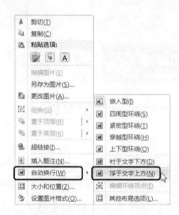

④ 用鼠标将图片移动到合适的位置，并将其
调整到合适的大小。

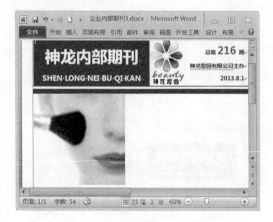

5 用户可以参照前面的方法，在内刊中插入其他的图片、文本框、图形等。

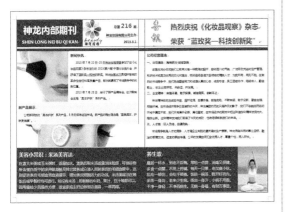

3. 组合

内刊设置完成后，为了避免再次编辑的时候，改变内刊的布局，我们可以将内刊中的所有图片、文本框、图形组合在一起。

1 按住【Shift】键，依次选中内刊中的所有图片、文本框、图形，切换到【绘图工具】栏的【格式】选项卡，在【排列】组中选择【组合】➢【组合】。

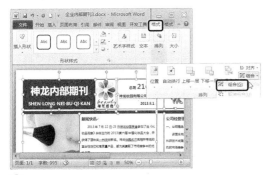

2 即可将内刊中的所有元素组合在一起。

4. 设置表格边框

在设置内刊布局的时候，为了方便排版，我们在内刊中插入了一个表格。内刊设置完成后，为了美观，我们可以将表格的内边框去掉，同时对外边框进行美化设置。

1 选中整个表格，切换到【表格工具】栏的【设计】选项卡，在【表格样式】组中单击【边框】按钮。

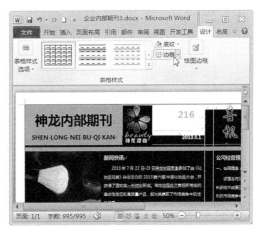

2 在弹出的下拉列表中选择【边框和底纹】选项。

3 弹出【边框和底纹】对话框，切换到【边框】选项卡，在【样式】列表框中选择【直线】，在【颜色】下拉列表中选择【紫色】，在【宽度】下拉列表中选择【3.0磅】，然后在【设置】组合框中单击【方框】选项。

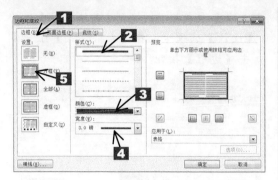

4 设置完毕，单击 确定 按钮，返回 Word
文档，效果如图所示。

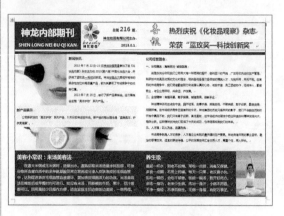

第 2 篇　Excel 办公应用

Excel 2010 是微软公司推出的一款集电子表格制作、数据处理与分析等功能于一体的软件，目前已经广泛地应用于各行各业。本篇主要介绍编制工作簿与工作表，数据透视表与数据透视图，排序、筛选与分类汇总，美化与打印工作表，保护与共享工作簿，图表与数据分析等内容。

- 第 3 章　编制工作簿与工作表
- 第 4 章　数据透视表与数据透视图
- 第 5 章　排序、筛选与分类汇总
- 第 6 章　美化与打印工作表
- 第 7 章　保护与共享工作簿
- 第 8 章　图表与数据分析

第 3 章
编制工作簿与工作表

Excel 2010 具有强大的电子表格制作与数据处理功能，它能够快速计算和分析数据信息，提高工作效率和准确率，是目前被广泛使用的办公软件之一。本章介绍 Excel 2010 工作簿与工作表的基本操作。

要 点 导 航

- 创建销售明细账工作簿
- 编辑销售明细账工作簿
- 创建客户回款明细表

3.1 创建销售明细账工作簿

案例背景

为加强销售部销售工作的规范化，公司要求销售部对每一笔销售都要进行记录，以便日后查证。

最终效果及关键知识点

使用鼠标右键
创建工作簿

使用【开始】菜单
创建工作簿

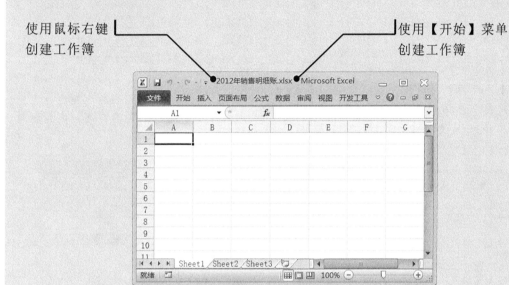

要创建一个销售明细账，首先我们要先学会如何创建一个新的工作簿。下面我们介绍两种创建新工作簿的方法：使用【开始】菜单、使用鼠标右键。

本实例的原始文件和最终效果所在位置如下。	
原始文件	无
最终效果	最终效果\03\2012 年销售明细账.docx

1. 使用【开始】菜单

❶单击【开始】按钮 ，在弹出的【开始】菜单中选择【所有程序】➤【Microsoft Office】➤【Microsoft Excel 2010】即可启动 Excel 2010 程序。

② 启动 Excel 2010 程序后，会自动生成一个新工作簿。在工作簿中单击【保存】按钮 。

③ 弹出【另存为】对话框，在【保存位置】下拉列表中选择合适的位置，在【文件名】文本框中输入文件名 "2012 年销售明细账"。

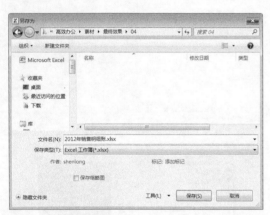

④ 单击 保存(S) 按钮，即可将新工作簿保存为 "2012 年销售明细账"，效果如图所示。

2. 使用鼠标右键

① 在需要创建工作表的文件夹中的空白处，单击鼠标右键，在弹出的快捷菜单中选择【新建】➤【Microsoft Excel 工作表】。

② 此时，即可创建一个新工作簿，效果如图所示。

③ 此时，工作簿名处于可编辑状态，用户直接输入新工作簿的名称 "2012 年销售明细账"，按【Enter】键即可。

3.2 编辑销售明细账工作簿

案例背景

销售部明细账工作簿创建好之后，我们还要对工作簿进行编辑，例如：插入、复制、删除工作表，在工作表中输入数据等。

最终效果及关键知识点

输入常规型数据

输入文本型数据

重命名工作表

利用数据有效性输入数据

输入数值型数据

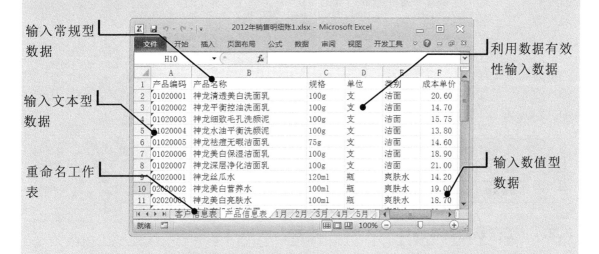

插入行

合并单元格

设置对齐方式

利用数据有效性限定文本长度

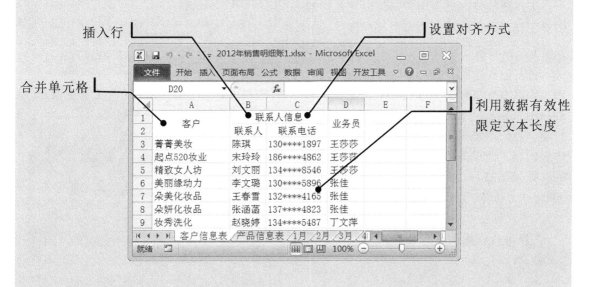

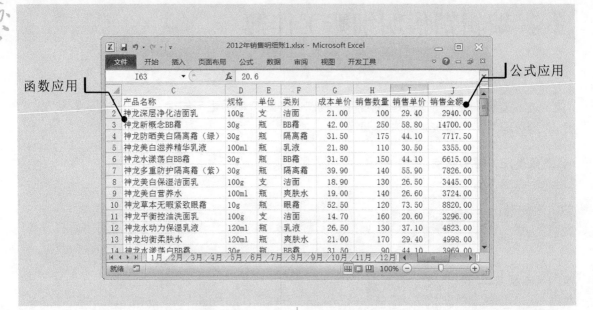

函数应用

公式应用

	本实例的原始文件和最终效果所在位置如下。
原始文件	原始文件\03\2012 年销售明细账 1.xlsx
最终效果	最终效果\03\2012 年销售明细账 1.xlsx

3.2.1 工作表的基本操作

工作簿创建好后，用户就可以在工作簿中对工作表进行创建、重命名等操作了。

1. 重命名工作表

打开已创建的"2012 年销售明细账 1"后，可以发现工作簿中默认有三个工作表：Sheet1、Sheet2、Sheet3。通常情况下，为了方便，我们需要将工作表的名称更改为与工作表内容密切相关的名称。对工作表重命名的具体操作如下。

❶打开工作簿"2012 年销售明细账 1"，在工作表标签"Sheet1"上单击鼠标右键，在弹出的快捷菜单中选择【重命名】菜单项。

❷随即工作表标签"Sheet1"呈高亮显示，工作表名称处于可编辑状态。

❸ 此时，用户可以直接输入合适的工作表名
称，此处我们输入"客户信息表"，然后
按【Enter】键即可，效果如图所示。

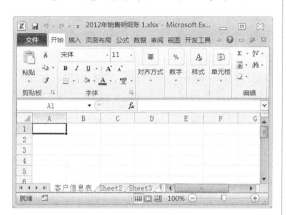

❹ 用户可以按照相同的方法为其他工作表
重命名。

提示

　　另外，用户在工作表标签上双击鼠标左键，也
可以快速地为工作表重命名。

2. 插入、移动与删除工作表

● **插入并移动工作表**

　　在工作簿"2012 年销售明细账 1"中我
们要建立的工作表有客户信息表、产品信息
表和 1~12 月的销售明细表，但是工作簿中
默认只有三个工作表，所以我们还需要在工
作簿中插入新的工作表。具体操作如下。

❶ 打开工作簿"2012 年销售明细账 1"，在
任一工作表的标签上，单击鼠标右键，在
弹出的快捷菜单中选择【插入】菜单项。

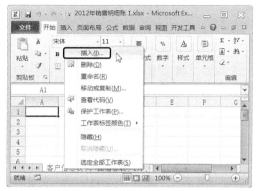

❷ 弹出【插入】对话框，切换到【常用】选
项卡，然后选择【工作表】选项。

❸ 单击 确定 按钮，即可看到在选定工
作表的前面插入了一个新工作表，效果如
图所示。

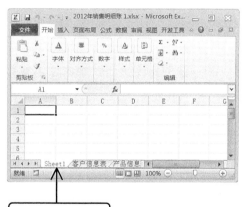

插入的新工作表

4 由于我们此处需要在原有工作表的后面插入新工作表，所以对于刚才插入的工作表我们还需要将其移动到最后。在新工作表标签上单击鼠标右键，在弹出的快捷菜单中选择【移动或复制】菜单项。

5 弹出【移动或复制工作表】对话框，在【下列选定工作表之前】列表框中选择【（移至最后）】选项。

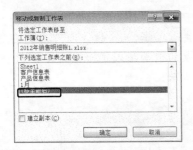

6 单击 确定 按钮，即可将选定的工作表移至工作簿的最后，效果如图所示。

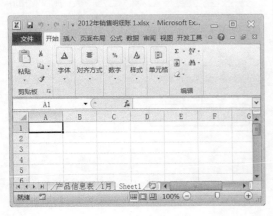

插入工作表

前面我们介绍的插入工作表的方法，比较适用于在某个工作表的前面插入工作表。但是此处我们要在工作簿的最后插入工作表，使用这种方法就需要在插入之后移动工作表，相对来说比较麻烦。Excel 2010 还提供了一种直接在工作簿最后插入工作表的方法。具体操作如下。

1 在工作表列表区的右侧，单击【插入工作表】按钮，或者直接按下【Shift】+【F11】组合键。

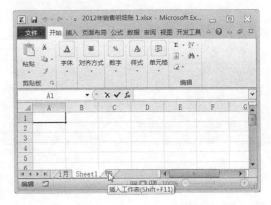

2 此时，用户即可看到，在工作簿的最后面插入了一个新的工作表。

3 按照相同的方法在工作簿的后面插入其他工作表，并将其重命名，效果如图所示。

删除工作表

由于我们需要插入的工作表较多，用户在插入的时候，难免会出现插入的工作表个数多于我们实际需要工作表的个数的情况。此时，我们就用到了 Excel 2010 的删除工作表功能。具体操作如下。

❶ 在需要删除的工作表标签上，单击鼠标右键，在弹出的快捷菜单中选择【删除】菜单项。

❷ 随即选中的工作表即可被删除，效果如图所示。

3.2.2 输入产品信息表内容

工作表创建完成后，我们就可以在工作表中输入表格内容了。销售首先要有产品，所以我们先来输入产品信息表的内容。

产品信息主要包括：产品编码、产品名称、规格、单位、类别、成本单价等。

1. 输入常规型数据

❶ 切换到"产品信息表"，在第一行中输入表头内容："产品编码"、"产品名称"、"规格"、"单位"、"类别"、"成本单价"，以及具体的产品名称。

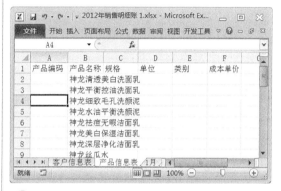

❷ 输入完成后，用户可以看到产品名称列有些内容超出了原有单元格，此时，用户可以将鼠标放在 B 列与 C 列之间的框线上，鼠标指针变为✛。

❸ 此时，双击鼠标左键，Excel 2010 系统即可使 B 列按照内容自动调整为合适的列宽。

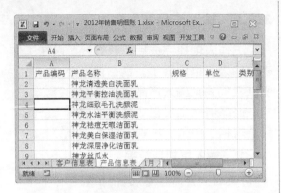

2. 输入文本型数据

为了方便管理产品，一般每种产品都会对应一个产品编号。下面我们就来为产品输入产品编号。

Excel 表格中默认的数据类型是常规型，若输入以 0 开头的数字，系统会自动不显示前面的 0，从非 0 位置显示数字。如果产品编码恰恰是以 0 开头的，此时就不能直接输入，而是需要先将产品编码列的数据类型设置为文本型。

❶ 选中 A 列，单击鼠标右键，在弹出的快捷菜单中选择【设置单元格格式】菜单项。

❷ 弹出【设置单元格格式】对话框，切换到【数字】选项卡，在【分类】列表框中选择【文本】选项。

❸ 单击 确定 按钮，返回工作表，即可在 A 列输入产品编码。

提示

除此之外，用户还可以直接先输入英文的上引号，然后再输入产品编号，也可以输入文本型数据。

3. 利用数据有效性输入数据

输入产品编码后，接下来我们就来输入产品的规格，对于化妆品来说，它的规格一般不多，为了避免重复输入，同时也为了提高输入的准确性我们可以使用数据有效性来输入。具体操作如下。

1 选中单元格 C2，切换到【数据】选项卡，在【数据工具】组中单击【数据有效性】按钮 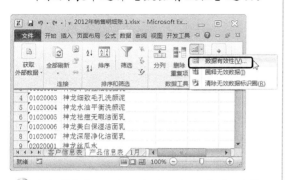 右侧的下三角按钮 ，在弹出的下拉列表中选择【数据有效性】选项。

2 弹出【数据有效性】对话框，切换到【设置】选项卡，在【允许】下拉列表中选择【序列】，在【来源】文本框中输入"10g,12g,30g,50g,75g,100g,100ml,120ml"，中间用英文半角状态下的逗号隔开。

3 单击 确定 按钮，返回工作表。此时，将鼠标指针放在单元格 C2 上，单元格的右侧会出现一个下拉按钮 。

4 将鼠标指针移动到单元格 C2 的右下角，此时，鼠标指针变为 十 形状。

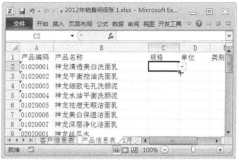

5 按住鼠标左键不放，向下拖动鼠标，拖动到合适的位置，释放鼠标左键，此时，数据有效性就填充到了选中的单元格区域中。每个单元格在选中状态下右侧都会出现一个下拉按钮 。

6 单击单元格右侧的下拉按钮 ，在弹出的下拉列表中选择合适的规格即可。

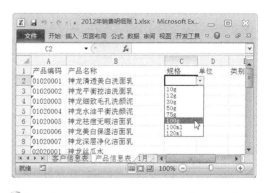

7 按照相同的方法，利用数据有效性对"单位"和"类别"进行填充，效果如图所示。

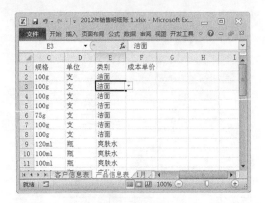

4. 输入数值型数据

现在产品信息表中只有成本单价没有输入了，成本单价通常情况下以数值形式体现。

输入数值型数据的方法和输入文本型数据的方法大致相同，具体操作如下。

❶ 选中 F 列，单击鼠标右键，在弹出的快捷菜单中选择【设置单元格格式】菜单项。

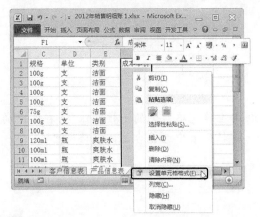

❷ 弹出【设置单元格格式】对话框，切换到【数字】选项卡，在【分类】列表框中选择【数值】选项，在【小数位数】微调框中输入【2】，然后在【负数】列表框中选择一种合适的负数表现形式。

❸ 单击 ▢确定▢ 按钮，返回工作表，即可在 F 列输入产品的成本单价。

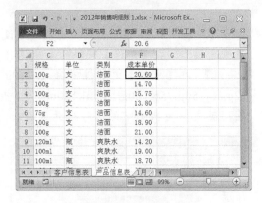

3.2.3 输入客户信息表内容

1. 利用数据有效性限定文本长度

销售商品除了要有商品外，当然还要有客户。下面，我们再来输入客户信息表的相关内容。

客户信息表中主要包括客户名称、联系人、联系电话和业务员。

用户在输入联系电话的时候应该特别注意电话的位数，手机号码的位数为 11 位，为避免输入错误的号码，在输入之前可以利用数据有效性先指定文本的长度。具体操作如下。

❶ 选中单元格 C2，切换到【数据】选项卡，在【数据工具】组中单击【数据有效性】按钮▢▾右侧的下三角按钮▾，在弹出的下拉列表中选择【数据有效性】选项。

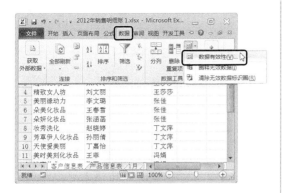

② 弹出【数据有效性】对话框，切换到【设置】选项卡，在【允许】下拉列表中选择【文本长度】，在【数据】下拉列表中选择【等于】，在【长度】文本框中输入【11】。

③ 设置完毕，单击 确定 按钮，返回工作表，将鼠标指针移动到单元格 C2 的右下角，当鼠标指针变为╋形状时，按住鼠标左键不放，向下拖动鼠标，拖动到合适的位置，释放鼠标左键，此时，数据有效性就填充到了选中的单元格区域中。

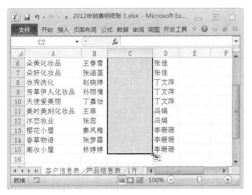

④ 此时，若用户输入的电话号码不是 11 位，系统会自动弹出提示框，提示用户"输入值非法"。

⑤ 单击 重试(R) 按钮，返回工作表，重新输入即可。

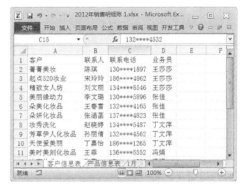

2. 插入行

表格内容输入完毕后，为了美观，我们还可以对表格进行适当的格式设置。比如，将"联系人"和"联系电话"归属于"联系人信息"。

要将"联系人"和"联系电话"归属于"联系人信息"，首先，我们要在工作表的第一行的上方插入一个空白行，具体操作如下。

① 选中工作表的第一行，单击鼠标右键，在弹出的快捷菜单中选择【插入】菜单项。

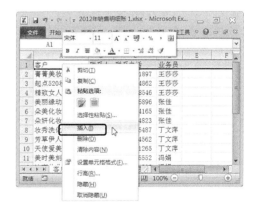

② 随即在工作表中选中行的上方添加了一个新行。

3. 合并单元格

插入空白行后，我们还需要将 B1 和 C1 单元格进行合并，具体操作如下。

① 选中单元格 B1 和 C1，切换到【开始】选项卡，在【对齐方式】组中，单击【合并后居中】按钮 合并后居中 右侧的下三角按钮 ，在弹出的下拉列表中选择【合并单元格】选项。

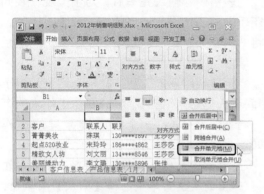

② 合并单元格后的效果如图所示。

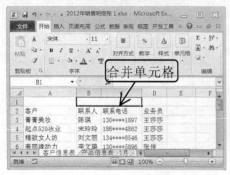

③ 在合并后的单元格中输入文本"联系人信息"，然后按照相同的方法，将单元格 A1 和 A2、D1 和 D2 合并。

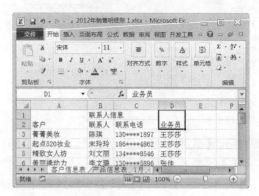

4. 设置对齐方式

工作表中默认的单元格对齐方式是水平左对齐，垂直靠下对齐。为了美观，我们还可以根据表格的内容重新设置表格的对齐方式，例如我们将客户信息表表头的对齐方式设置为水平居中对齐，垂直居中对齐，具体操作如下。

① 选中工作表的表头，单击鼠标右键，在弹出的快捷菜单中选择【设置单元格格式】菜单项。

② 弹出【设置单元格格式】对话框，切换到【对齐】选项卡，在【水平对齐】下拉列表中选择【居中】，在【垂直对齐】下拉列表中选择【居中】。

❸设置完毕，单击 确定 按钮，返回工作表，效果如图所示。

3.2.4 输入月销售明细表内容

1. 函数

产品信息表和客户信息表制作完成后，我们就可以制作月销售明细表了。

月销售明细表中一般要包括出库单号、产品编码、名称、规格、单位、类别、成本单价、销售数量、销售单价、销售金额、毛利润、销售日期、客户、业务员等信息。

用户可以发现产品编码、名称、规格、单位、类别、成本单价等信息在产品信息表中都存在，且是固定不变的数据。对于这类数据，如果一一输入，就会显得繁琐。由于，产品编码是唯一的，所以此时我们可以根据产品编码，利用函数来从产品信息表中引用名称、规格、单位、类别、成本单价等数据。

首先，我们来介绍一下需要用到的函数——VLOOKUP 函数的相关知识。

VLOOKUP 函数的功能是进行列查找，并返回当前行中指定的列的数值。函数的格式为：VLOOKUP(lookup_value,table_array,col_index_num,range_lookup)。

lookup_value：指需要在表格数组第一列中查找的数值。lookup_value 可以为数值或引用。若 lookup_value 小于 table_array 第一列中的最小值，VLOOKUP 函数返回错误值"#N/A"。

table_array：表示指定的查找范围。使用对区域或区域名称的引用。table_array 第一列中的值是由 lookup_value 搜索到的值。这些值可以是文本、数字或逻辑值。

col_index_num：指 table_array 中待返回的匹配值的列序号。col_index_num 为 1 时，返回 table_array 第一列中的数值；col_index_num 为 2 时，返回 table_array 第二列中的数值，依次类推。如果 col_index_num 小于 1，VLOOKUP 函数返回错误值"#VALUE!"；大于 table_array 的列数，VLOOKUP 函数返回错误值"#REF!"。

range_lookup：指逻辑值，指定希望 VLOOKUP 函数查找精确的匹配值还是近似匹配值。如果参数值为 TRUE（或为 1，或省略），则只寻找精确匹配值。也就是说，如果找不到精确匹配值，则返回小于 lookup_value 的最大数值。table_array 第一列中的值必须以升序排序，否则，VLOOKUP 函数可能无法返回正确的值。如果参数值为 FALSE（或为 0），则返回精确匹配值或近似匹配值。在此情况下，table_array 第一列的值不需要排序。如果 table_array 第一列中有两个或多个值与 lookup_value 匹配，则使用第一个找到的值。如果找不到精确匹配值，则返回错误值"#N/A"。

下面我们以依据产品编码来查找产品名称为例，来具体介绍 VLOOKUP 函数的应用。

1. 首先，在"1月"工作表中输入表头内容。然后依据出库单输入出库单号、出库编码、销售日期、客户等信息。

2. 选中单元格 C2，切换到【公式】选项卡，在【函数库】组中，单击【查找与引用】按钮，在弹出的下拉列表中选择【VLOOKUP】函数。

3. 弹出【函数参数】对话框，将光标定位在【Lookup_value】文本框中，根据文本框下方的函数向导提示，单击【折叠】按钮，用鼠标选中"1月"工作表中的单元格 B2。

4. 返回【函数参数】对话框，再将光标定位到【Table_array】文本框中，根据文本框下方的函数向导提示，单击【折叠】按钮，然后用鼠标选中"产品信息表"中 A 列到 B 列的区域。

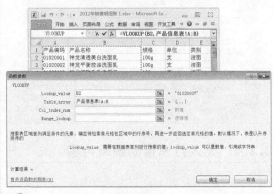

5. 返回【函数参数】对话框，将光标定位到【Col_index_num】文本框中，根据文本框下方的函数向导提示，输入"2"。

6. 返回【函数参数】对话框，将光标定位到【Range_lookup】文本框中，根据文本框下方的函数向导提示，输入"TRUE"。

⑦ 设置完毕，单击 确定 按钮，返回工作表，效果如图所示。

⑧ 用户可以按照相同的方法，查找引用其他项。用户在输入新的销售明细的时候，可以使用快速填充的方法，将函数填充到下面的行即可。

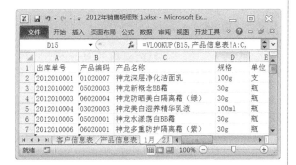

> **提示**
>
> 　　此处函数公式是根据 1 月销售明细表中的产品编码，从产品信息表中将产品规格引用到工作表"1 月"销售明细表中。
>
> 　　如果用户对于函数的应用非常熟练，可以不使用函数向导，直接在单元格中输入相应函数即可。

2．公式

　　用户利用函数将名称、规格、单位、类别、成本单价、销售金额、毛利润、销售日期、业务员等信息引用到 1 月销售明细表中后，表中只有销售数量、销售单价、销售金额、毛利润没有填写了。销售数量和销售单价，用户可以根据出库单直接输入，而销售金额和毛利润，用户则可以运用公式，使其自行计算。

　　销售金额=销售单价×销售数量

　　毛利润=销售金额－（成本单价×销售数量）

① 选中单元格 J2，输入"=I2*H2"。

② 输入完毕，直接按下【Enter】键即可。

③ 选中单元格 K2，输入"=J2-G2*H2"。

④ 输入完毕，直接按下【Enter】键，然后将公式填充到下面的行即可。

⑤ 用户可以按照相同的方法完成其他月份的销售明细表。

3.3 创建客户回款明细表

案例背景

一般销售人员的工作任务除了销售产品之外，还有一个就是要监督客户回款。为了更清楚地了解客户回款情况，公司要求销售部制定一份客户回款明细表。

最终效果及关键知识点

IF 函数的具体应用

	销售日期	账龄（天）	应回款日期	实际回款日期	是否按时回款
	C	D	E	F	G
1	销售日期	账龄（天）	应回款日期	实际回款日期	是否按时回款
2	2012/1/1	30	2012/1/31	2012/1/31	是","否"))
3	2012/1/1	30	2012/1/31	2012/1/31	
4	2012/1/1	30	2012/1/31	2012/1/31	
5	2012/1/1	30	2012/1/31	2012/1/31	
6	2012/1/2	90	2012/4/1	2012/4/1	
7	2012/1/2	90	2012/4/1	2012/4/1	
8	2012/1/2	90	2012/4/1	2012/4/1	
9	2012/1/2	90	2012/4/1	2012/4/1	
10	2012/1/3	30	2012/2/2	2012/2/2	

公式栏内容：`=IF(F2="","未回款",IF(F2<=E2,"是","否"))`

<table>
<tr><td colspan="2">本实例的原始文件和最终效果所在位置如下。</td></tr>
<tr><td>原始文件</td><td>原始文件\03\客户回款明细表.xlsx</td></tr>
<tr><td>最终效果</td><td>最终效果\03\客户回款明细表.xlsx</td></tr>
</table>

客户回款明细表中应该包含出库单号、销售金额、销售日期、账龄（天）、应回款日期、实际回款日期、是否按时回款、客户、业务员等元素。在制作客户回款明细表时，用户只要输入了出库单号，销售金额、销售日期、客户、业务员这些元素可以通过VLOOKUP 函数直接从相应的月明细表中引用。由于各笔业务的账龄和实际回款时间是不确定的，所以账龄和实际回款日期只能根据相应单据手工输入。有了账龄和销售日期，应回款日期则可以利用公式直接计算。这样一来，在客户回款明细表中，只有"是否按时回款"尚未输入，这一项元素我们也可以利用函数来输入。这里所需要的函数就是"IF 函数"。

1．IF 函数简介

IF 函数是一种常用的逻辑函数，其功能是执行真假值判断，并根据逻辑判断值返回结果。该函数主要用于根据逻辑表达式来判断指定条件，如果条件成立，则返回真条件下的指定内容；如果条件不成立，则返回假条件下的指定内容。

IF 函数的语法格式是：IF(logical_text, value_if_true,value_if_false)。logical_text 代表带有比较运算符的逻辑判断条件；value_if_true 代表逻辑判断条件成立时返回的值；value_if_false 代表逻辑判断条件不成立时返回的值。

IF 函数可以嵌套 7 层，用 value_if_false 及 value_if_true 参数可以构造复杂的判断条件。在计算参数 value_if_true 和 value_if_false 后，IF 函数返回相应语句执行后的返回值。

下面我们以具体实例来看一下 IF 函数的应用。

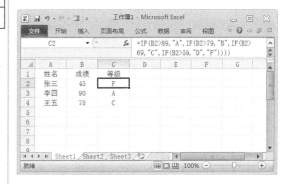

=IF(B2>89,"A",IF(B2>79,"B",IF(B2>69,"C",IF(B2>59,"D","F"))))
为张三的成绩指定一个字母等级（F）
=IF(B3>89,"A",IF(B3>79,"B",IF(B3>69,"C",IF(B3>59,"D","F"))))
为李四的成绩指定一个字母等级（A）
=IF(B4>89,"A",IF(B4>79,"B",IF(B4>69,"C",IF(B4>59,"D","F"))))
为王五的成绩指定一个字母等级（C）

在此例中，第二个 IF 语句同时也是第一个 IF 语句的参数 value_if_false。同样，第三个 IF 语句是第二个 IF 语句的参数 value_if_false。例如，如果第一个 logical_test (AVERAGE > 89) 为 TRUE，则返回"A"；如果第一个 logical_test 为 FALSE，则计算第二个 IF 语句，依次类推。

2．IF 函数的具体应用

介绍完 IF 函数的基础知识后，接下来我们来看一下 IF 函数的具体应用。

1 打开本实例的原始文件，选中单元格 G2，在 G2 中输入"=IF(F2="","未回款",IF(F2<=E2,"是","否"))"。

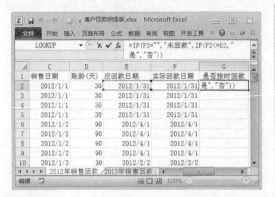

提示

单元格 G2 中函数的含义是：当单元格 F2 中的值为空时，单元格 G2 中显示"未回款"；如果 F2 中的值不是"空"，则执行嵌套的 IF 语句，即当单元格 F2 中的值小于等于单元格 E2 中的值时，单元格 G2 中显示"是"，否则显示"否"。

② 输入完毕，直接按下【Enter】键即可。

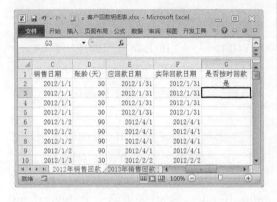

③ 再次选中单元格 G2，将鼠标指针移动到单元格 G2 的右下角，当鼠标指针变成"**十**"形状时，双击鼠标左键，将公式填充到下面的单元格。

④ 用户可以按照相同的方法，填充"2013 年销售回款"表中的"是否按时回款"列。

第 4 章
数据透视表与数据透视图

Excel 2010 不仅具有方便快捷记录数据的功能，同时还具有强大的数据处理功能。数据透视表就是对 Excel 数据表中的各字段进行快速分类汇总的一种分析工具，它是一种交互式报表。而数据透视图则是对数据透视表的一种补充，使用户可以更直观地看到汇总数据。本章将通过一个应用实例介绍数据透视表和数据透视图的使用方法。

要 点 导 航

■ 查看销售明细账
■ 分析销售明细账

4.1 查看销售明细账

案例背景

    用户在查看工作表时，为了查看方便，可以对工作表进行冻结窗格，隐藏、显示工作表以及隐藏工作表中的行和列等操作。

最终效果及关键知识点

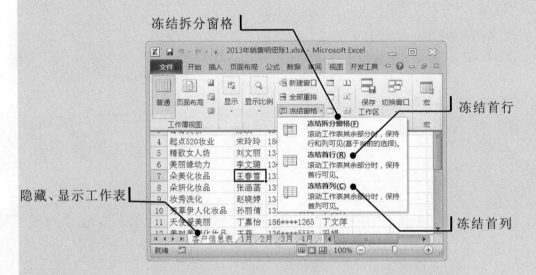

冻结拆分窗格

冻结首行

隐藏、显示工作表

冻结首列

隐藏行或列

本实例的原始文件和最终效果所在位置如下。	
原始文件	原始文件\04\2013 年销售明细账 1.xlsx
最终效果	最终效果\04\2013 年销售明细账 1.xlsx

4.1.1　冻结窗口

　　用户在滚动查看某些比较大的工作表时，由于工作表中信息量比较多，在滚动查看工作表时，某些信息就隐藏了。对于某些关键信息，用户希望在浏览时这些信息始终可见，可以使用 Excel 2010 的冻结窗格功能。

1.　冻结首行

　　由于产品信息表中行数比较多，用户在上下滚动查看时，标题行会被隐藏，这样用户容易将信息看错，此时可以将工作表的首行冻结。

　　冻结首行后用户在滚动查看工作表的其余部分时，始终保持首行可见。

①切换到【视图】选项卡，在【窗口】组中单击【冻结窗格】按钮 右侧的下三角按钮，在弹出的下拉列表中选择【冻结首行】选项。

②随即在首行下方会出现一条实线。此时，用户往下滚动查看产品信息表时，首行始终是可见的。

首行始终可见

2.　冻结首列

　　Excel 2010 工作表中除了可以冻结首行之外，还可以冻结首列。

①切换到【视图】选项卡，在【窗口】组中，单击【冻结窗格】按钮 右侧的下三角按钮，在弹出的下拉列表中选择【冻结首列】选项。

②随即在首列右侧会出现一条实线。此时，用户往右滚动查看产品信息表时，首列始终是可见的。

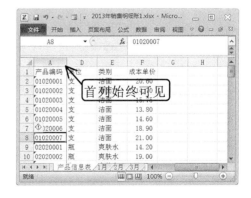

首列始终可见

3. 冻结拆分窗格

用户在滚动查看工作表时，有时候工作表中的某些行和某些列同时始终显示，此时，用户可以使用 Excel 2010 的冻结拆分窗格功能。下面我们以冻结"产品信息表"的第一行和第二列为例，讲解如何冻结拆分窗格。

这里需要提醒用户的是，在使用 Excel 2010 的冻结拆分窗格功能时，必须先撤销工作表中的其他冻结窗格。

❶选中单元格 C2，切换到【视图】选项卡，在【窗口】组中单击【冻结窗格】按钮 右侧的下三角按钮 ，在弹出的下拉列表中选择【取消冻结窗格】选项。

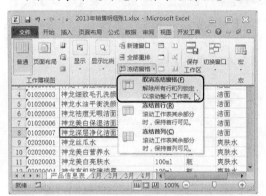

❷选中单元格 C2，在【窗口】组中单击【冻结窗格】按钮 右侧的下三角按钮 ，在弹出的下拉列表中选择【冻结拆分窗格】选项。

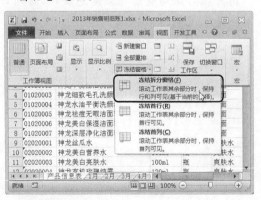

❸随即在工作表的第一行下方和 B 列的右侧各出现一条实线。此时，用户无论怎样滚动查看产品信息表，工作表的第一行和前两列始终是可见的。

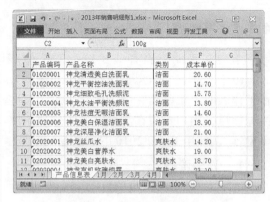

4.1.2 隐藏、显示工作表

在销售明细账工作簿中，用户一般只是查看各月的明细，对于产品信息表和客户信息表这种不经常使用却又不能删除的工作表，可以将其暂时隐藏，在使用的时候，再将其显示出来。具体操作如下。

❶按住【Ctrl】键，依次选中"客户信息表"和"产品信息表"的标签，然后单击鼠标右键，在弹出的快捷菜单中选择【隐藏】选项。

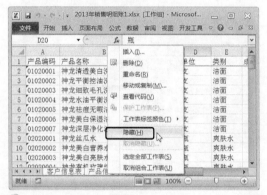

❷此时，工作表"客户信息表"和"产品信息表"即可被隐藏。

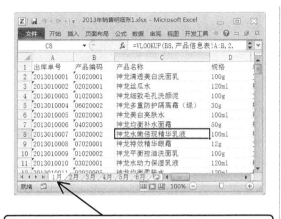

"客户信息表"和"产品信息表"被隐藏

❸ 如果用户想要将被隐藏的工作表重新显示出来,可以在工作簿的任一工作表标签上单击鼠标右键,在弹出的快捷菜单中选择【取消隐藏】选项。

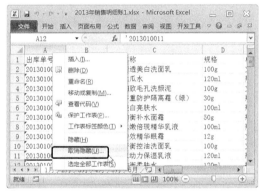

❹ 弹出【取消隐藏】对话框,在【取消隐藏工作表】列表框中,选中需要取消隐藏的工作表名称,例如,选中"客户信息表",然后单击 确定 按钮。

❺ 返回工作簿,用户即可看到工作表"客户信息表"已经处于显示状态。

4.1.3　隐藏行或列

在销售明细表中,有的信息是需要对外保密的,例如成本单价。对于这类信息,用户可以在工作表中将其隐藏。

❶ 选中"成本单价"列,单击鼠标右键,在弹出的快捷菜单中选择【隐藏】选项。

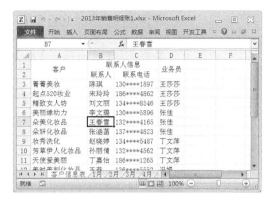

❷ 此时,"成本单价"列即可被隐藏。

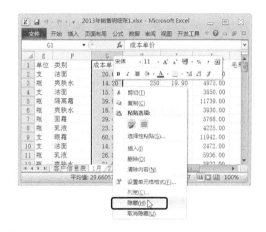

G 列被隐藏

③如果用户想要重新显示成本单价，可以选中 F 列和 H 列，然后单击鼠标右键，在弹出的快捷菜单中选择【取消隐藏】选项。

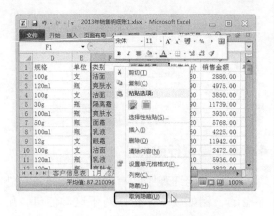

④ "成本单价" 列即可重新显示出来。

⑤用户可以按照相同的方法隐藏工作表的行。

4.2 分析销售明细账

案例背景

对销售数据进行分析汇总，是销售工作中必不可少的一项工作。使用数据透视表和数据透视图可以帮助用户快速地汇总、分析数据。

最终效果及关键知识点

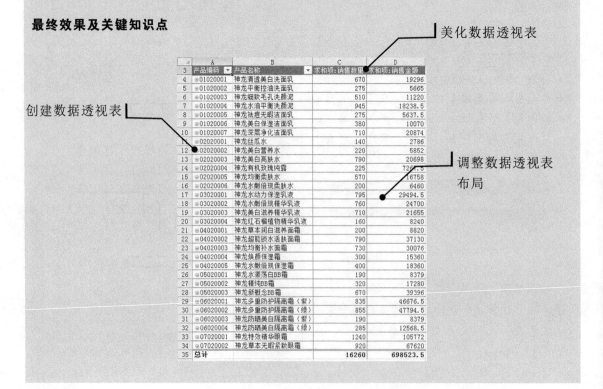

美化数据透视表

创建数据透视表

调整数据透视表布局

添加"数据透视表和
数据透视图向导"

生成多重
数据透视表

美化多重
数据透视表

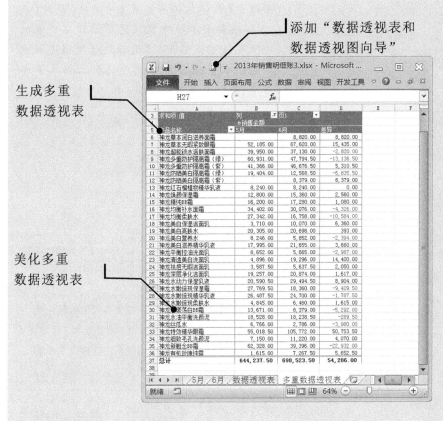

创建数据
透视图

美化数据
透视图

更改系列
图表类型

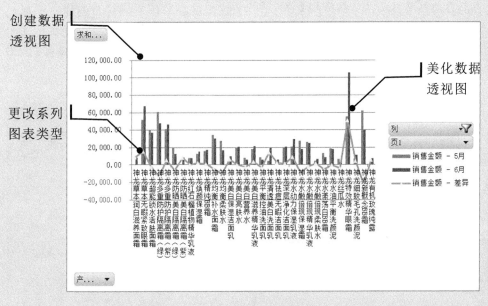

4.2.1 数据透视表

	本实例的原始文件和最终效果所在位置如下。	
	原始文件	原始文件\04\2013年销售明细账 2.xlsx
	最终效果	最终效果\04\2013年销售明细账 2.xlsx

什么是数据透视表呢？数据透视表就是对 Excel 数据表中的各字段进行快速分类汇总的一种分析工具，它是一种交互式报表。利用它，我们可以方便地调整分类汇总的方式，灵活地以多种不同方式展示数据的特征。

公司一般每个月都会针对各种产品的销量做一个分析，以便制定下一步的生产计划。要对各种产品的销量进行分析，势必就要用到每种产品每个月的销售总量，这个销售总量的汇总我们就可以使用数据透视表来完成。使用数据透视表汇总，不但快速方便，而且准确率也会大大提高。

1. 创建数据透视表

❶打开需要汇总的销售数据表，切换到【插入】选项卡，在【表格】组中单击【数据透视表】按钮，在弹出的下拉列表中选择【数据透视表】选项。

❷弹出【创建数据透视表】对话框，此时【表/区域】文本框中默认显示了该工作表的所有数据区域，在【选择放置数据透视表的位置】组合框中选中【新工作表】单选钮。

提示

如果用户需要汇总的只是工作表中的部分数据区域，可以先选中需要汇总的数据区域，然后再打开【创建数据透视表】对话框，这样在【表/区域】文本框中显示的就是选中的数据区域。

❸设置完毕，单击 确定 按钮。此时系统会自动在工作表的前面创建一个新的名为"Sheet1"的工作表，新的工作表中有数据透视表的基本框架，并弹出【数据透视表字段列表】任务窗格。

数据透视表的基本框架

④ 在【选择要添加到报表的字段】任务窗格中选择要添加的字段，例如选中【产品编码】复选框，【产品编码】字段会自动添加到【行标签】组合框中。

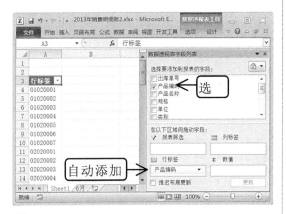

⑤ 使用同样的方法将【产品名称】字段添加到【行标签】组合框中，然后依次选中【销售数量】和【销售金额】复选框，即可将【销售数量】和【销售金额】字段添加到【数值】组合框。

⑥ 字段添加完毕，单击【数据透视表字段列表】任务窗格右上角的【关闭】按钮 × ，关闭【数据透视表字段列表】任务窗格。将"Sheet1"重命名为"数据透视表"，并将其移动到最后，效果如图所示。

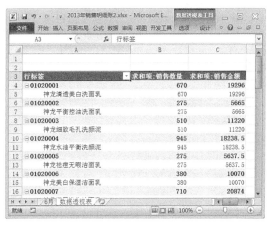

2. 调整数据透视表的布局

数据透视表创建完成后，系统默认的数据透视表的布局可能不符合我们的要求，我们可以根据实际需要对报表布局进行适当的调整。

目前数据透视表中的产品编码和产品名称在一列显示，为了方便查看，我们可以使产品编码和产品名称各成一列，具体操作如下。

① 切换到【数据透视表工具】栏的【设计】选项卡，在【布局】组中单击【报表布局】按钮，在弹出的下拉列表中选择【以表格形式显示】选项。

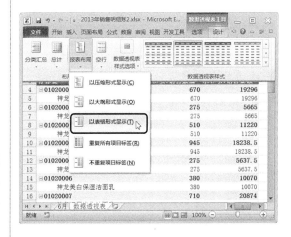

❷返回数据透视表，效果如图所示。

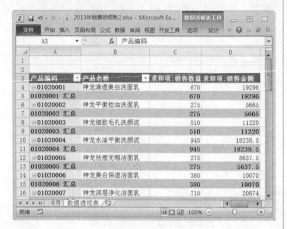

❸由于我们所做的数据透视表中的销售数量和销售金额已经是求和项了，所以无需分类汇总。在【布局】组中单击【分类汇总】按钮，在弹出的下拉列表中选择【不显示分类汇总】选项。

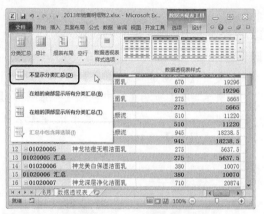

❹返回数据透视表，最终效果如图所示。

3. 美化数据透视表

数据透视表创建完成后，我们还可以对其进行一系列的美化。

❶切换到【数据透视表工具】栏的【设计】选项卡，在【数据透视表样式】组中单击【其他】按钮。

❷在弹出的【数据透视表样式】列表框中选择一种合适的样式，例如选择【数据透视表样式中等深浅 7】。

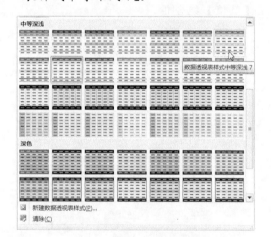

❸为了使数据透视表的可读性更强，用户可以在【设计】选项卡下单击【数据透视表样式选项】按钮，在弹出的下拉列表中选中【镶边行】和【镶边列】复选框，撤选【行标题】复选框。

④设置完毕，效果如图所示。

	A	B	C	D
3	产品编码	产品名称	求和项:销售数量	求和项:销售金额
4	01020001	神龙清透美白洗面乳	670	19296
5	01020002	神龙平衡控油洗面乳	275	5665
6	01020003	神龙细致毛孔洗颜泥	510	11220
7	01020004	神龙水油平衡洗面乳	945	18238.5
8	01020005	神龙祛痘无暇洁面乳	275	5637.5
9	01020006	神龙美白保湿洁面乳	380	10070
10	01020007	神龙深层净化洁面乳	710	20874
11	02020001	神龙丝瓜水	140	2786
12	02020002	神龙美白营养水	220	5852
13	02020003	神龙美白真味水	790	20698
14	02020004	神龙有机玫瑰纯露	225	7267.5
15	02020005	神龙均衡柔肤水	570	16758
16	02020006	神龙水嫩倍现柔肤水	200	6460
17	03020001	神龙水动力保湿乳液	795	29494.5
18	03020002	神龙水嫩倍现精华乳液	760	24700
19	03020003	神龙美白滋养精华乳液	710	21655
20	03020004	神龙红石榴植物精华乳液	160	8240
21	04020001	神龙草本润白滋养面霜	200	8820
22	04020002	神龙超能锁水活肤面霜	790	37130
23	04020003	神龙均衡补水面霜	730	30076
24	04020004	神龙焕颜保湿霜	300	15360
25	04020005	神龙水嫩倍现保湿霜	400	18360
26	05020001	神龙水漾荡白BB霜	190	8379
27	05020002	神龙精纯BB霜	320	17280
28	05020003	神龙新概念BB霜	670	39396
29	06020001	神龙多重防护隔离霜（紫）	835	46676.5
30	06020002	神龙多重防护隔离霜（绿）	855	47794.5
31	06020003	神龙防晒美白隔离霜（紫）	190	8379
32	06020004	神龙防晒美白隔离霜（绿）	285	12568.5
33	07020001	神龙特效精华眼霜	1240	105772
34	07020002	神龙草本无暇紧致眼霜	920	67620
35	总计		16260	698523.5

4.2.2　多重数据透视表

	本实例的原始文件和最终效果所在位置如下。
原始文件	原始文件\04\2013 年销售明细账 3.xlsx
最终效果	最终效果\04\2013 年销售明细账 3.xlsx

　　Excel 2010 除了可以对单个工作表进行数据透视分析外，还可以对多个工作表进行多重数据分析。

　　通常在对销售业绩进行分析的时候，往往会拿当月的销售额与前期的销售额进行比较，这时我们就可以利用数据透视表快速地对两个月的销售业绩作出对比分析。

1.　添加"数据透视表和数据透视图向导"

　　对多个工作表进行多重数据分析，我们需要用到数据透视表中的"数据透视表和数据透视图向导"功能，但是 Excel 2010 版本中并没有在选项卡和自定义快速访问工具栏中直接列出该功能，需要我们将它添加到自定义快速访问工具栏中，具体操作如下。

❶单击 文件 按钮，在弹出的下拉菜单中选择【选项】菜单项。

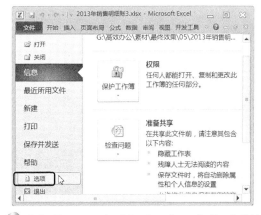

❷弹出【Excel 选项】对话框，切换到【快速访问工具栏】选项卡，在【从下列位置选择命令】下拉列表中选择【所有命令】选项，然后在下面的列表框中选择【数据透视表和数据透视图向导】。

❸ 单击 添加(A) >> 按钮，将【数据透视表和数据透视图向导】添加到【自定义快速访问工具栏】列表框中。

❹ 单击 确定 按钮，返回工作表，即可看到【数据透视表和数据透视图向导】已经被添加到快速访问工具栏中。

2. 生成多重数据透视表

将"数据透视表和数据透视图向导"添加到快速访问工具栏后，我们就可以进行多重数据分析了，下面以对 2013 年 5 月和 6 月各种产品的销售差异进行对比分析为例，介绍如何创建多重数据透视表。

❶ 首先，我们在工作簿最后插入一个新的工作表，并将其命名为"多重数据透视表"。然后单击【快速访问工具栏】中的【数据透视表和数据透视图向导】按钮 。

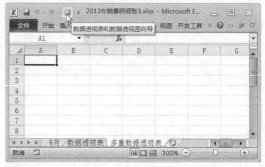

❷ 弹出【数据透视表和数据透视图向导—步骤 1】对话框，在【请指定待分析数据的数据源类型】组合框中选中【多重合并计算数据区域】单选钮，在【所需创建的报表类型】组合框中选中【数据透视表】单选钮。

❸ 单击 下一步(N) > 按钮，切换到【数据透视表和数据透视图向导—步骤 2a】，选中【自定义页字段】单选钮。

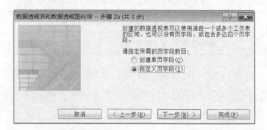

❹ 单击 下一步(N) > 按钮，切换到【数据透视表和数据透视图向导—步骤 2b】，将光标定位在【选定区域】文本框中，然后单击【折叠】按钮 ，选定"2013 年销售明细账 3"工作簿中的数据区域 "'5 月'!$C$1:$J$108"。

5 单击 添加(A) 按钮，将选定区域 "'5月'!$C$1:$J$108" 添加到【所有区域】列表框中。

6 在【请先指定要建立在数据透视表中的页字段数目】组合框下选中【1】单选钮。

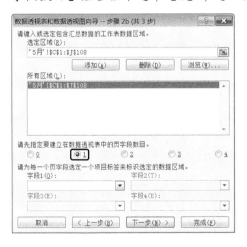

7 在【请为每一个页字段选定一个项目标签来标识选定的数据区域】组合框下的【字段1】文本框中输入 "5月"。

8 按照相同的方法，选定 "2013 年销售明细账" 工作簿中的数据区域 "'6月'!$C$1:$J$114"，并将其添加到【所有区域】列表框中，然后指定其页字段数目为【1】，字段名为 "6月"。

9 单击 下一步(N) > 按钮，切换到【数据透视表和数据透视图向导—步骤3】，选中【现有工作表】单选钮，并将光标定位在其后面的文本框中，然后单击【折叠】按钮，选中 "多重数据透视表" 中的单元格 A1。

⑩ 单击 完成(F) 按钮，返回工作表，我们可以看到数据透视表的基本框架和【数据透视表字段列表】任务窗格。

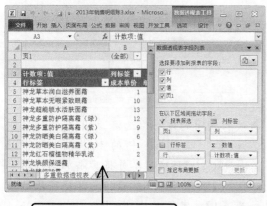

数据透视表的基本框架

⑪ 在【数据透视表字段列表】任务窗格中，单击【选择要添加到报表的字段】组合框中【列】后面的下三角按钮。

⑫ 在弹出的下拉列表中撤选【全选】复选框，选中【销售金额】复选框。

⑬ 设置完毕，单击 确定 按钮，返回【数据透视表字段列表】任务窗格，在【选择要添加到报表的字段】组合框中【页1】上单击鼠标右键，在弹出的快捷菜单中选择【添加到列标签】选项。

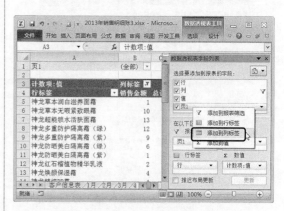

⑭ 随即【页1】被添加到【列标签】下。

15 在【数值】列表框中，单击【计数项：值】
选项，在弹出的快捷菜单中选择【值字段
设置】选项。

16 弹出【值字段设置】对话框，切换到【值
汇总方式】选项卡，在【计算类型】列表
框中选择【求和】。

17 单击 确定 按钮，返回工作表，关闭
【数据透视表字段列表】任务窗格。切换
到【数据透视表工具】栏的【设计】选项
卡，单击【分类汇总】按钮，在弹出的
下拉列表中选择【不显示分类汇总】选项。

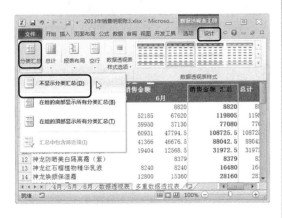

18 单击【总计】按钮，在弹出的下拉菜单
中选择【仅对列启用】选项。

19 单击【报表布局】按钮，在弹出的下拉
菜单中选择【以表格形式显示】选项。

20 选中"页 1"所在的单元格"C3"，切换
到【数据透视表工具】栏的【选项】选项
卡，单击【计算】按钮，在弹出的下拉
列表中选择【域、项目和集】➤【计算项】
选项。

21 弹出【在"页1"中插入计算字段】对话框，在【名称】文本框中输入名称"差异"，在"公式"文本框中输入公式"='6月'-'5月'"。

22 设置完毕，单击 **确定** 按钮，返回工作表，效果如图所示。

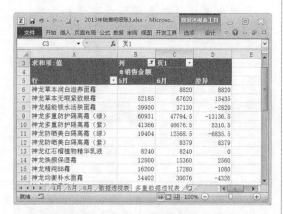

多重数据透视表和普通数据透视表一样都可以进行相应的美化，例如修改字段设置、数据透视表的样式等。

3. 修改字段设置

1 选中"行"所在的单元格"A5"，单击鼠标右键，在弹出的快捷菜单中选择【字段设置】选项。

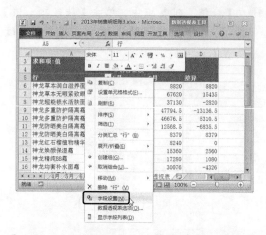

2 弹出【字段设置】对话框，在【自定义名称】文本框中输入文本"产品名称"。

3 单击 **确定** 按钮，返回工作表，效果如图所示。

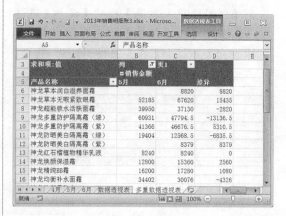

4. 修改数字格式

① 选中多重数据透视表中的数字区域 "B6:D37"，单击鼠标右键，在弹出的快捷菜单中选择【数字格式】选项。

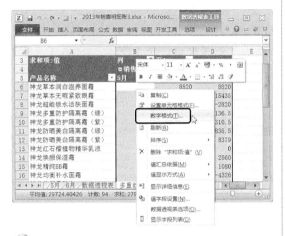

② 弹出【设置单元格格式】对话框，在【分类】列表框中选择【数值】，在【小数位数】微调框中输入【2】，选中【使用千位分隔符】复选框，在【负数】列表框中选择一种合适的负数表现形式。

③ 单击 确定 按钮，返回工作表，效果如图所示。

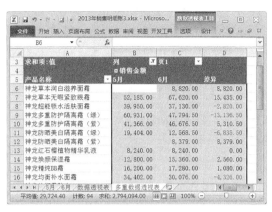

5. 修改数据透视表样式

① 切换到【数据透视表工具】栏的【设计】选项卡，在【数据透视表样式】组中单击【其他】按钮。

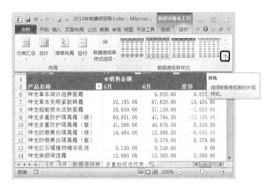

② 在弹出的【数据透视表样式】列表框中选择一种合适的样式，例如选择【数据透视表样式中等深浅 7】。

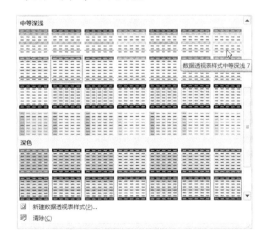

3 为了使数据透视表的可读性更强，用户可以在【设计】选项卡下，单击【数据透视表样式选项】按钮，在弹出的下拉列表中选中【镶边行】和【镶边列】复选框，撤选【行标题】复选框。

4 设置完毕，效果如图所示。

	A	B	C	D
3	求和项:值	列	页1	
4			销售金额	
5	产品名称	5月	6月	差异
6	神龙草本润白滋养面膜		8,820.00	8,820.00
7	神龙草本无暇紧致眼霜	52,185.00	67,620.00	15,435.00
8	神龙超能锁水活肤面霜	39,950.00	37,130.00	-2,820.00
9	神龙多重防护隔离霜（绿）	60,931.00	47,794.50	-13,136.50
10	神龙多重防护隔离霜（紫）	41,366.00	46,676.50	5,310.50
11	神龙防晒美白隔离霜（绿）	19,404.00	12,568.50	-6,835.50
12	神龙防晒美白隔离霜（紫）		8,379.00	8,379.00
13	神龙红石榴植物精华乳液	8,240.00	8,240.00	0.00
14	神龙焕颜保湿霜	12,800.00	15,360.00	2,560.00
15	神龙精华BB霜	16,200.00	17,280.00	1,080.00
16	神龙均衡补水面霜	34,402.00	30,076.00	-4,326.00
17	神龙均衡柔肤水	27,342.00	16,758.00	-10,584.00
18	神龙美白保湿洁面乳	3,710.00	10,070.00	6,360.00
19	神龙美白嫩肤水	20,305.00	20,698.00	393.00
20	神龙美白营养水	8,246.00	5,852.00	-2,394.00
21	神龙美白滋养精华乳液	17,995.00	21,655.00	3,660.00
22	神龙平衡控油洗面乳	8,652.00	5,665.00	-2,987.00
23	神龙清透美白洗面乳	4,896.00	19,296.00	14,400.00
24	神龙祛痘无暇洁面乳	3,587.50	5,637.50	2,050.00
25	神龙深层净化洁面乳	19,257.00	20,874.00	1,617.00
26	神龙水动力保湿乳液	20,590.50	29,494.50	8,904.00
27	神龙水嫩倍现保湿霜	27,769.50	18,360.00	-9,409.50
28	神龙水嫩倍现精华乳液	26,487.50	24,700.00	-1,787.50
29	神龙水嫩倍现柔肤水	4,845.00	6,460.00	1,615.00
30	神龙水漾莹白BB霜	13,671.00	8,379.00	-5,292.00
31	神龙水曲平衡洗颜泥	18,528.00	18,238.50	-289.50
32	神龙紧亮眼霜	6,768.00	2,786.00	-3,980.00
33	神龙特效精华眼霜	55,018.50	105,772.00	50,753.50
34	神龙细腻毛孔洗颜泥	7,150.00	11,220.00	4,070.00
35	神龙新概念BB霜	62,328.00	39,396.00	-22,932.00
36	神龙有机玫瑰纯露	1,615.00	7,267.50	5,652.50
37	总计	644,237.50	698,523.50	54,286.00

4.2.3 数据透视图

本实例的原始文件和最终效果所在位置如下。		
	原始文件	原始文件\04\2013年销售明细账 4.xlsx
	最终效果	最终效果\04\2013年销售明细账 4.xlsx

为了更直观、清晰地查看和分析表格数据，我们还可以在数据透视表的基础上创建数据透视图。

1. 创建数据透视图

普通数据透视表和多重数据透视表都可以生成数据透视图，只是普通数据透视表生成的数据透视图比较简单而已。下面我们以前面创建的多重数据透视表为基础来创建数据透视图。

1 切换到【数据透视表工具】栏的【选项】选项卡，在【工具】组中单击【数据透视图】按钮。

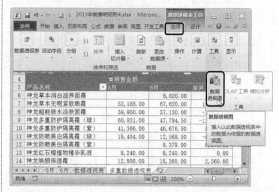

2 弹出【插入图表】对话框，在【柱形图】组中选择【簇状柱形图】。

3 单击 确定 按钮，返回工作表，即可生成一个数据透视图。

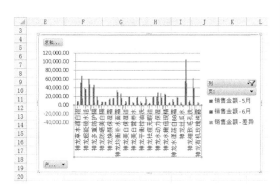

2. 更改某一系列的图表类型

为了更直观地看到 5 月和 6 月的销售额差异，我们可以将差异系列的图表类型更改为折线图。

❶切换到【数据透视表工具】栏的【格式】选项卡，在【当前所选内容】组中，单击下三角按钮▾，在弹出的下拉列表中选择【系列"销售金额"差异】选项。

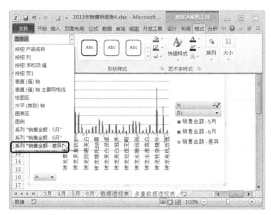

❷随即图表中"系列'销售金额'差异"处于选中状态，切换到【数据透视表工具】栏的【设计】选项卡，在【类型】组中单击【更改图表类型】按钮。

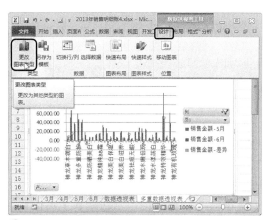

❸弹出【更改图表类型】对话框，在【折线图】组中选择【折线图】。

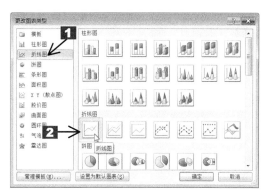

❹单击 确定 按钮，返回工作表，即可看到"系列'销售金额'差异"的图表已经变为折线图。

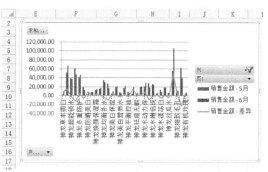

3. 美化数据透视图

为了使数据透视图看起来更加美观，我们还可以对其进行美化操作。

● 设置坐标轴格式

由于当前的数据透视图中字比较大而图比较小，所以我们在设置坐标轴格式的时候，可以先调整一下数据透视图中的字体格式。

①选中整个数据透视图，切换到【开始】选项卡，在【字体】下拉列表中选择【新宋体】，在【字号】下拉列表中选择【8】。

②选中横坐标轴，单击鼠标右键，在弹出的快捷菜单中选择【设置坐标轴格式】选项。

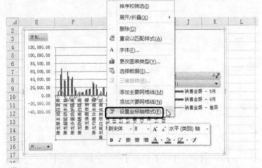

③弹出【设置坐标轴格式】对话框，切换到【坐标轴选项】选项卡，在【刻度线间隔】文本框中输入【5】。

④切换到【对齐方式】选项卡，在【文字方向】下拉列表中选择【竖排】选项。

⑤设置完毕，单击 关闭 按钮，返回工作表，效果如图所示。

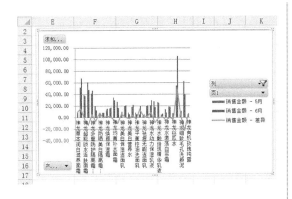

● **设置数据系列格式**

❶ 在"系列'销售金额'差异"上，单击鼠标右键，在弹出的快捷菜单中选择【设置数据系列格式】选项。

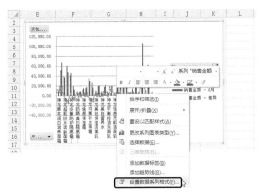

❷ 切换到【数据标记选项】选项卡，选中【内置】单选钮，在【类型】下拉列表中选择 ▲ ，在【大小】微调框中输入【4】。

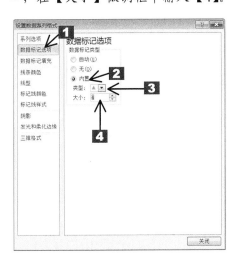

❸ 切换到【数据标记填充】选项卡，选中【纯色填充】单选钮，在【颜色】下拉列表中选择【黄色】。

❹ 切换到【线条颜色】选项卡，选中【实线】单选钮，在【颜色】下拉列表中选择【其他颜色】选项。

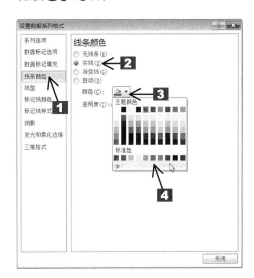

❺ 弹出【颜色】对话框，切换到【标准】选项卡，选择一种合适的颜色，然后单击 确定 按钮，返回【设置数据系列格式】对话框。

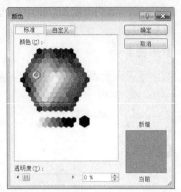

6 切换到【线型】选项卡，在【宽度】微调框中输入【2磅】。

7 切换到【标记线颜色】选项卡，选中【无线条】单选钮。

8 设置完毕，单击 关闭 按钮，返回工作表即可。

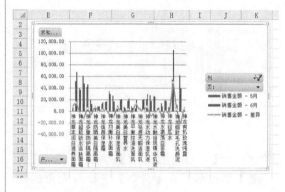

9 用户可以按照相同的方法，设置其他两个数据系列的格式，效果如图所示。

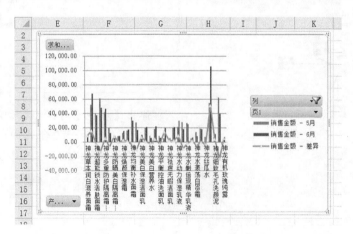

第 5 章
排序、筛选与分类汇总

数据的排序、筛选与分类汇总是 Excel 中经常用到的几种功能，使用这些功能用户可以快速地完成表格中的相关操作。本章通过几个实例，介绍数据排序、筛选与分类汇总功能等的使用方法。

要 点 导 航

- 管理客户回款明细表
- 汇总销售明细账

5.1 管理客户回款明细表

案例背景

　　为了方便查看客户回款明细表中的数据，用户可以按照一定的顺序对工作表中的数据进行重新排序。数据排序主要包括简单排序、复杂排序和自定义排序 3 种，用户可以根据需要进行选择。

　　由于客户回款明细表中的数据量比较大，用户可以利用 Excel 2010 的筛选功能，从中筛选出有用的数据。

最终效果及关键知识点

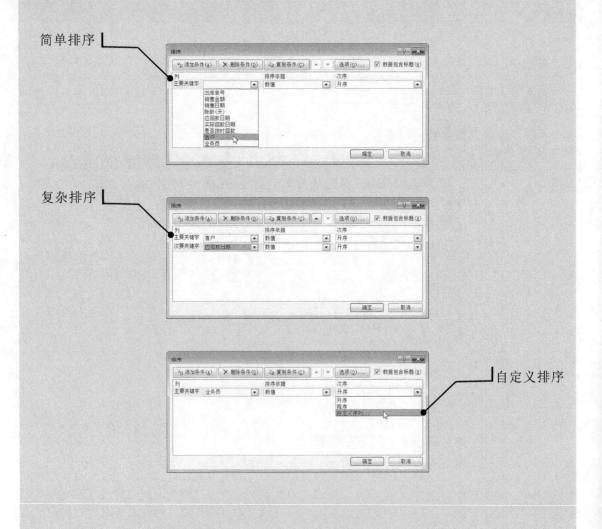

自动筛选

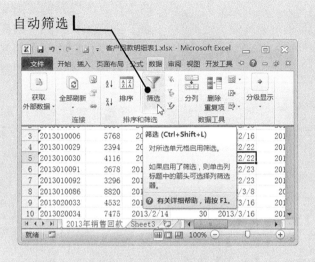

高级筛选

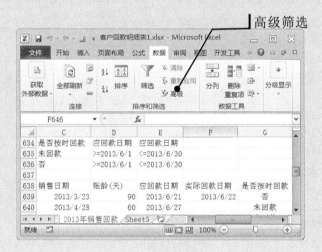

5.1.1　数据的排序

本实例的原始文件和最终效果所在位置如下。	
原始文件	原始文件\05\客户回款明细表.xlsx
最终效果	最终效果\05\客户回款明细表.xlsx

我们在录入客户回款明细表的时候是按出库单号来排序的，但是我们在查看回款情况时，往往需要按照"应回款日期"或"客户"来排序，本小节我们就来看看如何对数据进行重新排序。

1.　简单排序

所谓简单排序就是设置单一条件进行排序。下面我们以将"2013 年销售回款"表中的数据按照"客户"排序来介绍简单排序的操作方法。

1 打开本实例的原始文件，将光标定位在数据区域的任意一个单元格中，切换到【数据】选项卡，在【排序和筛选】组中单击【排序】按钮。

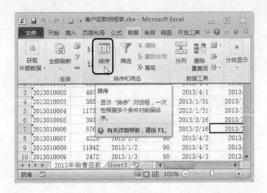

❷ 弹出【排序】对话框，在【主要关键字】下拉列表中选择【客户】选项，在【排序依据】下拉列表中选择【数值】选项，在【次序】下拉列表中选择【升序】选项。

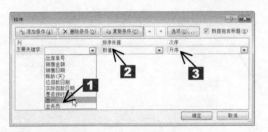

❸ 设置完毕，单击 确定 按钮，返回工作表中，此时表格数据即可根据"客户"的拼音首字母进行升序排列。

按"客户"排序

2. 复杂排序

"客户回款明细表"按照"客户"排序后，相同客户的回款信息依然是按照原来的出库单号排序的，但是在实际工作中，往往按照"应回款时间"来排序，会更有利于我们

的工作，所以我们还需要将"客户回款明细表"先按照"客户"排序，然后相同客户的回款信息再按照"应回款时间"排序。这时我们就用到了 Excel 的复杂排序功能。具体操作如下。

❶ 将光标定位在数据区域的任意一个单元格中，切换到【数据】选项卡，在【排序和筛选】组中，单击【排序】按钮 。

❷ 弹出【排序】对话框，显示出前一小节中按照"客户"的拼音首字母对数据进行了升序排列。

❸ 单击 添加条件(A) 按钮，此时即可添加一组新的排序条件，在【次要关键字】下拉列表中选择【应回款日期】选项，在【排序依据】下拉列表中选择【数值】选项，在【次序】下拉列表中选择【升序】选项。

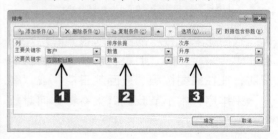

④ 单击 确定 按钮，返回工作表中，此时
表格数据在根据 H 列中"客户"的拼音
首字母进行升序排列的基础上，按照"应
回款日期"的数值进行了升序排列，排序
效果如图所示。

3. 自定义排序

数据的排序方式除了按照数字大小和拼
音字母顺序外，还会涉及一些特殊的顺序，
如"业务员"，此时就用到了自定义排序。

由于我们前面已经对"客户回款明细表"
按照"客户"和"应回款日期"进行了排序，
如果我们现在想"客户回款明细表"只按照
"业务员"列的自定义序列排序，用户只需
将多余的条件删除即可。

① 将光标定位在数据区域的任意一个单元
格中，切换到【数据】选项卡，在【排序
和筛选】组中，单击【排序】按钮 。

② 弹出【排序】对话框，显示出前面的排序
条件，选中【次要关键字】，单击【删除
条件】按钮 ✕ 删除条件(D) 。

③ 随即选中的条件即可被删除。

④ 在【主要关键字】下拉列表中选择【业务
员】选项，在【排序依据】下拉列表中选
择【数值】选项，在【次序】下拉列表中
选择【自定义序列】选项。

⑤ 弹出【自定义序列】对话框，在【自定义
序列】列表框中选择【新序列】选项，在
【输入序列】文本框中输入"王莎莎,张佳,
丁文萍,冯娟,李珊珊"，中间用英文半角
状态下的逗号隔开。

⑥单击 添加(A) 按钮，此时新定义的序列
"王莎莎,张佳,丁文萍,冯娟,李珊珊"就添
加在了【自定义序列】列表框中。

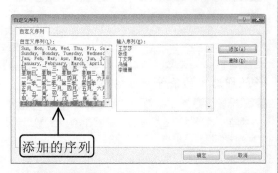

添加的序列

⑦单击 确定 按钮，返回【排序】对话框，
此时，【次序】下拉列表自动选择【王莎
莎,张佳,丁文萍,冯娟,李珊珊】选项。

⑧单击 确定 按钮，返回工作表，排序效
果如图所示。

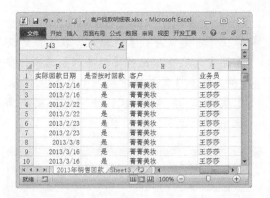

5.1.2 数据的筛选

本实例的原始文件和最终效果所在位置如下。		
◎	原始文件	原始文件\05\客户回款明细表 1.xlsx
	最终效果	最终效果\05\客户回款明细表 1.xlsx

"客户回款明细表"中的数据量很大，但
有时我们只是需要这大量数据中部分符合
指定条件的数据,这样我们就需要用到 Excel
2010 的数据筛选功能。

Excel 2010 中提供了 3 种数据的筛选操
作，即"自动筛选"、"自定义筛选"和"高
级筛选"。用户可以根据需要筛选关于"客
户回款明细表"的部分符合某些指定条件的
明细数据。

1. 自动筛选

"自动筛选"一般用于简单的条件筛选，
筛选时将不满足条件的数据暂时隐藏起来，
只显示符合条件的数据。

指定数据的筛选

下面我们以筛选"客户回款明细表"中
"未回款"的数据明细为例，介绍一下指定
数据的筛选。

①打开本实例的原始文件，将光标定位在数
据区域的任意一个单元格中，切换到【数
据】选项卡，单击【排序和筛选】组中的
【筛选】按钮 筛选。

②此时工作表进入筛选状态，各标题字段的
右侧出现一个下拉按钮。

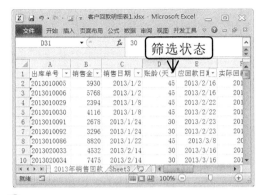

3 单击标题字段【是否按时回款】右侧的下拉按钮，在弹出的筛选列表中撤选【是】和【否】复选框。

4 单击　确定　按钮，返回工作表，此时，工作表中只显示 G 列中为"未回款"的数据明细。

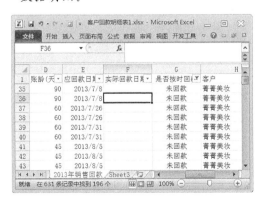

指定条件的筛选

接下来，我们筛选应回款日期在 2013/7/1~2013/7/15 之间的数据明细，并将这些数据按日期升序排列。

1 切换到【数据】选项卡，在【排序和筛选】组中单击【筛选】按钮，撤销之前的筛选。

2 再次单击【排序和筛选】组中的【筛选】按钮，重新进入筛选状态，然后单击标题字段【应回款日期】右侧的下拉按钮。

3 在弹出的下拉列表中选择【日期筛选】▶【介于】选项。

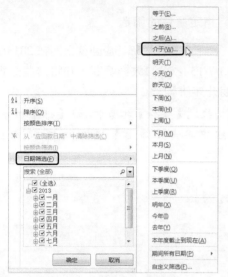

④ 弹出【自定义自动筛选方式】对话框，将光标定位在【在以下日期之后或与之相同】后面的文本框中，然后单击其后面的【日期选取器】按钮 ▦。

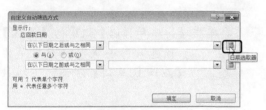

⑤ 在弹出的日期选择表中选择 2013 年 7 月 1 日。

⑥ 按照相同的方法，选择【在以下日期之前或与之相同】的日期为 2013 年 7 月 15 日。

⑦ 单击 确定 按钮，返回工作表，此时，工作表中只显示"应回款日期"在"2013/7/1~2013/7/15"之间的数据明细。

⑧ 单击"应回款日期"右侧的【筛选】按钮 ▼，在弹出的下拉列表中选择【升序】选项。

⑨ 筛选出的"应回款日期"在"2013/7/1~ 2013/7/15"之间的数据明细按升序排列。

2. 高级筛选

如果要进行筛选的数据列表字段比较少时，使用自动筛选比较简单。但是如果需要筛选的数据列表中的字段比较多，而且筛选的条件又比较复杂时，我们再使用自动筛选就显得很繁琐，而使用高级筛选就会很简单。而且高级筛选还可以将筛选结果显示在新的位置。

在进行高级筛选之前，用户首先需要创建一个条件区域。条件区域是指包含一组限制搜索条件的单元格区域，而且条件区域中必须包含一个条件标志行，并且至少有一行用来定义将要进行的搜索条件。

为了更好地理解高级筛选的应用，这里我们将高级筛选分为三种：单一条件的高级筛选、"或"条件的高级筛选、"并"条件的高级筛选。

● **单一条件的高级筛选**

首先我们以在"客户回款明细表"中筛选出"未回款"的数据信息为例，讲解"单一条件的高级筛选"的应用。

① 切换到【数据】选项卡，在【排序和筛选】组中，单击【筛选】按钮 ，撤销之前的筛选。在不包含数据的区域内输入筛选条件，例如在单元格 C634 中输入"是否按时回款"，在单元格 C635 中输入"未回款"。

② 将光标定位在数据区域的任意一个单元格中，在【排序和筛选】组中单击【高级】按钮 。

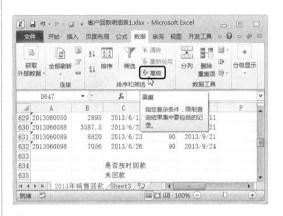

③ 弹出【高级筛选】对话框，选中【将筛选结果复制到其他位置】单选钮。

④【列表区域】文本框中默认显示整个数据区域，将光标定位在【条件区域】文本框中，然后单击【折叠】按钮 ，在工作表中选中条件区域 C634: C635，随即条件区域的范围在【条件区域】文本框中显示出来。

5 按照相同的方法，将光标定位在【复制到】文本框中，然后在工作表中选中单元格A638。

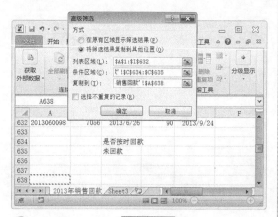

6 设置完毕，单击 确定 按钮，返回工作表，筛选效果如图所示。

提示1：

条件区域可以建立在工作表的任意一个空白区域，但是最好把条件区域与数据之间有一个空行，这样系统才能区分哪些区域是数据区域，哪些区域是条件区域。

另外，需要注意的是，用户在设置条件区域时，必须保证条件区域的列标题在数据区域的列标题中可以找到，否则系统无法进行筛选操作。

提示2：

选择【复制到】数据区域时，需要特别注意的是，我们选定的数据区域必须是在活动工作表中。若选择的数据区域不在活动工作表中，会弹出一个提示框：提示用户"只能复制筛选过的数据到活动工作表中。

提示3：

如果筛选出的数据中有重复的数据，而用户又不想要重复的数据时，可以在【高级筛选】对话框中选中【选择不重复的记录】复选框，那么系统就会自动地隐藏所有重复的数据记录。

"或"条件的高级筛选

在高级筛选中，同时出现在工作表同一列的条件，即为"或"条件。

下面我们利用"或"条件的高级筛选功能，筛选出"是否按时回款"项中为"未回款"和"否"的数据明细。

1 由于当前工作表的数据比较多，为避免混乱，我们可以先将前面的筛选结果删除，然后在单元格C636中输入文本"否"。

❷将光标定位在数据区域的任意一个单元格中，在【排序和筛选】组中单击【高级】按钮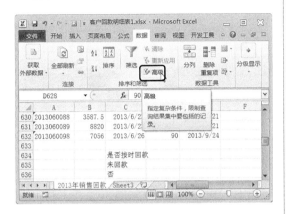

❸弹出【高级筛选】对话框，选中【将筛选结果复制到其他位置】单选钮，选定【条件区域】为 C634:C636，在【复制到】文本框中选定单元格 A638。

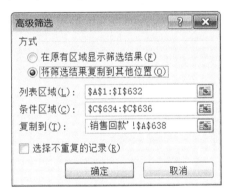

❹设置完毕，单击 确定 按钮，返回工作表，筛选效果如图所示。

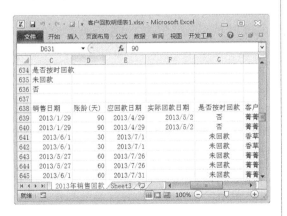

"并"条件的高级筛选

在高级筛选中，同时出现在工作表同一行的条件，即为"并"条件。

下面我们利用"并"条件的高级筛选功能，筛选出"是否按时回款"项中为"未回款"和"否"并且"应回款日期"在 2013/6/1 与 2013/6/30 之间的数据明细。具体操作如下。

❶首先将前面的筛选结果删除，然后在单元格 D634 和 E634 中输入文本"应回款日期"，在单元格 D635 和 D636 中输入文本">=2013/6/1"，在 E635 和 E636 中输入文本"<=2013/6/30"。

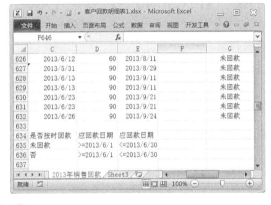

❷将光标定位在数据区域的任意一个单元格中，在【排序和筛选】组中单击【高级】按钮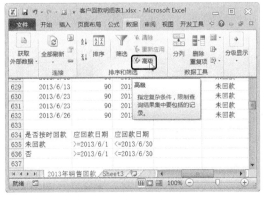

❸弹出【高级筛选】对话框，选中【将筛选结果复制到其他位置】单选钮，选定【条件区域】为 C634:E636，在【复制到】文本框中选定单元格 A638。

❹设置完毕，单击【确定】按钮，返回工作表，筛选效果如图所示。

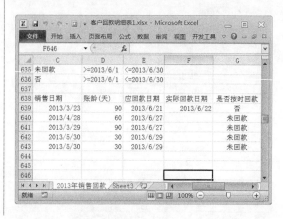

5.2 汇总销售明细账

案例背景

为便于对销售数据进行分析，通常我们还需要对销售明细数据进行汇总，本节介绍如何对销售明细账进行分类汇总。

最终效果及关键知识点

创建、删除分类汇总

5.2.1 创建分类汇总

本实例的原始文件和最终效果所在位置如下。		
	原始文件	原始文件\05\2013年销售明细账.xlsx
	最终效果	最终效果\05\2013年销售明细账.xlsx

对数据进行汇总，通常使用的方法有两种：一种是数据透视表（图），另一种就是分类汇总。

数据透视表（图）是以明细数据为依据，另外创建一个汇总表；而分类汇总则是在工作表中保留原有明细数据的基础上，对数据进行汇总。

在讲解如何进行分类汇总前，我们先来了解一下分类汇总的基本条件。分类汇总是根据字段名称进行的，因此在对数据列表进行分类汇总之前必须保证数据列表中的每一个字段都有字段名，即每一列都有列标题。另外，在分类汇总前必须对主分类的字段进行排序。

下面我们将2013年6月的销售明细账按业务员进行分类汇总，具体操作如下。

❶ 将光标定位在数据区域的任意一个单元格中，在【排序和筛选】组中，单击【排序】按钮。

❷ 弹出【排序】对话框，在【主要关键字】下拉列表中选择【业务员】选项，在【排序依据】下拉列表中选择【数值】选项，在【次序】下拉列表中选择【升序】选项。

❸ 设置完毕，单击 确定 按钮，返回工作表中，此时表格数据即可根据"业务员"的拼音首字母进行升序排列。

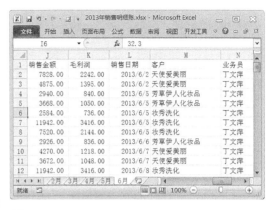

❹ 切换到【数据】选项卡，在【分类显示】组中，单击【分类汇总】按钮。

❺ 弹出【分类汇总】对话框，在【分类字段】下拉列表中选择【业务员】，在【汇总方式】下拉列表中选择【求和】，在【选定汇总项】列表框中选中【销售金额】复选框。

❻ 设置完毕，单击 确定 按钮，返回工作表，汇总效果如图所示。

汇总结果

注意

分类汇总前必须对主分类的字段进行排序,否则同类就不可能汇总在一起了,系统会把主分类字段数据相同的连续的记录进行分类汇总。

5.2.2 删除分类汇总

本实例的原始文件和最终效果所在位置如下。	
原始文件	原始文件\05\2013年销售明细账1.xlsx
最终效果	最终效果\05\2013年销售明细账1.xlsx

如果用户不再需要将工作表中的数据以分类汇总的方式显示出来,则可将刚刚创建的分类汇总删除。

❶打开本实例的原始文件,切换到【数据】选项卡,在【分类汇总】组中单击【分类汇总】按钮。

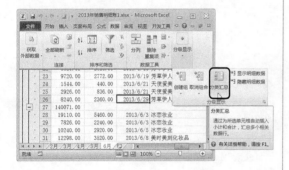

❷随即弹出【分类汇总】对话框。

❸单击 全部删除(R) 按钮,返回工作表,此时即可将所创建的分类汇总全部删除,工作表恢复到分类汇总前的状态。

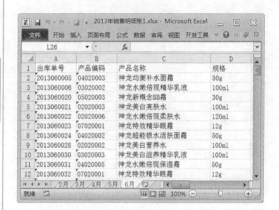

第 6 章
美化与打印工作表

数据编辑完成后，为了使工作表看起来更加美观，用户还可以对工作表进行美化。对于某些需要输出为纸质文档的工作表，用户还可以通过一系列的设置，将工作表打印为合适的纸质文档。

要 点 导 航

- ■　制作销售汇总表
- ■　打印工资条

6.1 制作销售汇总表

案例背景

对于产品的销售状况，通常是按月来进行分析的，所以企业一般每个月月底都会对产品的销售状况做一个汇总，本节我们来学习如何对数据快速汇总。

最终效果及关键知识点

制作斜线表头

SUMIF 函数

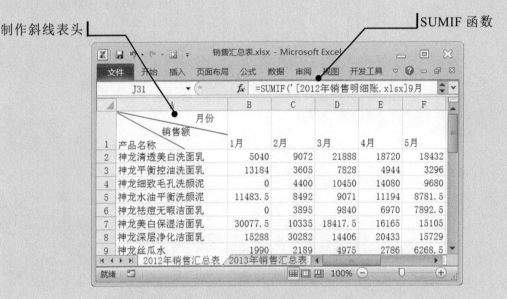

SUM 函数

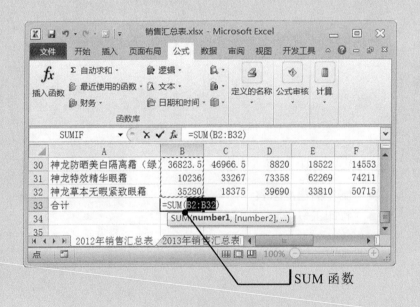

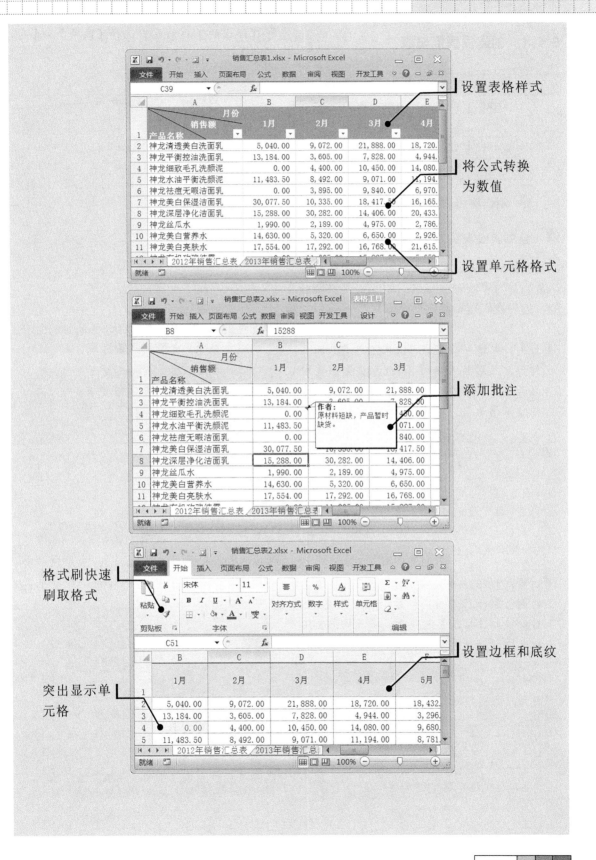

设置表格样式

将公式转换为数值

设置单元格格式

添加批注

格式刷快速刷取格式

设置边框和底纹

突出显示单元格

6.1.1　创建销售汇总表

本实例的素材文件、原始文件和最终效果所在位置如下。		
素材文件	素材文件\06\2012年销售明细账.xlsx	
	2013年销售明细账.xlsx	
原始文件	原始文件\06\销售汇总表.xlsx	
最终效果	最终效果\06\销售汇总表.xlsx	

1.　制作斜线表头

绘制斜线表头

销售汇总表中需要有月份产品名称和销售金额，为了使表格将这三项要素都表现清楚，首先我们需要绘制一个斜线表头。

❶首先，新建一个名为"销售汇总表"的工作簿，然后将Sheet1和Sheet2分别重命名为"2012年销售汇总表"和"2013年销售汇总表"。

❷切换到"2012年销售汇总表"，然后适当的调整第一行的行高和第一列的列宽。然后切换到【插入】选项卡，在【插图】组中单击【形状】按钮。

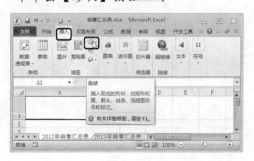

❸在弹出的下拉列表中选择【线条】➢【直线】。

❹随即鼠标指针变为十形状，将鼠标指针移至单元格A1中绘制一条直线。

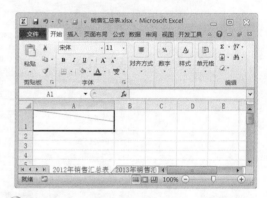

❺按照相同的方法在单元格A1中绘制另一条直线，两条直线将单元格A1分成三部分。

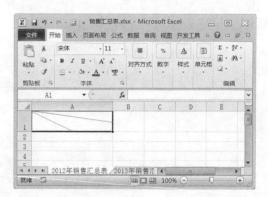

⑥ 按住【Ctrl】键，依次选中两条直线，切换到【绘图工具】栏的【格式】选项卡，单击【形状样式】组右下角的【对话框启动器】按钮 。

⑦ 弹出【设置形状格式】对话框，切换到【线条颜色】选项卡，选中【实线】单选钮，在【颜色】下拉列表中选择【黑色，文字1】。

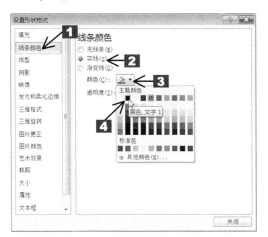

⑧ 设置完毕，单击 关闭 按钮，返回工作表，效果如图所示。

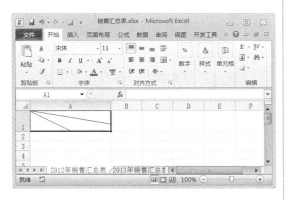

输入斜线表头内容

斜线表头绘制完成后，我们就可以输入内容了，具体操作如下。

① 选中单元格A1，切换到【开始】选项卡，在【对齐方式】组中单击【顶端对齐】按钮 。

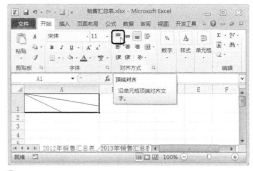

② 在单元格 A1 中输入文本"月份"，并通过在"月份"前面添加空格来调整文本"月份"的位置。

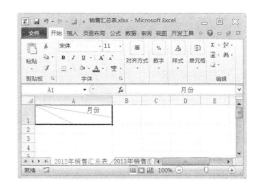

③ 输入完毕，按下【Alt】+【Enter】组合键进行换行，然后输入文本"销售额"，并通过添加空格来调整文本"销售额"的位置。

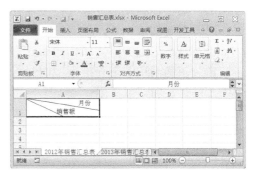

④输入完毕，然后按照相同的方法，按下【Alt】+【Enter】组合键进行换行，并输入文本"产品名称"。

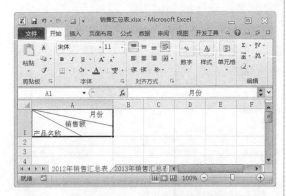

2. 使用 SUMIF 函数调用数据

输入斜线表头的内容后，接下来就可以输入表格的其他内容了。月份和产品名称用户只能手工输入，而销售额我们则可以使用函数从"2012 年销售明细账"中直接引用。这里我们需要用到的函数是 SUMIF 函数，首先我们了解一下这个函数的相关知识。

SUMIF 是重要的数学和三角函数，在 Excel 2010 工作表的实际操作中应用广泛。其功能是根据指定条件对指定的若干单元格求和。使用该函数可以在选中的范围内求与检索条件一致的单元格对应的合计范围的数值。

SUMIF 函数的语法格式是：SUMIF(range,criteria,sum_range)。

range：选定的用于条件判断的单元格区域。

criteria：在指定的单元格区域内检索符合条件的单元格，其形式可以是数字、表达式或文本。直接在单元格或编辑栏中输入检索条件时，需要加双引号。

sum_range：选定的需要求和的单元格区域。该参数忽略求和的单元格区域内包含的空白单元格、逻辑值或文本。

在使用 SUMIF 函数时，需要特别注意：①只有在区域中相应的单元格符合条件的情况下，sum_range 中的单元格才求和。②如果忽略了 sum_range，则对区域中的单元格求和。

接下来我们来看一下 SUMIF 函数的实际应用。

①首先在"2012 年销售汇总表"中输入月份和具体的产品名称，然后选中单元格 B2，切换到【公式】选项卡，在【函数库】组中，单击【数学和三角函数】按钮 。

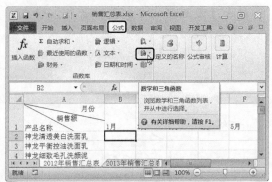

②在弹出的列表框中选择【SUMIF】选项。

③弹出【函数参数】对话框，将光标定位在【Range】文本框中，然后选中素材文件"2012 年销售明细账"工作簿的"1 月"工作表中的 C2:C105 单元格区域。

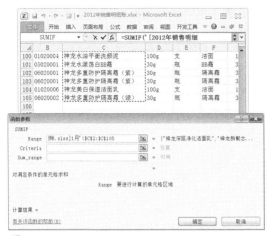

❹ 将光标定位在【Criteria】文本框中，然后选中"2012 年销售汇总表"中的单元格"A2"。

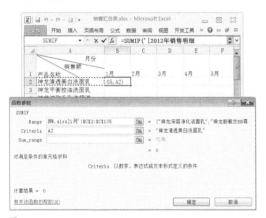

❺ 将光标定位在【Sum_range】文本框中，并选中素材文件"2012 年销售明细账"工作簿的"1 月"工作表中的 J2:J105 单元格区域。

❻ 函数参数设置完成后，单击 ▭确定▭ 按钮，返回工作表。单元格 B2 中已经计算出 2012 年 1 月"神龙清透美白洗面乳"的销售总额。

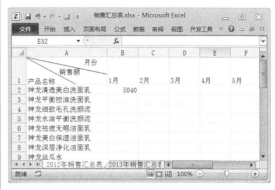

❼ 将鼠标指针移动到单元格 B2 的右下角，当鼠标指针变成➕形状时，双击鼠标左键，将公式填充到下面的单元格。

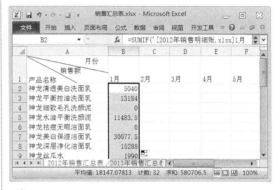

❽ 用户可以按照相同的方法，利用函数向导，将其他月份对应产品的销售额引用到销售汇总表中。

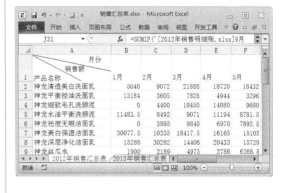

3. 使用 SUM 函数求和

在销售汇总表中，一般还需要对每个月各种产品的销售总额进行合计。对整行、整列的数据进行合计，我们最常用的就是 SUM 函数。

SUM 函数的功能是计算单元格区域中所有数值的和。

该函数的语法格式为：SUM(number1, number2,number3,…)。SUM 函数最多可指定 30 个参数，各参数用逗号隔开；当计算相邻单元格区域（如 A1 到 A6）数值之和时，使用冒号指定单元格区域（A1:A6）；参数如果是数值数字以外的文本，则返回错误值"#VALUE"。

① 首先，在单元格 A33 中输入文本"合计"，然后选中单元格 B33，切换到【公式】选项卡，在【函数库】组中单击【自动求和】按钮 Σ 自动求和 右侧的下三角按钮 ，在弹出的下拉列表中选择【求和】选项。

② 返回工作表，系统自动对数据区域 B2:B32 求和，按【Enter】键确认即可。

③ 选中单元格 B33，将鼠标指针移动到单元格 B33 的右下角，鼠标指针变成十形状时，按住鼠标左键不放，向右拖动鼠标至 M33，然后释放鼠标，即可将求和公式填充到 C33:M33。

4. 将公式转换为数值

为避免因为源文件的移动，造成汇总表中数据出现错误，我们在利用函数将数据引用、计算完成后，还需将公式转换为数值。

① 选中带有公式的数据区域 B2:M33，单击鼠标右键，在弹出的快捷菜单中选择【复制】选项。

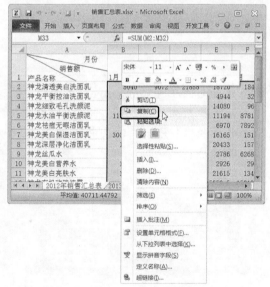

② 在选中的数据区域处再次单击鼠标右键，在弹出的快捷菜单中选择【粘贴选项】▶【值】选项。

③ 随即工作表中的公式即可被转换为数值。用户可以按照相同的方法，完成 2013 年销售汇总表。

6.1.2 美化销售汇总表

本实例的原始文件和最终效果所在位置如下。	
原始文件	原始文件\06\销售汇总表 1.xlsx
最终效果	最终效果\06\销售汇总表 1.xlsx

销售汇总表一般是需要汇报给领导查看的表，所以通常在创建完成后，我们还需要对工作表进行美化。

对工作表的美化一般包括设置单元格格式、设置表格样式等。

1. 设置单元格格式

本小节我们以将工作表的数据区域水平对齐方式设置为右对齐，垂直对齐方式设置为居中对齐，并将数据区域设置为数值格式，保留两位小数为例，讲解如何设置单元格格式。

① 选中 "2012 年销售汇总表" 中的数据区域 B2:M33，然后在选中的数据区域处单击鼠标右键，在弹出的快捷菜单中选择【设置单元格格式】菜单项。

② 弹出【设置单元格格式】对话框，切换到【对齐】选项卡，在【水平对齐】下拉列表中选择【靠右（缩进）】选项，在【垂直对齐】下拉列表中选择【居中】选项。

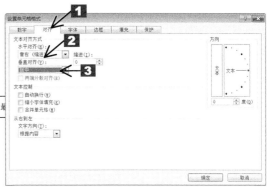

③ 切换到【数字】选项卡，在【分类】列表框中选择【数值】选项，在【小数】微调框中输入【2】，选中【使用千位分隔符】复选框。

④设置完毕，单击 确定 按钮，返回工作表，效果如图所示。

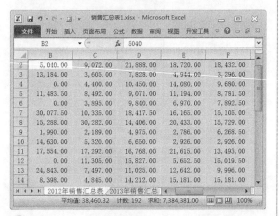

⑤用户可以按照相同的方法设置其他单元格的格式。

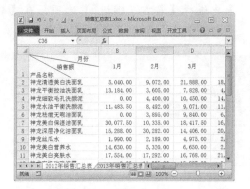

2. 设置/取消表格样式

Excel 2010 为用户提供了多种表格样式，用户可以根据需要从中选择合适的样式，具体操作如下。

①切换到【开始】选项卡，在【样式】组中单击【套用表格格式】按钮。

②在弹出的【样式】下拉库中选择一种合适的样式。

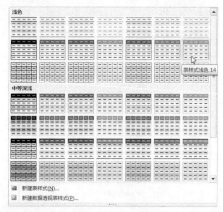

③弹出【套用表格式】对话框，将光标定位在【表数据的来源】文本框中，然后选中工作表的 A1:M33 数据区域。

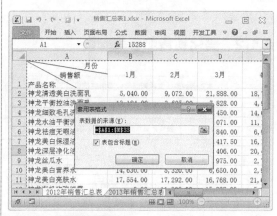

④单击 确定 按钮，选中的数据区域即可应用选中的样式。

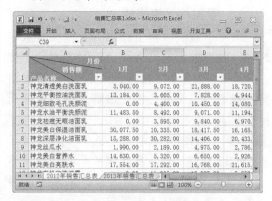

5 如果用户对表格应用的样式不满意,还可以将应用的样式清除。将光标定位在数据区域的任意一个单元格中,切换到【表格工具】栏的【设计】选项卡,在【表格样式】组中单击【快速样式】按钮。

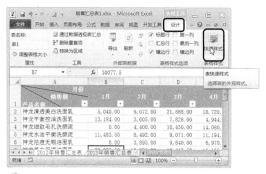

6 在弹出的下拉列表中选择【清除】选项。

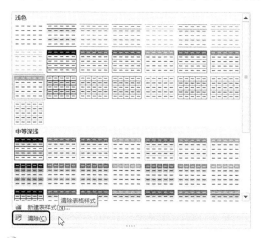

7 切换到【数据】选项卡,在【排序和筛选】组中单击【筛选】按钮,退出筛选状态。

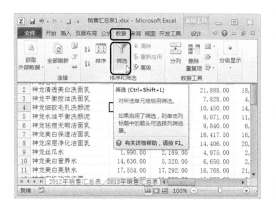

8 返回工作表,即可看到工作表已经恢复到应用样式之前的状态。

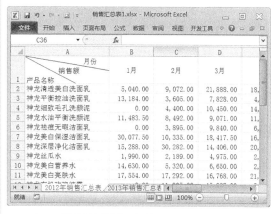

3. 设置边框和底纹

当用户在样式库中找不到合适的样式时,可以自行设置表格样式。譬如设置表格中文本的字体格式,边框和底纹等。设置字体格式比较简单,这里我们就不做讲解了。下面我们来介绍如何设置表格的边框和底纹。

⚫ **设置表格边框**

1 选中工作表的整个数据区域 A1:M33,然后单击鼠标右键,在弹出的快捷菜单中选择【设置单元格格式】菜单项。

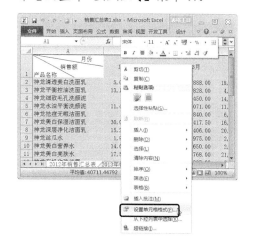

②弹出【设置单元格格式】对话框，切换到【边框】选项卡，在【样式】列表框中选择【双线】，在【预置】组合框中单击【外边框】按钮。

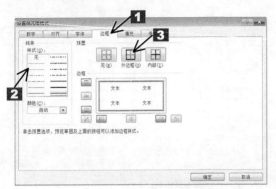

③在【样式】列表框中选择【虚线】，在【预置】组合框中单击【内部】按钮。

④单击 确定 按钮，返回工作表，效果如图所示。

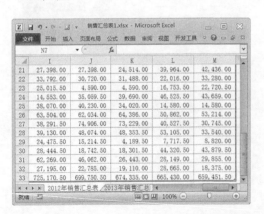

设置表格底纹

①选中需要设置底纹的单元格，单击鼠标右键，在弹出的快捷菜单中选择【设置单元格格式】菜单项。

②弹出【设置单元格格式】对话框，切换到【填充】选项卡，在【背景色】颜色库中选择一种合适的颜色。

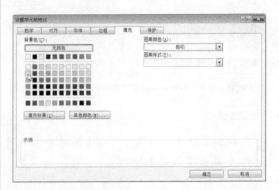

③单击 确定 按钮，即可为选定单元格添加底纹。

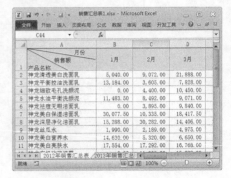

4.　使用"格式刷"快速刷取格式

用户美化完"2012 年销售汇总表"之后，可以使用"格式刷"快速美化"2013 年销售汇总表"。

❶选中工作表"2012 年销售汇总表"中任意有格式的单元格，切换到【开始】选项卡，在【剪贴板】组中单击【格式刷】按钮　。

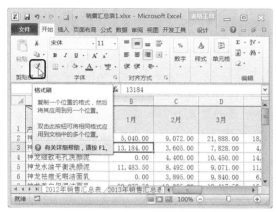

❷此时，鼠标指针变为　　形状，切换到"2013 年销售汇总表"，按住鼠标左键，拖动鼠标选中需要设置相同格式的单元格，选择完成后释放鼠标左键，即可将选中的单元格快速设置为相同的格式。

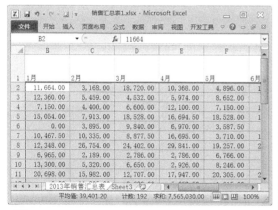

❸用户可以按照相同的方法，刷取其他单元格的格式。

6.1.3　设置特别标注

本实例的原始文件和最终效果所在位置如下。	
原始文件	原始文件\06\销售汇总表 2.xlsx
最终效果	最终效果\06\销售汇总表 2.xlsx

1.　添加批注

在销售汇总表中，有的数据比较特殊，我们需要特别说明，这就需要用到 Excel 2010 的添加批注功能了。

❶选中需要特别说明的单元格，切换到【审阅】选项卡，在【批注】组中单击【新建批注】按钮　。

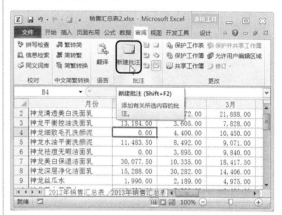

❷此时，在选中单元格的右上角出现一个红色的三角符号，并弹出一个批注框，然后输入相应的批注文本，输入完毕，单击批注框外部的任意一个单元格即可。

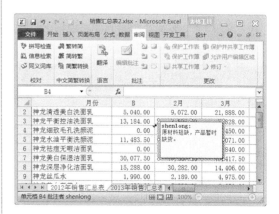

❸ 用户需要查看批注时，只需将鼠标指针移至单元格处，即可显示批注。

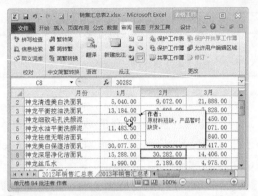

❹ 如果用户想编辑批注，可以选中添加批注的单元格，单击鼠标右键，在弹出的快捷菜单中选择【编辑批注】。

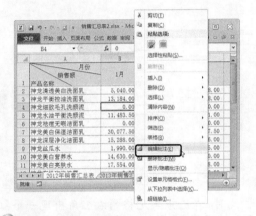

❺ 如果工作表中有多个批注，用户想同时查看所有批注，可以切换到【审阅】选项卡，在【批注】组中单击【显示所有批注】按钮。

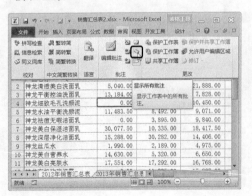

❻ 随即工作表中的所有批注都会显示出来。此时，无论鼠标指针在哪，批注都会处于显示状态。

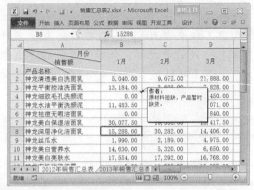

❼ 如果用户想删除某个批注，可以选中批注所在的单元格，单击鼠标右键，在弹出的快捷菜单中选择【删除批注】选项。

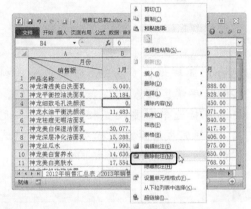

❽ 选中单元格的批注即可被删除。

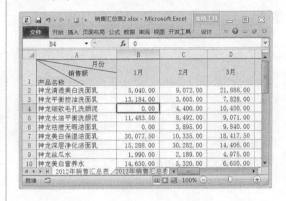

2. 突出显示单元格

领导在查看销售汇总表中，有时候需要看的只是部分特殊数据，比如销量为零的数据，为了方便领导查看，我们可以使用 Excel 2010 的"突出显示单元格"功能，将这些数据突出显示，这样领导在查看"销售汇总表"时，一眼就可以看到想查看的数据。

下面我们将工作表中所有销售额为零的单元格突出显示，具体操作如下。

❶ 选中整个数据区域，切换到【开始】选项卡，在【样式】组中单击【条件格式】按钮。

❷ 在弹出的下拉列表中选择【突出显示单元格规则】➢【等于】选项。

❸ 弹出【等于】对话框，将光标定位在【为等于以下值的单元格设置格式】文本框中，然后选中工作表中任意符合条件的单元格（或者直接在该文本框中输入）。然后在【设置为】下拉列表中选择一种合适的单元格填充方式。

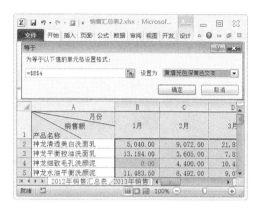

❹ 单击 确定 按钮，返回工作表，工作表中所有符合条件的单元格均已被突出显示。

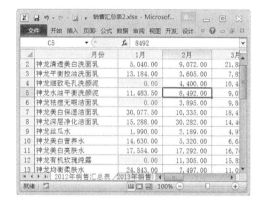

6.2 打印工资条

案例背景

每个月公司都需要根据业务员的工作状况，制作业务员的薪资表。制作完薪资表后，还需依据薪资表，制作工资条，随工资一起发放给员工。

最终效果及关键知识点

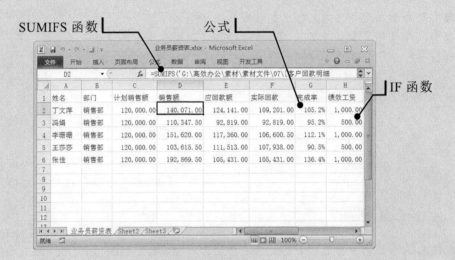

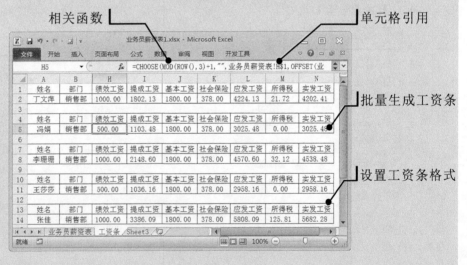

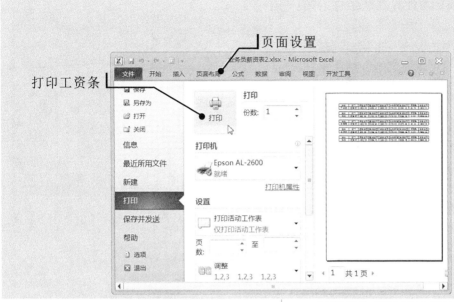

6.2.1 制作业务员薪资表

本实例的素材文件、原始文件和最终效果所在位置如下。		
	素材文件	素材文件\06\客户回款明细表.xlsx
		业务员薪资计算比例表.xlsx
	原始文件	无
	最终效果	最终效果\06\业务员薪资表.xlsx

根据销售部的绩效考核规定，业务员的薪资实行的是有责任底薪，薪资主要包括基本工资、提成工资和绩效工资三部分。下面我们就一起来学习工资的核算方法。

1. SUMIFS 函数

制作业务员薪资表，首先我们需要创建一个新的工作表，并将其命名为"业务员薪资表"，然后在表中输入薪资表的基本项：姓名、部门、绩效工资、提成工资、基本工资、社会保险、应发工资、所得税、实发工资。

根据销售部的绩效考核规定，绩效工资的计算是与销售任务完成率密切相关的。而销售任务的完成率又与计划销售额、实际销售额、应回款额、实际回款额有关。所以在"业务员薪资表"中我们还需要有计划销售额、实际销售额、应回款额、实际回款额和完成率这几项信息。

计划销售额一般在当月的销售计划中有明确规定。实际销售额、应回款额、实际回款额这几项信息我们都可以通过"客户回款明细表"来统计。这些数据我们可以先通过前面的数据透视表和分类汇总来统计，统计完成后，再将数据填写到"业务员薪资表"中，但是这样容易填写错误。为了避免用户将数据填写错误，我们可以使用 SUMIFS 函数直接将数据汇总到"业务员薪资表"中。

SUMIFS 函数可以根据多个指定条件对若干单元格求和。

SUMIFS 函数的语法格式为：SUMIFS(sum_range,criteria_range1,criteria1,[criteria_range2,criteria2],...)。

criteria_range1 为计算关联条件的第一个区域。

criteria1 为条件 1，条件的形式为数字、表达式、单元格引用或者文本，可用来定义将对 criteria_range1 参数中的哪些单元格求和。

criteria_range2 为计算关联条件的第二个区域，criteria2 为条件 2，criteria_range3 为计算关联条件的第三个区域，criteria3 为条件 3，依次类推。

需要注意的是 criteria_range 和 criteria 必须成对出现，最多允许 127 个区域、条件对，即参数总数不超 255 个。

sum_range 是需要求和的实际单元格。包括数字或包含数字的名称、区域或单元格引用。忽略空白值和文本值。

本小节我们以汇总业务员"丁文萍"6月的销售额为例，介绍 SUMIF 函数的具体应用。

1 打开"客户回款明细表"工作簿。新建一个名为"业务员薪资表"的工作表，然后在工作表中输入列标题以及姓名、部门、计划销售额、基本工资的具体信息。

2 选中单元格 D2，切换到【公式】选项卡，在【函数库】组中单击【数学和三角函数】按钮 。

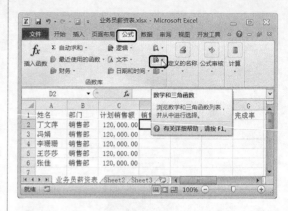

3 在弹出的下拉列表中选择【SUMIFS】函数。

4 弹出【函数参数】对话框，将光标定位在【Sum_range】文本框中，然后单击【折叠】按钮 ，在"客户回款明细表"工作簿中选中"2013 年销售回款"表中的 B 列。

⑤ 将光标移至【Criteria_range1】文本框中，选中 "2013 年销售回款" 表中的 C 列，即设置关联条件的第一个区域为 C 列。

⑥ 将光标移至【Criteria1】文本框中，输入文本 ">=2013/6/1"，即设定条件 1 为 >=2013/6/1。

⑦ 将光标移动至【Criteria_range2】文本框中，选中 "2013 年销售回款" 表中的 C 列，即设置关联条件的第二个区域为 C 列。

⑧ 将光标移至【Criteria2】文本框中，输入文本 "<=2013/6/30"，即设定条件 2 为 <=2013/6/30。

⑨ 将光标移动至【Criteria_range3】文本框中，选中 "2013 年销售回款" 表中的 I 列，即设置关联条件的第二个区域为 I 列。

⑩ 将光标移至【Criteria2】文本框中，选中 "业务员薪资表" 中的单元格 A2，即设定条件 3 为 "丁文萍"。

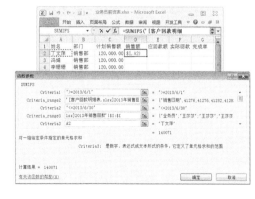

11 设置完毕，单击 [确定] 按钮，返回"业务员薪资表"，单元格 D2 中已经计算出 2013 年 6 月业务员丁文萍的销售额。

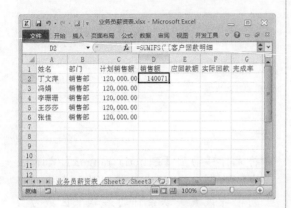

12 将鼠标指针移至单元格 D2 的右下角，当鼠标指针变成 **十** 形状时，按住鼠标左键向下拖动，将公式填充到下面的单元格。

13 用户可以按照相同的方法，利用 SUMIFS 函数汇总应回款额和实际回款额。

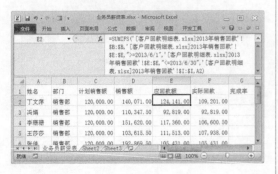

2. 使用 IF 函数计算

有了计划销售额、销售额、应回款额、实际回款这些基础数据后，后面的完成率、绩效工资、提成工资、社会保险、应发工资、所得税、实发工资就可以根据素材文件中的"业务员薪资计算比例表"利用公式和 IF 函数计算出来了。

需要注意的是，在计算所得税的时候，使用的 IF 函数需要进行多层嵌套，为方便计算，用户可以在后面添加一个辅助计算项——应税额。

由于公式和 IF 函数前面我们已经讲解过了，这里不再做详细介绍。

最后，用户可以对"业务员薪资表"中的单元格格式进行设置。

6.2.2 快速生成工资条

本实例的原始文件和最终效果所在位置如下。		
	原始文件	原始文件\06\业务员薪资表 1.xlsx
	最终效果	最终效果\06\业务员薪资表 1.xlsx

统计完"业务员薪资表"并且工资核算正确之后，就需要相关部门制作工资条，然后将其打印出来发放给业务员，便于业务员查看其工资情况。使用 Excel 2010 可以快速生成工资条。本小节介绍如何批量生成工资条以及打印工资条前的准备工作。

1. 相关函数

业务员的工资条是根据"业务员薪资表表"中的数据生成的，要完成此任务，需要使用 MOD 函数、ROW 函数、CHOOSE 函数和 OFFSET 函数。

MOD 函数

语法格式：MOD(number,divisor)

该函数的功能是返回两数相除所得的余数，计算结果的正负号与除数相同。

number 为被除数，divisor 为除数。

需要说明的是：如果 divisor 为零，则返回错误值"#DIV/0!"。可以用 INT 函数代替 MOD 函数：MOD(n,d)=n-d*INT(n/d)。

ROW 函数

语法格式：ROW(reference)

该函数的功能是返回一个引用的行号。

reference 为需要得到其行号的单元格或单元格区域。

需要说明的是：①如果省略 reference，则假定是对函数 ROW 所在单元格的引用。②如果 reference 为一个单元格区域，并且函数 ROW 作为垂直数组输入，则函数 ROW 将 reference 的行号以垂直数组的形式返回。③reference 不能引用多个区域。

CHOOSE 函数

语法格式：

CHOOSE(index_num,value1,value2,...)

该函数的功能是根据给定的索引值，从参数列表中选出相应的值或操作。

index_num 用以指明待选参数序号的参数值，它必须为 1 ~ 29 之间的数字，或是包含数字 1 ~ 29 的公式或者单元格引用。如果 index_num 为 1，则返回 value1；如果为 2，则返回 value2，依次类推。如果 index_num 小于 1 或者大于列表中最后一个值的序号，则返回错误值"#VALUE!"；如果 index_num 为小数，那么使用前将被截尾取整。

OFFSET 函数

语法格式：

OFFSET(reference,rows,cols,height,width)

该函数的功能是以指定的引用为参照系，通过给定偏移量得到新的引用，返回的引用可以为一个单元格或单元格区域，并且可以指定返回的行数或列数。

reference 作为偏移量参照系的引用区域，它必须为对单元格或相连单元格区域的引用，否则返回错误值"#VALUE!"；rows 为相对于偏移量参照系的左上角单元格上（下）偏移的行数，如果使用 5 作为参数 rows，则说明目标引用区域的左上角单元格比 reference 低 5 行，行数为正数表示在起始引用的下方，为负数表示在起始引用的上方；cols 是指相对于偏移量参照系的左上角单元格左（右）偏移的列数，如果使用 5 作为参数 cols，则说明目标引用区域左上角的单元格比 reference 靠右 5 列，列数为正数表示在起始引用的右边，为负数表示在起始引用的左边；height 表示高度，即所要返回的引用区域的行数，它必须为正数；width 表示宽度，即所要返回的引用区域的列数，它必须为正数。

需要说明的是：如果行数和列数偏移量超出工作表边缘，则返回错误值"#REF!"；如果省略参数 height 或 width，则假设其高度或宽度与 reference 相同。OFFSET 函数实际上并不移动任何单元格或更改选定区域，它只是返回一个引用，该函数可用于任何需要将引用作为参数的函数。例如，公式 SUM(OFFSET(C2,1,2,3,1)) 将计算比单元格 C2 靠下 1 行靠右 2 列的 3 行 1 列的区域的总值。

2. 单元格引用

在生成工资条的函数中还要用到混合引用，混合引用是单元格引用中的一种引用方式。单元格引用根据引用方式的不同可以分为 3 类：相对引用、绝对引用以及混合引用。

● 相对引用

公式中的相对单元格引用（例如 A1）是基于包含公式和单元格引用的单元格的相对位置。如果公式所在单元格的位置改变，引用也随之改变。如果多行或多列地复制公式，引用会自动调整。默认情况下，新公式使用相对引用。例如，如果将单元格 B2 中的相对引用复制到单元格 B3，将自动从=A1 调整到=A2。

● 绝对引用

单元格中的绝对单元格引用（例如$1）总是在指定位置引用单元格。如果公式所在单元格的位置改变，绝对引用保持不变。如果多行或多列地复制公式，绝对引用将不作调整。默认情况下，新公式使用相对引用，需要将它们转换为绝对引用。例如，如果将单元格 B2 中的绝对引用复制到单元格 B3，则在两个单元格中一样，都是$A$1。

● 混合引用

混合引用具有绝对列和相对行，或是绝对行和相对列。绝对引用列采用$A1、$B1 等形式。绝对引用行采用 A$1、B$1 等形式。如果公式所在单元格的位置改变，则相对引用改变，而绝对引用不变。如果多行或多列地复制公式，相对引用自动调整，而绝对引用不作调整。例如，如果将一个混合引用从 A2 复制到 B3，它将从=A$1 调整到=B$1。

3. 批量生成工资条

业务员的工资条的格式为每个业务员 1 行数据，各个业务员之间以空行隔开。根据"业务员薪资表"生成工资条的具体步骤如下。

1 打开"业务员薪资表1"工作簿，将工作表"Sheet2"重命名为"工资条"。

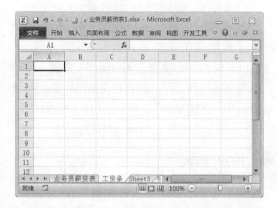

2 选中单元格 A1，输入以下公式。
=CHOOSE(MOD(ROW(),3)+1,"",业务员薪资表!A$1,OFFSET(业务员薪资表!A$1,ROW()/3+1,))
此公式是根据 CHOOSE 函数的特性，由 MOD 函数根据行号计算得到 1 到 3 的循环序列数，以此循环生成工资条的表头、员工工资记录和空行，生成完整的工资条。OFFSET 函数返回指定单元格中的数据。

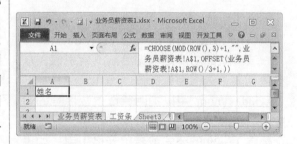

③ 将此公式向右填充至 N 列，再向下填充至第 15 行，并设置单元格格式。

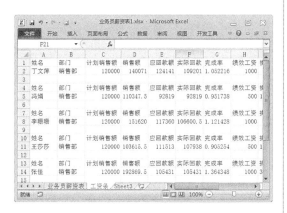

4. 设置工资条格式

工资条生成完毕后，接下来再对其进行相应的格式设置，具体操作步骤如下。

① 选中整个工作表，切换到【开始】选项卡，在【对齐方式】组中，单击【居中】按钮 ，使工资条中的文字都居中对齐。

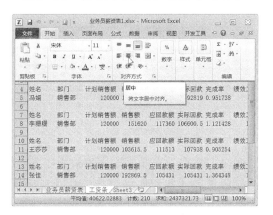

② 按住【Ctrl】键，依次选中单元格区域 C2:F2 和 H2:M2，然后单击鼠标右键，在弹出的快捷菜单中选择【设置单元格格式】菜单项。

③ 弹出【设置单元格格式】对话框，在【分类】列表框中选择【数值】，在【小数位数】微调框中输入【2】。

④ 设置完毕，单击 确定 按钮，返回工作表。

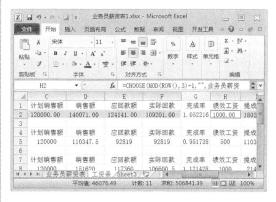

⑤ 选中单元格 G2，切换到【开始】选项卡，在【数字】组中单击【百分比样式】按钮 % 。

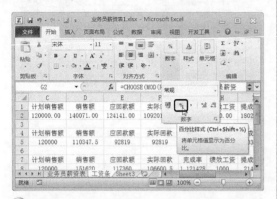

⑥ 随即单元格 G2 中的数字变为百分比样式。

⑦ 在【数字】组中单击【增加小数位数】按钮 ，使单元格 G2 中的百分比增加一位小数。

⑧ 选中工作表中的单元格区域 A1:N2，切换到【开始】选项卡，在【字体】组中单击【下框线】按钮右侧的下三角按钮 。

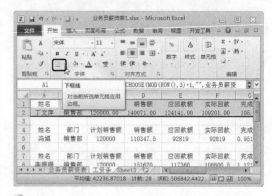

⑨ 在弹出的下拉列表中选择【所有框线】选项。

⑩ 返回工作表，选中工作表的第 1~3 行，然后切换到【开始】选项卡，在【剪贴板】组中单击【格式刷】按钮 。

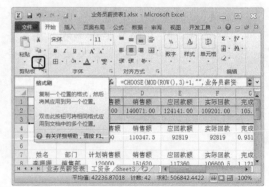

⓫此时，鼠标指针变成 🞤🖳形状，将鼠标指针移至工作表第 4 行的行首，按住鼠标左键，将鼠标指针拖动至第 15 行行首。

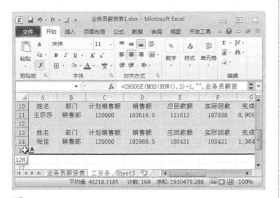

⓬释放鼠标，即可对第 4~15 行刷取第 1~3 行的格式。

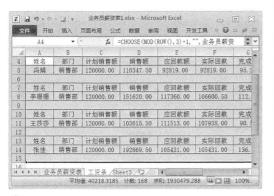

⓭为了看起来更加美观，用户还可以将工作表中的网格线隐藏。切换到【视图】选项卡，在【显示】组中撤选【网格线】复选框。

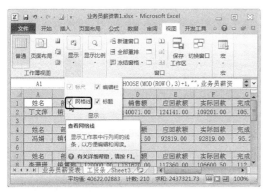

⓮隐藏网格线后的效果如图所示。

⓯工资条中的 C 列~G 列不需要打印，我们可以将这 5 列隐藏。选中 C 列~G 列，单击鼠标右键，在弹出的快捷菜单中选择【隐藏】选项。

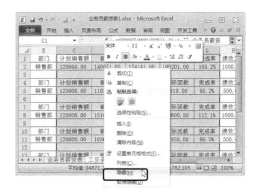

⓰随即工作表中的 C 列~G 列被隐藏。

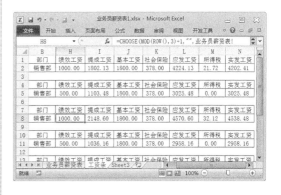

6.2.3 打印工资条

本实例的原始文件和最终效果所在位置如下。	
原始文件	原始文件\06\业务员薪资表 2.xlsx
最终效果	最终效果\06\业务员薪资表 2.xlsx

1. 页面设置

在打印工资条之前，首先要进行页面设置，具体操作如下。

①切换到【页面布局】选项卡，单击【页面设置】组右下角的【对话框启动器】按钮 。

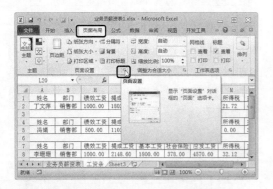

②弹出【页面设置】对话框，切换到【页面】选项卡，在【方向】组中，选中【纵向】单选钮，在【纸张大小】下拉列表中选择【A4】选项。

③切换到【页边距】选项卡，在【居中方式】组中，选中【水平】复选框。

④设置完毕，单击 确定 按钮，返回工作表即可。

2. 打印工资条

①单击 文件 按钮，在弹出的下拉菜单中选择【打印】菜单项。

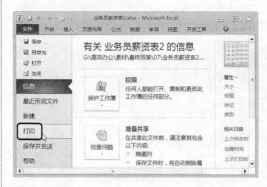

②弹出【打印】窗口，在窗口右侧显示打印效果，在【打印机】下拉列表中选择合适的打印机，然后单击【打印】按钮 ，即可打印工资条。

预览打印效果

第 7 章
保护与共享工作簿

在日常办公中，为了保护公司的机密信息，用户可以为相关的工作簿设置保护；为了实现数据共享，还可以设置共享工作簿。

要 点 导 航

■ 保护销售汇总表
■ 共享销售汇总表

7.1 保护销售汇总表

案例背景

销售汇总表属于公司的机密数据文件，为保障销售汇总表的安全性，我们可以对销售汇总表设置保护。

最终效果及关键知识点

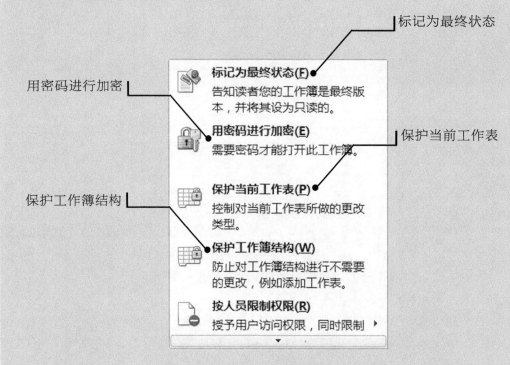

Excel 2010 提供了多种保护工作簿的方法，常用的主要有：标记为最终状态、用密码进行加密、保护当前工作表、保护工作簿结构。

7.1.1 标记为最终状态

本实例的原始文件和最终效果所在位置如下。		
	原始文件	原始文件\07\销售汇总表.xlsx
	最终效果	最终效果\07\销售汇总表.xlsx

标记为最终状态就是告知读者您的工作簿已经为最终状态，并将其设置为只读。

❶打开本实例的原始文件，单击 文件 按钮，在弹出的下拉菜单中选择【信息】菜单项，在【信息】窗口中单击【保护工作簿】按钮 。

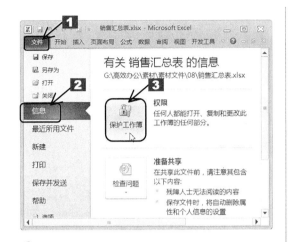

2 在弹出的下拉列表中选择【标记为最终状态】选项。

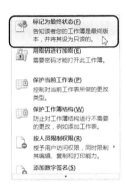

3 随即弹出【Microsoft Excel】对话框，提示用户"此工作簿将被标记为最终版本并保存"。

4 单击 确定 按钮，又会弹出一个【Microsoft Excel】对话框，提示用户"此文档被标记为最终状态，表示已完成编辑，这是文档的最终版本。"

5 单击 确定 按钮，此时工作簿的权限由"任何人都能打开、复制和更改此工作簿的任何部分"变为"此工作簿已标记为最终状态以阻止编辑"，并且在工作簿名称后面显示"只读"文字。

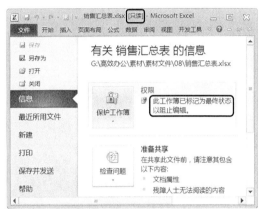

6 切换到【开始】选项卡，用户可以看到选项卡下的所有按钮都成灰色不可用状态。

7 同时在工作表的上方显示一条提示，提示用户工作簿为最终版本。如果用户仍然想继续编辑该工作簿，可以单击工作表上方的【仍然编辑】按钮 仍然编辑 。

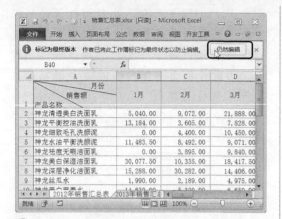

8 此时，工作表又进入可编辑状态。

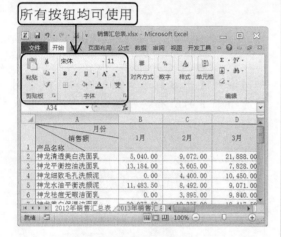

7.1.2　用密码进行加密

本实例的原始文件和最终效果所在位置如下。	
原始文件	原始文件\07\销售汇总表 1.xlsx
最终效果	最终效果\07\销售汇总表 1.xlsx

　　用密码进行加密是指作者为工作簿设置一个密码，使用者需要输入正确的密码才可以打开工作簿。

1 打开本实例的原始文件，单击 **文件** 按钮，在弹出的下拉菜单中选择【信息】菜单项，在【信息】窗口中单击【保护工作簿】按钮 。

2 在弹出的下拉列表中选择【用密码进行加密】选项。

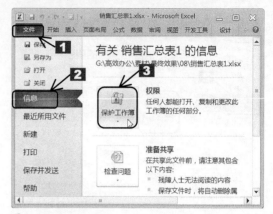

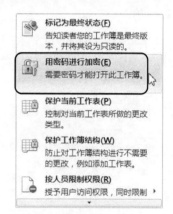

3 弹出【加密文档】对话框，在【密码】文本框中输入密码即可。此处，我们输入"123456"。

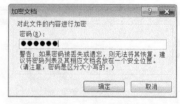

4 单击 **确定** 按钮，弹出【确认密码】对话框，在【重新输入密码】文本框中再次输入密码。

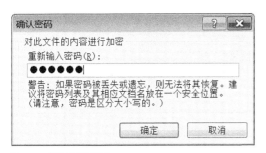

⑤ 单击 ▭确定▭ 按钮，此时工作簿的权限由"任何人都能打开、复制和更改此工作簿的任何部分"变为"需要密码才能打开此工作簿"。

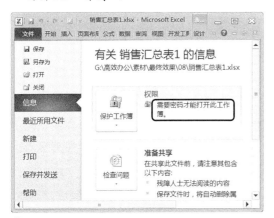

⑥ 保存并关闭工作簿。再次打开工作簿时，会弹出一个【密码】对话框，用户在【密码】文本框中输入密码，然后单击 ▭确定▭ 按钮。

⑦ 如果密码输入错误，弹出【Microsoft Excel】提示框，提示密码输入错误。

⑧ 单击 ▭确定▭ 按钮，重新打开"销售汇总表 1"工作簿，在弹出的【密码】对话框中输入正确的密码，然后单击 ▭确定▭ 按钮，即可打开工作簿。

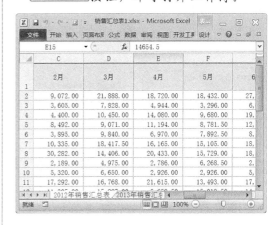

7.1.3　保护当前工作表

本实例的原始文件和最终效果所在位置如下。		
◎	原始文件	原始文件\07\销售汇总表 2.xlsx
	最终效果	最终效果\07\销售汇总表 2.xlsx

保护当前工作表是指禁止修改当前工作表。

例如在工作簿"销售汇总表 2"中，我们只控制工作表"2013 年销售汇总表"不可以被更改，对于"2012 年销售汇总"不做控制。

① 打开本实例的原始文件，切换到工作表"2013 年销售汇总"，然后单击 ▭文件▭ 按钮。

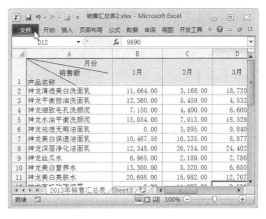

2 在弹出的下拉菜单中选择【信息】菜单项，在【信息】窗口中单击【保护工作簿】按钮。

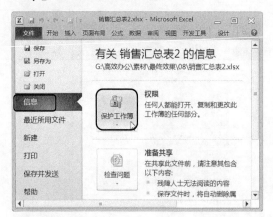

3 在弹出的下拉列表中选择【保护当前工作表】选项。

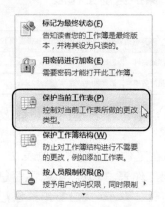

4 弹出【保护工作表】对话框，选中【保护工作表及锁定的单元格内容】复选框，在【取消工作表保护时使用的密码】文本框中输入密码，此处输入"123456"，然后在【允许此工作表的所有用户进行】列表框中，选中允许用户进行的操作前面的复选框，例如选中【选定锁定单元格】和【选定未锁定的单元格】复选框。

5 单击 确定 按钮，弹出【确认密码】对话框，在【重新输入密码】文本框中再次输入正确的密码。

6 单击 确定 按钮，返回工作表，用户可以发现，工作表中的按钮都呈灰色，为不可用状态，用户仅可以对工作表中的单元格进行选定操作。

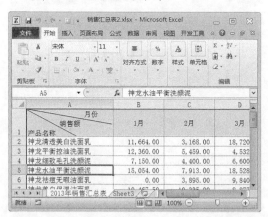

7 如果想继续编辑该工作表，可以撤销该工作表的保护。切换到【审阅】选项卡，在【更改】组中单击【撤消工作表保护】按钮。

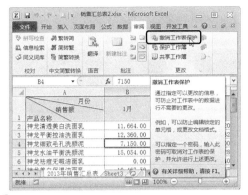

⑧弹出【撤消工作表保护】对话框，在【密码】文本框中输入正确的密码。

⑨单击 确定 按钮，返回工作表，即可对工作表进行编辑。

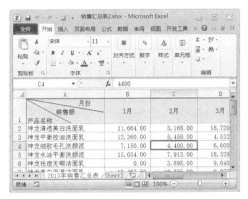

7.1.4　保护工作簿结构

本实例的原始文件和最终效果所在位置如下		
	原始文件	原始文件\07\销售汇总表 3.xlsx
	最终效果	最终效果\07\销售汇总表 3.xlsx

保护工作簿结构是为了防止用户对工作簿的结构进行更改，例如添加、删除工作表等。

①打开本实例的原始文件，单击 文件 按钮，在弹出的下拉菜单中选择【信息】菜单项，在【信息】窗口中单击【保护工作簿】按钮。

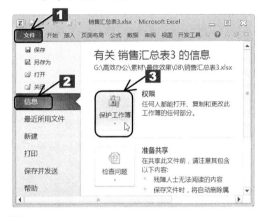

②在弹出的下拉列表中选择【保护工作簿结构】选项。

③弹出【保护结构和窗口】对话框，选中【结构】复选框，在【密码】文本框中输入密码。这里我们输入"123456"。

4 单击 确定 按钮，弹出【确认密码】对话框，在【重新输入密码】文本框中，再次输入密码。

5 单击 确定 按钮，在工作表标签上单击鼠标右键，用户可以看到在弹出的下拉列表中，对工作簿结构操作的选项都变成灰色，为不可编辑状态。

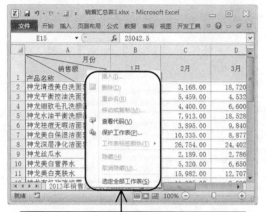

对工作簿结构操作的选项都变成灰色

6 如果想继续编辑该工作簿，可以撤销对工作簿结构的保护。切换到【审阅】选项卡，在【更改】组中单击【保护工作簿】按钮。

7 弹出【撤消工作簿保护】对话框，在【密码】文本框中输入正确的密码。

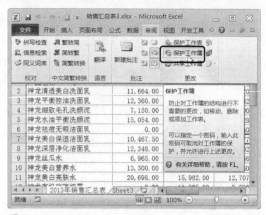

8 单击 确定 按钮，返回工作簿，即可对工作簿结构进行编辑。

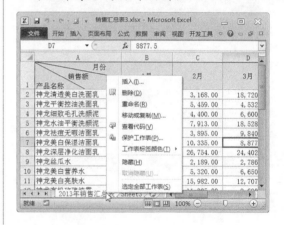

7.2 共享销售汇总表

案例背景

销售汇总表属于公司的机密数据文件，为保障销售汇总表的安全性，我们可以对销售汇总表设置保护。

最终效果及关键知识点

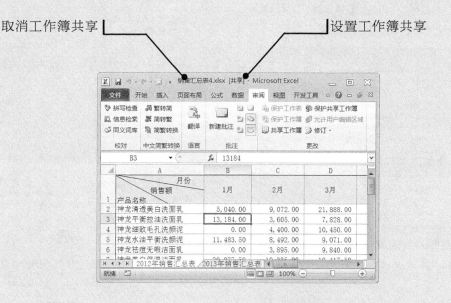

取消工作簿共享　　　　　　　　　　　　　设置工作簿共享

7.2.1　设置共享工作簿

本实例的原始文件和最终效果所在位置如下。	
原始文件	原始文件\07\销售汇总表 4.xlsx
最终效果	最终效果\07\销售汇总表 4.xlsx

　　销售部门提供的销售汇总表，公司高层领导可能都需要查看。为方便公司领导同时查看，我们可以将工作簿放在网络共享的文件夹或磁盘中。但是这样领导只可以同时查看，但不能同时修订。为方便领导在查看的同时可以对表格数据进行标记，我们可以将工作簿进行共享。

❶打开本实例的原始文件，单击 文件 按钮，在弹出的下拉菜单中选择【选项】菜单项。

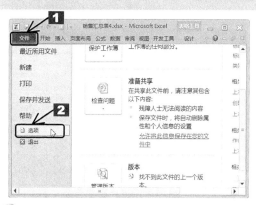

❷弹出【Excel 选项】对话框，切换到【信任中心】选项卡，单击【信任中心设置】按钮 信任中心设置(T)... 。

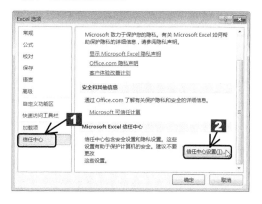

213

3 弹出【信任中心】对话框，切换到【个人信息选项】选项卡，在【文档特定设置】组合框中，撤选【保存时从文件属性中删除个人信息】复选框。

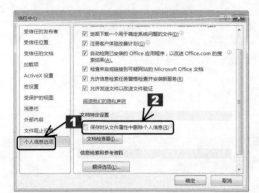

4 单击 确定 按钮，返回【Excel 选项】对话框，再次单击 确定 按钮返回工作表。

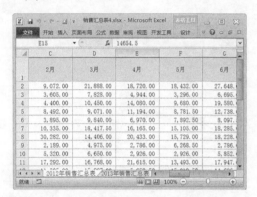

5 弹出【Microsoft Excel】对话框，询问"是否将表转换为普通区域？"。

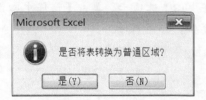

6 单击 是(Y) 按钮，返回工作表，即可看到工作表已经转换为普通区域。

7 切换到【审阅】选项卡，在【更改】组中单击【共享工作簿】按钮 共享工作簿 。

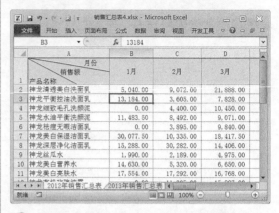

8 弹出【共享工作簿】对话框，切换到【编辑】选项卡，选中【允许多用户同时编辑，同时允许工作簿合并】复选框。

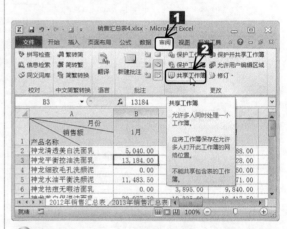

⑨ 切换到【高级】选项卡，在【修订】组合框中选中【保存修订记录】单选钮，并在其后面的微调框中输入合适的天数。在【更新】组合框中选中【自动更新间隔】单选钮，并输入间隔时间。在【用户间的修订冲突】组合框中选中【询问保存哪些修订信息】。

⑩ 单击 确定 按钮，弹出【Microsoft Excel】对话框，询问用户"此操作将导致保存文档。是否继续？"。

⑪ 单击 确定 按钮，返回工作表，即可看到工作簿名称后面显示"共享"。

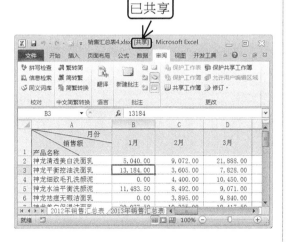

7.2.2　取消工作簿共享

本实例的原始文件和最终效果所在位置如下。	
原始文件	原始文件\07\销售汇总表 5.xlsx
最终效果	最终效果\07\销售汇总表 5.xlsx

领导对数据进行查看并已经对问题数据做出标记后，用户可以将工作簿取消共享。

① 打开本实例的原始文件，切换到【审阅】选项卡，在【更改】组中，单击【共享工作簿】按钮。

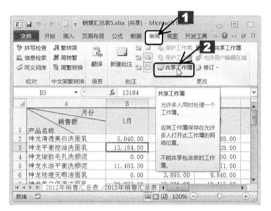

② 弹出【共享工作簿】对话框，切换到【编辑】选项卡，撤选"允许多用户同时编辑，同时允许工作簿合并"复选框。

❸ 单击 确定 按钮，弹出【Microsoft Excel】对话框。

❹ 单击 是(Y) 按钮，即可取消共享。

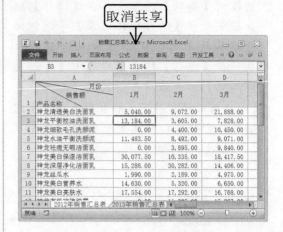

第 8 章
图表与数据分析

文不如表，表不如图，的确如此。Excel 具有许多高级的制图功能，可以直观地将工作表中的数据用图形表示出来，使其更具说服力。另外，Excel 还具有强大的数据分析功能。

要 点 导 航

■ 设计销售汇总图表
■ 分析销售明细账

8.1 设计销售汇总图表

案例背景

为使领导能够更直观地看到各月的销售状况，我们可以使用 Excel 2010 的图表功能，根据销售汇总数据创建一个销售汇总图表。

最终效果及关键知识点

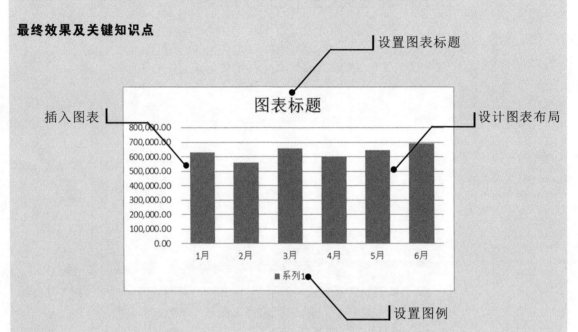

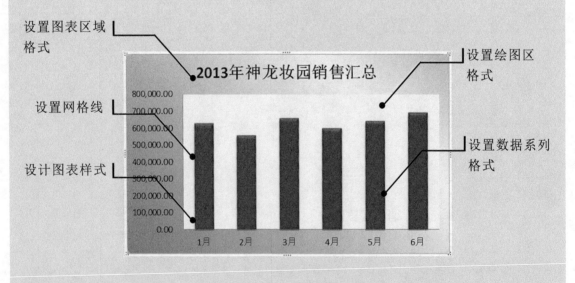

Excel 2010 自带有多种样式的图表，如柱形图、折线图、饼图、条形图、面积图、散点图等。通常情况下，使用柱形图来比较数据间的数量关系；使用直线图来反映数据间的趋势关系；使用饼图来表示数据间的分配关系。

8.1.1 创建销售汇总图表

本实例的原始文件和最终效果所在位置如下。	
原始文件	原始文件\08\销售汇总表.xlsx
最终效果	最终效果\08\销售汇总表.xlsx

在 Excel 2010 中创建图表的方法非常简单，因为系统自带了很多图表类型，用户只需根据实际需要进行选择即可。创建了图表后，用户还可以设置图表布局，主要包括调整图表大小和位置，更改图表类型、设计图表布局和设计图表样式。

下面我们以创建 2013 年销售汇总图表为例，介绍如何创建图表。

1. 插入图表

① 打开本实例的原始文件，将工作表"Sheet3"重命名为"2013 年销售汇总图表"。

② 切换到【插入】选项卡，在【图表】组中单击【柱形图】按钮，在弹出的下拉列表中选择【簇状柱形图】选项。

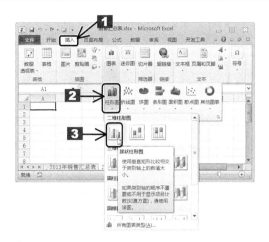

③ 切换到【图表工具】栏的【设计】选项卡，在【数据】组中单击【选择数据】按钮。

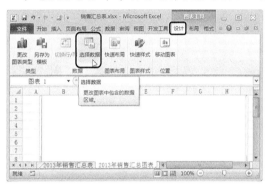

④ 弹出【选择数据源】对话框，将光标定位在【图表数据区域】文本框中，然后单击【折叠】按钮，选中工作表"2013 年销售汇总表"中的数据区域 B33:G33。

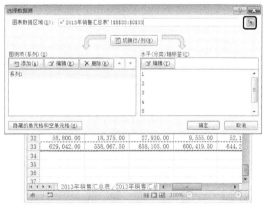

⑤ 在【水平（分类）轴标签】组合框下单击【编辑】按钮，弹出【轴标签】对话框，将光标定位在【轴标签区域】文本框，然后单击【折叠】按钮，选中工作表"2013 年销售汇总表"中的数据区域 B1:G1。

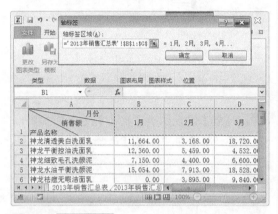

⑥ 单击 确定 按钮，返回【选择数据源】对话框。

⑦ 单击 确定 按钮，返回工作表"2013年销售汇总图表"，即可看到一个柱形图。

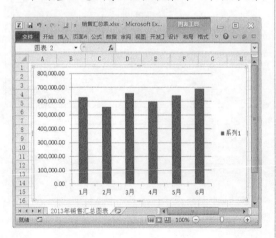

2. 设计图表布局

如果用户对图表布局不满意，也可以重新设计。设计图表布局的具体步骤如下。

① 选中创建的图表，在【图表工具】栏中，切换到【设计】选项卡，在【图表布局】组中，单击【快速布局】按钮，在弹出的下拉列表中选择一种合适的布局，例如选择【布局 3】选项。

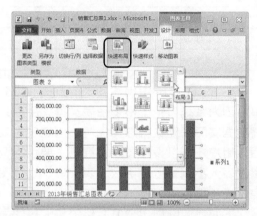

② 此时，即可将所选的布局样式应用到图表中。

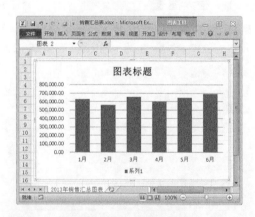

8.1.2 美化销售汇总图表

本实例的原始文件和最终效果所在位置如下。	
原始文件	原始文件\08\销售汇总表 1.xlsx
最终效果	最终效果\08\销售汇总表 1.xlsx

为了使创建的图表看起来更加美观，用户可以为图表设计样式，还可以对图表标题、图例、图表区域、数据系列、绘图区、网格线等项目进行格式设置。

1. 设置图表标题

由于默认创建的图表是不含标题的，而我们选择的布局是含有标题的。所以我们需要在图表中输入图表标题，而且还可以对标题进行相应设置。

❶ 选中图表标题，单击鼠标右键，在弹出的快捷菜单中选择【编辑文字】菜单项。

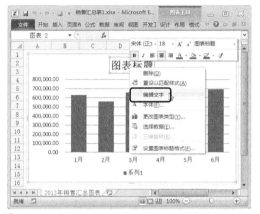

❷ 随即光标定位到图表标题文本框中，删除原有文字，输入文本"2013 年神龙妆园销售汇总"。

❸ 选中图表标题文本，切换到【开始】选项卡，在【字体】下拉列表中选择【微软雅黑】选项，在【字号】下拉列表中选择【16】选项，然后单击【加粗】按钮 **B**，撤销加粗效果。

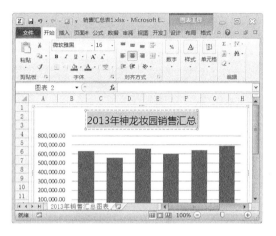

2. 设置图例

由于我们当前创建的图表只有一项销售额，无需使用图例。所以在 2013 年销售汇总图表中我们可以将图例隐藏。具体操作如下。

❶ 选中图表，在【图表工具】栏中，切换到【布局】选项卡，在【标签】组中单击【图例】按钮。

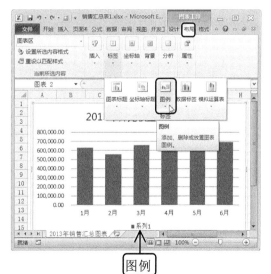

② 在弹出的下拉列表中选择【无】选项。

③ 返回工作表中，此时原有的图例就被隐藏了。

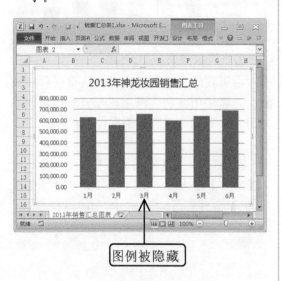

图例被隐藏

3. 设计图表样式

Excel 2010 提供了很多图表样式，用户可以从中选择合适的样式，以便美化图表。设计图表样式的具体操作如下。

① 选中创建的图表，在【图表工具】栏中切换到【设计】选项卡，单击【图表样式】组中的【快速样式】按钮。

② 在弹出的下拉列表中选择【样式 31】选项。

③ 此时，即可将所选的图表样式应用到图表中。

4. 设置图表区域格式

设计完图表样式以后，我们还可以为图表区域进行设置，使得图表看起来更加美观。

①选中整个图表区域，然后单击鼠标右键，在弹出的快捷菜单中选择【设置图表区域格式】菜单项。

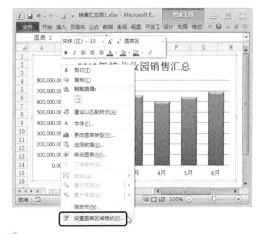

②弹出【设置图表区格式】对话框，切换到【填充】选项卡，选中【渐变填充】单选钮，在【预设颜色】下拉列表中选择【羊皮纸】选项。

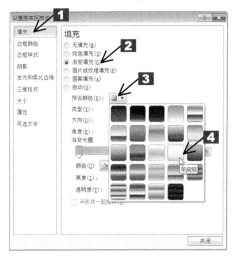

③在【颜色】下拉列表中选择【其他颜色】选项。

④弹出【颜色】对话框，切换到【自定义】选项卡，在【颜色模式】下拉列表中选择【RGB】选项，然后在【红色】微调框中将数据调整为"47"，在【绿色】微调框中将数据调整为"188"，在【蓝色】微调框中将数据调整为"114"。

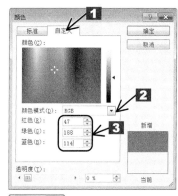

⑤单击 确定 按钮，返回【设置图表区格式】对话框，在【角度】微调框中输入"315°"，然后选中【渐变光圈】组合框中间的滑块，在【位置】微调框中输入"74%"。

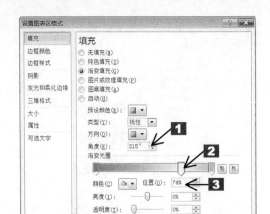

6 单击 关闭 按钮，返回工作表中，设置效果如图所示。

5. 设置绘图区格式

设置完图表区域后，用户还可以对图表的绘图区进行设置，具体操作如下。

1 选中绘图区，然后单击鼠标右键，在弹出的快捷菜单中选择【设置绘图区格式】菜单项。

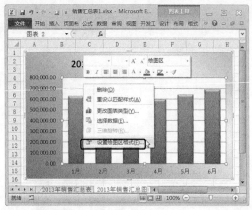

2 弹出【设置绘图区格式】对话框，切换到【填充】选项卡，选中【纯色填充】单选钮，然后在【颜色】下拉列表中选择【橙色，强调文字颜色 6，淡色 80%】选项。

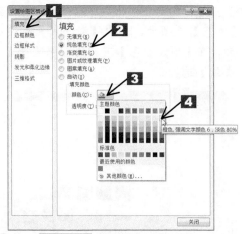

3 单击 关闭 按钮，返回工作表中，设置效果如图所示。

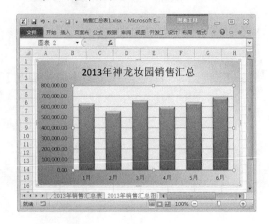

6. 设置数据系列格式

设置数据系列格式的具体步骤如下。

① 选中数据系列，然后单击鼠标右键，在弹出的快捷菜单中选择【设置数据系列格式】菜单项。

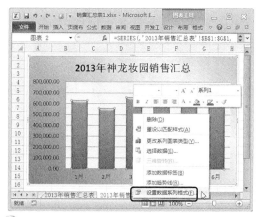

② 弹出【设置数据系列格式】对话框，切换到【系列选项】选项卡，单击【系列重叠】组合框中的滑块，左右拖动滑块将数据调整为".0%"，然后单击【分类间距】组合框中的滑块，左右拖动滑块将数据调整为"120%"。

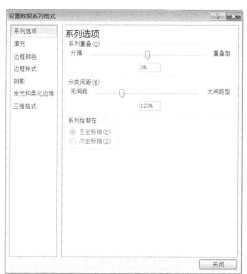

③ 切换到【填充】选项卡，选中【纯色填充】单选钮，然后在【颜色】下拉列表中选择【深红】选项。

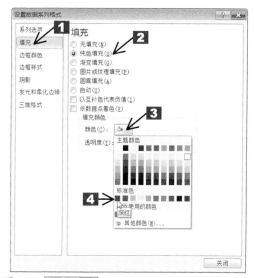

④ 单击 关闭 按钮，返回工作表中，设置效果如图所示。

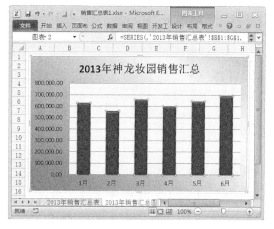

7. 设置网格线格式

设置网格线格式的具体步骤如下。

① 在【图表工具】栏中，切换到【布局】选项卡，在【坐标轴】组中单击【网格线】按钮。

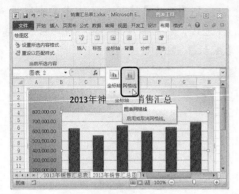

❸ 此时，绘图区中的网格线就被隐藏起来了，图表美化完毕，最终效果如图所示。

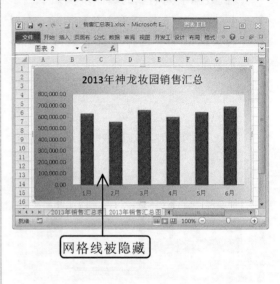

❷ 在弹出的下拉列表中选择【主要横网格线】▷【无】选项。

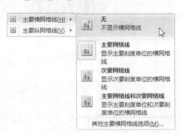

网格线被隐藏

8.2 设计业务员回款分析图表

案例背景

　　业务员的回款情况是考核业务员业绩的一项重要指标，所以公司一般每个月都会对业务员的回款情况进行汇总分析。

最终效果及关键知识点

设置图表布局

设置图表图例

设置数据系列

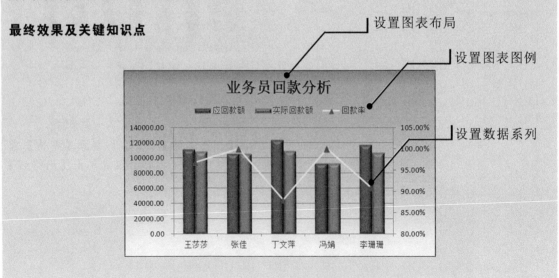

前面我们介绍的图表都是普通的单轴图表，在实际工作中，我们有时还需要用到双轴图表。比如我们在分析业务员当月回款情况的时候，我们既要看到业务员当月的回款额，又要了解到他的回款率。显然这两者是不可以共同使用一个坐标轴的，本节我们就以设计业务员回款分析图表为例，介绍双轴图表的绘制方法。

本实例的原始文件和最终效果所在位置如下。		
	原始文件	原始文件\08\2013 年 6 月业务员回款分析.xlsx
	最终效果	最终效果\08\2013 年 6 月业务员回款分析.xlsx

8.2.1　创建业务员回款分析图表

1 打开本实例的原始文件，切换到【插入】选项卡，在【图表】组中单击【柱形图】按钮。

2 在弹出的下拉列表中选择【簇状柱形图】选项。

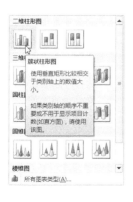

3 即可在工作表中插入一个空白图表，将图表移动到合适的位置，然后切换到【图表工具】栏的【设计】选项卡，在【数据】组中单击【选择数据】按钮。

4 弹出【选择数据源】对话框，将光标定位在【图表数据区域】文本框中，然后选中工作表中的数据区域 B3:F8。

5 在【图例项】列表框中选中【销售额】选项，单击 【删除(R)】按钮。

⑥ 随即 "销售额" 从【图例项】列表框中移除。然后单击 确定 按钮，返回工作表。

⑦ 选中图表的数据系列 "回款率"，单击鼠标右键，在弹出的快捷菜单中选择【设置数据系列格式】菜单项。

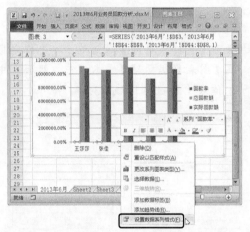

⑧ 弹出【设置数据系列格式】对话框，切换到【系列选项】选项卡，在【系列绘制在】组合框中选中【次坐标轴】单选钮。

⑨ 单击 关闭 按钮，返回工作表，可以看到数据系列 "回款率" 所对应的次坐标轴显示在图表的右侧。下面将 "回款率" 的图表类型更改为 "折线图"。切换到【图表工具】栏的【设计】选项卡，在【类型】组中，单击【更改图表类型】按钮。

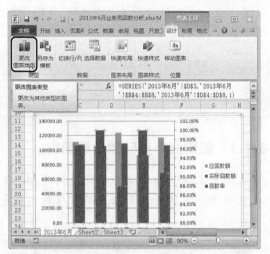

⑩ 弹出【更改图表类型】对话框，在【折线图】组中选择【折线图】。

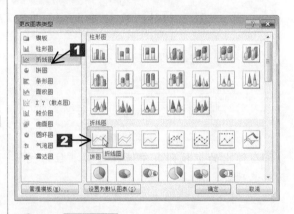

⑪ 单击 确定 按钮，返回工作表，可以看到数据系列 "回款率" 图表类型已经变为 "折线图"，效果如图所示。

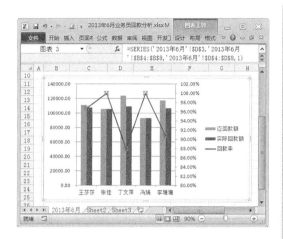

8.2.2　美化业务员回款分析图表

1.　设置图表标题

①选中图表，切换到【图表工具】栏的【布局】选项卡，在【标签】组中单击【图表标题】按钮，在弹出的下拉列表中选择【图表上方】选项。

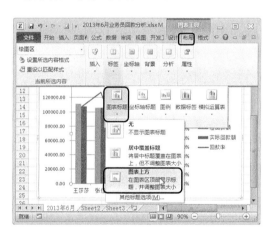

②返回图表，即可看到在图表上方添加了一个【图表标题】文本框。

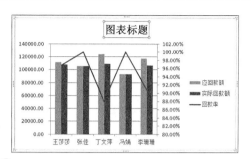

③删除图表标题文本框中的原有文本，在文本框中输入标题"业务员回款分析"。

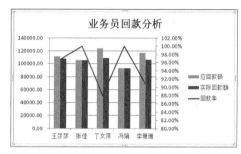

2.　设置图表图例

①切换到【图表工具】栏的【布局】选项卡，在【标签】组中单击【图例】按钮，在弹出的下拉列表中选择【在顶部显示图例】选项。

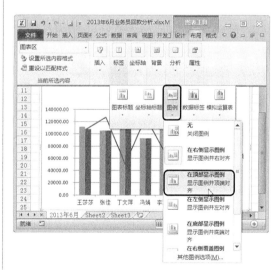

2 随即图例项显示在图表顶部。

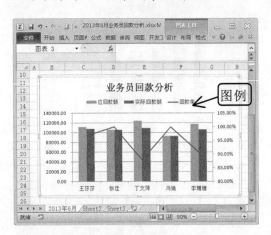

3. 设置数据系列格式

1 选中"回款率"系列，单击鼠标右键，在弹出的快捷菜单中选择【设置数据系列格式】选项。

2 弹出【设置数据系列格式】对话框，切换到【数据标记选项】选项卡，选中【内置】单选钮，在【类型】下拉列表中选择一种合适的数据标记类型，在【大小】微调框中输入【7】。

3 切换到【数据标记填充】选项卡，选中【纯色填充】单选钮，在【颜色】下拉列表中选择一种合适的颜色。

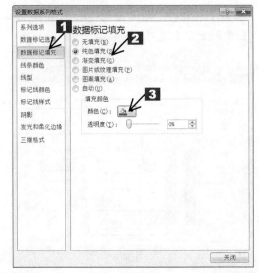

4 切换到【线条颜色】选项卡，选中【实线】单选钮，在【颜色】下拉列表中选择一种合适的颜色。

5 切换到【标记线颜色】选项卡，选中【无线条】单选钮。

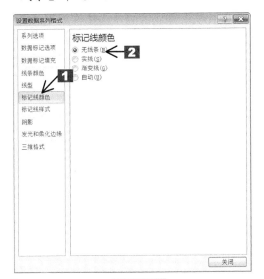

6 设置完毕，单击 <u>关闭</u> 按钮，返回 Word 文档即可。

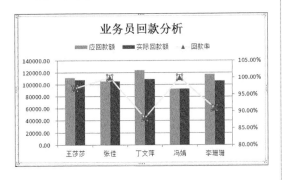

7 选中数据系列"应回款额"，单击鼠标右键，在弹出的快捷菜单中选择【设置数据系列格式】菜单项。

8 弹出【设置数据系列格式】对话框，切换到【填充】选项卡，选中【纯色填充】单选钮，在【颜色】下拉列表中选择一种合适的颜色。

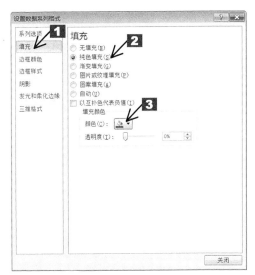

9 切换到【边框颜色】选项卡，选中【无线条】单选钮。

10 切换到【三维格式】选项卡,在【顶端】下拉列表中选择【圆】。

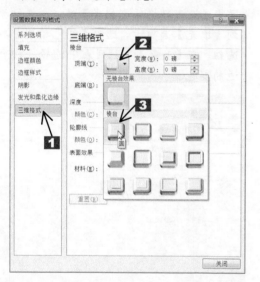

11 设置完毕,单击 关闭 按钮,返回 Word 文档,效果如图所示。

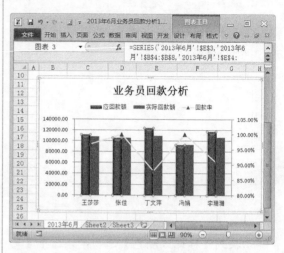

12 用户可以按照相同的方法,对数据系列"实际回款额"进行美化设置。设置完成后,用户可以再对图表区和绘图区进行美化设置。

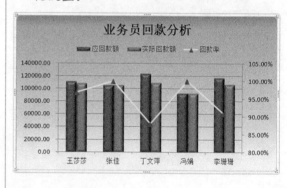

8.3 产销预测分析

案例背景

　　企业为了维持产销平衡,在运营过程中需要定期进行产销预测。本节介绍使用 Excel 进行产销售分析的方法。

最终效果及关键知识点

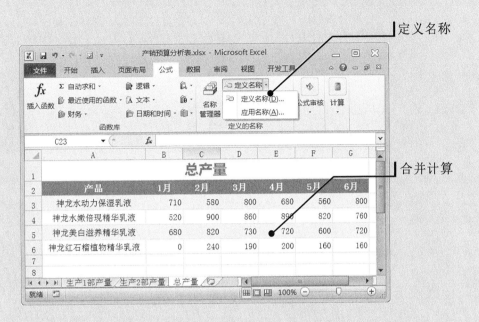

定义名称

合并计算

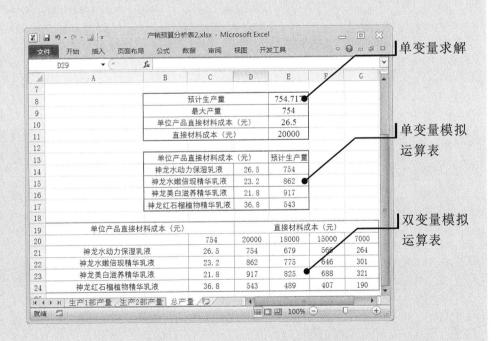

单变量求解

单变量模拟运算表

双变量模拟运算表

安装规划求解

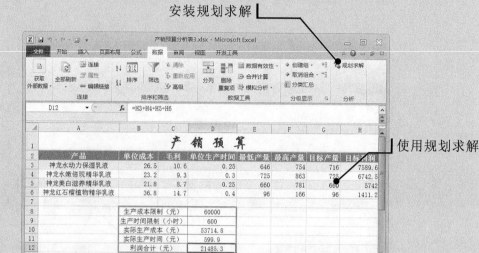

使用规划求解

生成规划求解报告

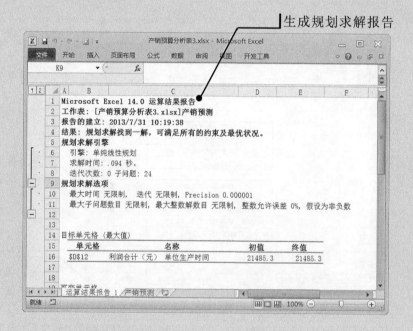

8.3.1　合并计算

本实例的原始文件和最终效果所在位置如下。	
原始文件	原始文件\08\产销预测分析表.xlsx
最终效果	最终效果\08\产销预测分析表.xlsx

合并计算功能通常用于对多个工作表中的数据进行计算汇总，并将多个工作表中的数据合并到一个工作表中。

神龙妆园有两条生产线，下面我们以汇总这两条生产线的产量为例，介绍合并计算功能的具体应用。

1.　定义名称

要进行合并计算，首先要对工作表定义名称。具体操作如下。

① 打开本实例的原始文件，切换到工作表"生产 1 部产量"，选中单元格区域 B3:G6，切换到【公式】选项卡，在【定义的名称】组中，单击【定义名称】按钮 定义名称 右侧的下三角按钮，在弹出的下拉列表中选择【定义名称】选项。

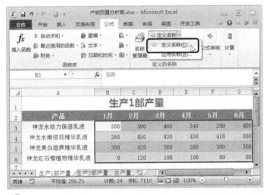

② 弹出【新建名称】对话框，在【名称】文本框中输入"生产 1 部产量"。

③ 单击 确定 按钮，返回工作表中，再次切换到【公式】选项卡，在【定义的名称】组中，单击【定义名称】按钮 定义名称 右侧的下三角按钮，在弹出的下拉列表中选择【定义名称】选项。

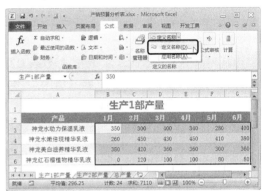

④ 弹出【新建名称】对话框，在【名称】文本框中输入"生产 2 部产量"。

⑤ 删除【引用位置】文本框中的内容，并将光标定位在【引用位置】文本框中，然后单击【折叠】按钮，选中工作表"生产 2 部产量"中的数据区域 B3:G6。

⑥单击 确定 按钮，返回工作表。

2. 合并计算

定义名称后，就可以对工作表进行合并计算了。

①切换到工作表"总产量"，选中单元格B3，切换到【数据】选项卡，在【数据工具】组中，单击【合并计算】按钮 。

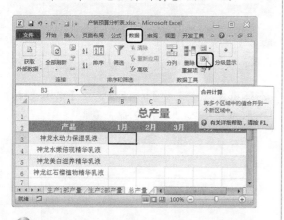

②弹出【合并计算】对话框，在【引用位置】文本框中输入之前定义的名称"生产 1部产量"。

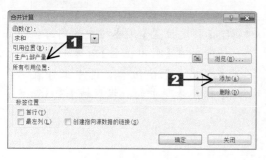

③单击 添加(A) 按钮，即可将其添加到【所有引用位置】列表框中。

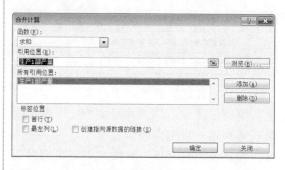

④使用同样的方法，在【引用位置】文本框中输入之前定义的名称"生产 2 部产量"，然后单击 添加(A) 按钮，将其添加到【所有引用位置】列表框中。

⑤设置完毕，单击 确定 按钮，返回工作表中，即可看到合并计算结果。

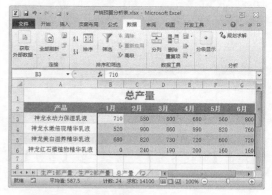

8.3.2 单变量求解

本实例的原始文件和最终效果所在位置如下。		
	原始文件	原始文件\08\产销预测分析表 1.xlsx
	最终效果	最终效果\08\产销预测分析表 1.xlsx

单变量求解是解决假定一个公式要取得某一结果值，其中变量的引用单元格应取值为多少的问题。

在实际生产中，产品的直接材料成本与单位产品直接材料成本和生产量有关，假设现在神龙妆园为生产"神龙水动力保湿乳液"准备了 20000 元的成本费用，在单位产品直接材料成本不变的情况下，最多可生产多少产品。使用单变量求解功能可以快速解决这个问题。

❶ 打开本实例的原始文件，切换到"总产量"工作表，在工作表中绘制一个 4 行 2 列的表格，并输入行标题。

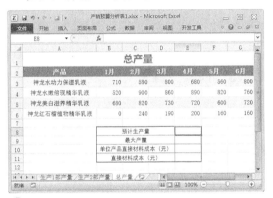

❷ 在单元格 E10 中输入"神龙水动力保湿乳液"的成本单价"26.5"，选中单元格 E11，输入公式"=E10*E8"，然后按下【Enter】键。

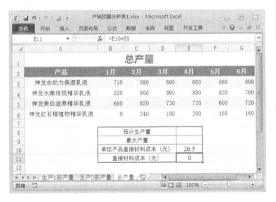

❸ 假设 20000 元的成本费用都用来生产"神龙水动力保湿乳液"，求解最多可生产多少。选中单元格 E11，切换到【数据】选项卡，在【数据工具】组中单击【模拟分析】按钮，从弹出的下拉列表中选择【单变量求解】选项。

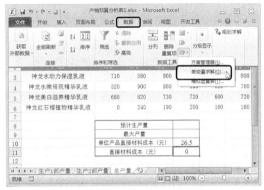

❹ 弹出【单变量求解】对话框，当前选中的单元格 E11 显示在【目标单元格】文本框中。

❺ 在【目标值】文本框中输入"20000"，将光标定位在【可变单元格】文本框中。

6 在工作表中单击单元格 E8，即可将其添加到【可变单元格】文本框中。

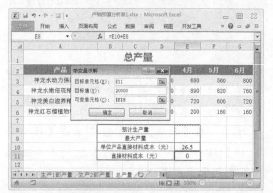

7 单击 **确定** 按钮，弹出【单变量求解状态】对话框，显示出求解结果。

8 单击 **确定** 按钮，将求解结果保存在工作表中。此时可以看到，在产品"神龙水动力保湿乳液"的单位产品直接材料成本不变的情况下，20000 元的成本费用预计生产量为 754.717 瓶。

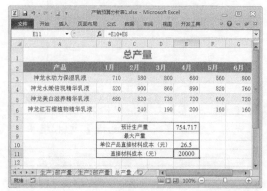

9 在单元格 E9 中输入公式"=INT(E8)"，输入完毕，按下【Enter】键。即可求得20000 元的成本费用最多生产"神龙水动力保湿乳液"754 瓶。

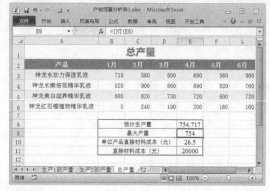

提示

> INT 函数的功能是将数值向下取整为最接近的整数。
>
> INT 函数的结构为 INT（number）。
>
> number 是需要进行向下舍入取整的实数。

8.3.3 模拟运算表

本实例的原始文件和最终效果所在位置如下。		
	原始文件	原始文件\08\产销预测分析表 2.xlsx
	最终效果	最终效果\08\产销预测分析表 2.xlsx

模拟运算表分为单变量模拟运算表和双变量模拟运算表两种。使用模拟运算表可以同时求解一个运算过程中所有可能的变化值，并将不同的计算结果显示在相应的单元格中。

1. 单变量模拟运算表

单变量模拟运算表是指公式中有一个变量值，可以查看一个变量对一个或多个公式的影响。

例如，神龙妆园 7 月份为生产乳液产品准备了 20000 元的成本费用，不同产品的单位产品直接材料成本不同，如果 20000 元只用于生产一种产品，最多可以生产多少产品。

① 打开本实例的原始文件，切换到"总产量"工作表，在工作表中绘制一个 5 行 3 列的表格，并输入前两列的内容。

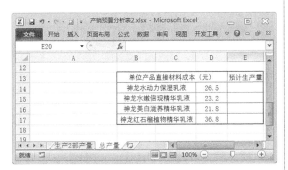

② 在单元格 E14 中输入公式"=INT(20000/E10)"，然后按下【Enter】键。

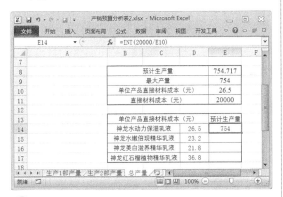

③ 选中单元格区域 D14:E17，切换到【数据】选项卡，在【数据工具】组中，单击【模拟分析】按钮 ，从弹出的下拉列表中选择【模拟运算表】选项。

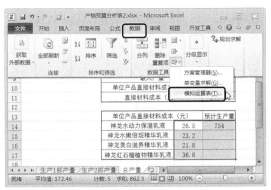

④ 弹出【模拟运算表】对话框，将光标定位在【输入引用列的单元格】文本框中，然后选中单元格 E10。

⑤ 单击 确定 按钮，返回工作表，此时即可看到创建的单变量模拟表，从中可以看出单个变量"单位产品直接材料成本"对计算结果"预计生产量"的影响。

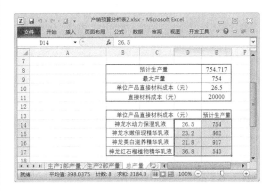

2. 双变量模拟运算表

双变量模拟运算表可以查看两个变量对公式的影响。

例如，企业为生产乳液产品准备了 60000 元的成本费用，分成 20000 元、18000 元、15000 元和 7000 元 4 部分用于生产，不同产品的单位产品直接材料成本不同，计算预计生产量。

① 打开本实例的原始文件，切换到"总产量"工作表，在工作表中绘制一个 6 行 6 列的表格，并输入行标题、列标题以及各种产品的成本费用和单位产品直接材料成本。

② 选中单元格 C20，输入公式 "=INT
(E11/E10)"。

③ 选中单元格区域 C20:G24，切换到【数据】
选项卡，在【数据工具】组中单击【模拟
分析】按钮，从弹出的下拉列表中选
择【模拟运算表】选项。

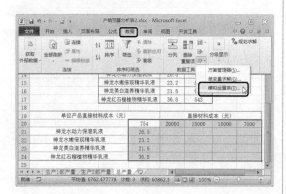

④ 弹出【模拟运算表】对话框，将光标定位
在【输入引用行的单元格】文本框中，然
后选中单元格 "E11"。

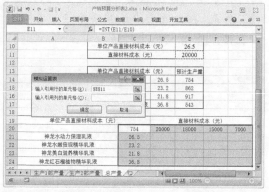

⑤ 再将光标定位在【输入引用列的单元格】
文本框中，然后选中单元格 "E10"。

⑥ 单击 确定 按钮，返回工作表即可看到
创建的双变量模拟运算表，从中可以看出
两个变量"单位产品直接材料成本"和"直
接材料成本"对计算结果"预计生产量"
的影响。

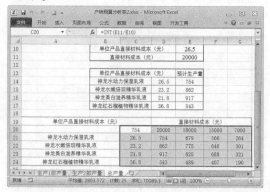

8.3.4　规划求解

规划求解是通过改变可变单元格的值，为工作表中目标单元格中的公式找到最优解，同时满足其他公式在设置的极限范围内。使用规划求解功能可以对多个变量的线性和非线性问题寻求最优解。

本实例的素材文件、原始文件和最终效果所在位置如下。	
素材文件	素材文件\08\2013 年销售明细账.xlsx
原始文件	原始文件\08\产销预测分析表 3.xlsx
最终效果	最终效果\08\产销预测分析表 3.xlsx

1.　安装规划求解

规划求解是一个插件，在使用前需要进行安装。

1 打开本实例的原始文件，在 Excel 2010 工作窗口中单击 文件 按钮，从弹出的下拉菜单中选择【选项】菜单项。

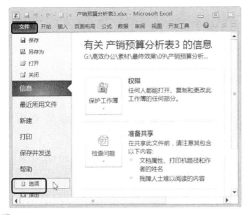

2 弹出【Excel 选项】对话框，切换到【加载项】选项卡中，在【加载项】列表框中选择【规划求解加载项】选项。

3 单击 转到(G)... 按钮，弹出【加载宏】对话框，在【可用加载宏】列表框中选中【规划求解加载项】复选框。

4 单击 确定 按钮即可安装规划求解。此时，在【数据】选项卡中新增了一个【分析】组，组中添加了 规划求解 按钮。

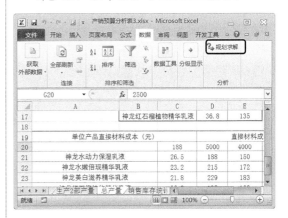

2. 使用规划求解

安装完成规划求解之后，接下来用户就可以使用规划求解来分析数据了。

假设 7 月份公司要生产 4 种乳液产品，各产品的生产时间如下表所示。

产品	生产时间
神龙水动力保湿乳液	0.25 小时
神龙水嫩倍现精华乳液	0.3 小时
神龙美白滋养精华乳液	0.25 小时
神龙红石榴植物精华乳液	0.4 小时

另外企业规定，花费的生产费用不得超过 6 万元，可耗费的生产时间不得超过 600 小时。各产品的产量和期初库存量的总和不得低于预计销量，各产品的最高产量不得超过预计销量的 10%，那么公司如何安排生产能获得最大利润？这时我们可以使用规划求解功能来解决这个问题。

⬤ 创建销售库存统计

在利用规划求解解决此问题之前，我们需要先创建一个"销售库存统计表"。

① 切换到工作表"销售库存统计"，选中单元格 B3，切换到【公式】选项卡，在【函数库】组中，单击【数学和三角函数】按钮 🔘▾。

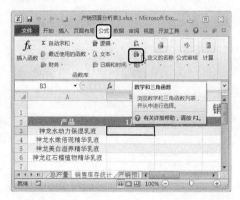

② 在弹出的下拉列表中选择【SUMIFS】函数。

③ 弹出【函数参数】对话框，将光标定位在【Sum_range】文本框中，然后选中素材文件"2013年明细账-1月"表中的 B 列。

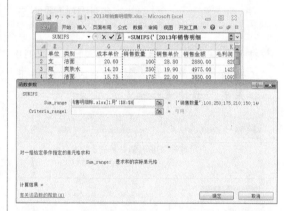

④ 将光标移至【Criteria_range1】文本框中，选中"2013年明细账-1月"表中的 C 列，即设置关联条件的第一个区域为 C 列。

⑤ 将光标移至【Criteria1】文本框中，选中"销售库存统计"表中的单元格 A3。

⑥ 设置完毕，单击 `确定` 按钮，返回"销售库存统计"表，单元格 B3 已经计算出 1 月份"神龙水动力保湿乳液"的总销量。

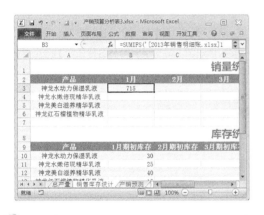

⑦ 选中单元格 B3，将鼠标指针移动至单元格 B3 的右下角，当鼠标指针变为"十"形状时，按住鼠标左键不放，向下拖动到单元格 B6 中，释放鼠标。

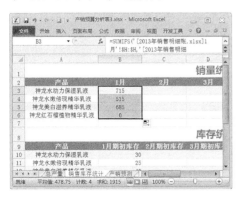

⑧ 单击【填充选项按钮】，从弹出的快捷菜单中选择【不带格式填充】菜单项。

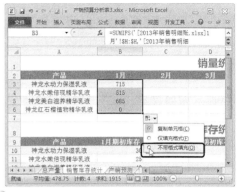

⑨ 用户可以按照相同的方法，汇总 2~6 月份各种乳液产品的销售数量。

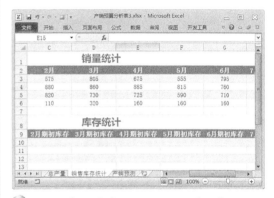

⑩ 7 月预计销量我们可以利用前 6 个月的销量来估算。此处，我们把前 6 个月销量的平均值作为 7 月的预计销量。选中单元格 H3，在单元格中输入"=INT(AVERAGE(B3:G3))"，然后按下【Enter】键。

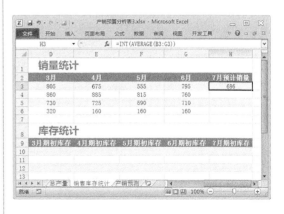

提示

AVERAGE 函数的功能是返回所有参数的算术平均值，其语法格式为 AVERAGE (number1, number2,...)。参数 number1、number2 等是要计算平均值的 1~30 个参数。

11 按照前面的方法，将单元格 H3 的公式填充到单元格 H4~H6。

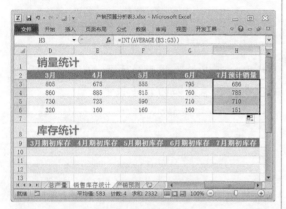

12 计算期初库存。当月期初库存=上月期初库存+上月生产－上月销售，在单元格 C10 中输入公式"=B10+总产量!B3-销售库存统计!B3"，然后按下【Enter】键。

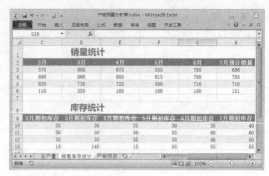

13 按照相同的方法，求得其他产品各月份的库存。

创建产销预测表

创建完"销售库存统计表"后，我们还需要创建一个"产销预测表"，来辅助规划求解。

1 打开工作簿"2013 年销售明细账"。切换到"产销预算分析 3"工作簿的"产销预测"工作表，选中单元格 B3，输入公式"=VLOOKUP(A3,[2013 年销售明细账.xlsx]产品信息表!$B:$F,5,0)"，利用 VLOOKUP 函数引用产品的成本单价。

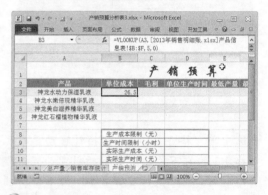

2 按照前面的方法，将单元格 B3 的公式填充到单元格 B4~B6 中。

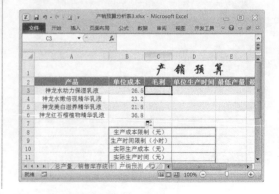

❸ 计算毛利。在单元格 C3 中输入公式 " =VLOOKUP(A3,'[2013 年销售明细账.xlsx]6月'!$C:$I,7,0)-B3",并将公式填充到单元格 C4~C6。

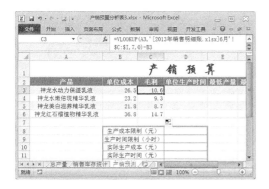

❹ 在单元格 D3~D6 中输入各种产品的单位生产时间。

❺ 计算最低产量。由于 "最低产量=预计销售-期初库存",所以在单元格 E3 中输入公式 "=销售库存统计!H3-销售库存统计!H10",并将公式填充到单元格 E4~E7 中,即可求得 "神龙水动力保湿乳液" 7 月份的最低产量。

❻ 计算最高产量。由于公司规定最高产量不得高于预计销量的 10%,所以 "最高产量=预计销量×(1+10%)",在单元格 F3 中输入公式 " =INT(销售库存统计!H3*(1+10%))",并将公式填充到单元格 F4~F6 中,即可求得各种产品的最高产量。

❼ 设置目标利润公式。目标利润=毛利×目标产量。在单元格 H3 中输入公式 "=C3*G3",然后将公式填充到单元格 H4~H6。

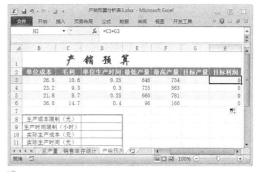

❽ 在单元格 D8 中输入 "60000",在单元格 D9 中输入 "600"。

⑨ 计算实际生产成本。选中单元格 D10，输入公式 "=B3*G3+B4*G4+B5*G5+B6*G6"，然后按下【Enter】键。

⑩ 计算实际生产时间。选中单元格 D11，输入公式 "=D3*G3+D4*G4+D5*G5+D6*G6"，然后按下【Enter】键。

⑪ 计算利润合计。选中单元格 D12，输入公式 "=H4+H5+H6+H7"。

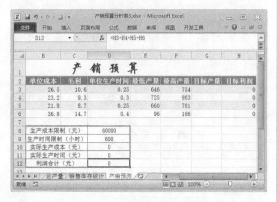

使用规划求解

❶ 选中单元格 E12，切换到【数据】选项卡，在【分析】组中单击【规划求解】按钮。

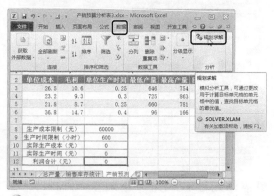

❷ 弹出【规划求解参数】对话框，设置【设置目标】为单元格 "$D$12"，选中【最大值】单选钮，设置【通过更改可变单元格】为单元格区域 "$G$3:$G$6"。

❸ 单击 添加(A) 按钮，弹出【添加约束】对话框，在【单元格引用】文本框中输入 "$G$3"，从下拉列表中选择【>=】选项，在【约束】文本框中输入 "=$E$3"。

4 单击 ［确定(O)］ 按钮，即可添加该约束条件并返回【规划求解参数】对话框，此时在【遵守约束】列表框中可以看到添加的约束条件。

5 再次单击 ［添加(A)］ 按钮，弹出【添加约束】对话框，用户可以继续添加约束条件。

6 如果约束条件有多个，用户输入一个约束条件后，可以直接单击 ［添加(A)］ 按钮，即可添加刚输入的约束条件，并弹出一个空白【添加约束】对话框，可以继续添加下一个约束条件。

7 按照同样方法继续设置其他约束条件。此规划求解用到的所有约束条件如下：

$G\$3>=\$E\$3$

$G\$3=$整数

$G\$3<=\$F\$3$

$G\$4>=\$E\$4$

$G\$4=$整数

$G\$4<=\$F\$4$

$G\$5>=\$E\$5$

$G\$5=$整数

$G\$5<=\$F\$5$

$G\$6>=\$E\$6$

$G\$6=$整数

$G\$6<=\$F\$6$

$D\$10<=\$D\$8$

$D\$11<=\$D\$9$

8 设置完最后一个约束条件后单击 ［确定(O)］ 按钮，返回【规划求解参数】对话框。

9 在【选择求解方法】下拉列表中选择合适的求解方法，这里选择【单纯线性规划】选项。

10 单击 求解(S) 按钮，弹出【规划求解结果】对话框。

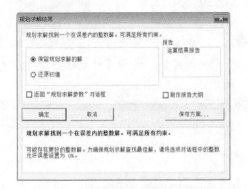

11 在【规划求解结果】对话框下面的文本框中，用户可以看到系统提示"可能存在更好的整数解。为确保规划求解查找最佳解，请将选项对话框中的整数允许误差设置为0%。"，此时，用户可以选中【返回"规划求解参数"对话框】复选框。

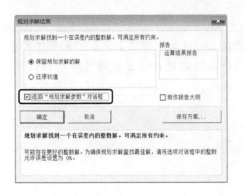

12 单击 确定(O) 按钮，返回【规划求解参数】对话框，单击 选项(P) 按钮。

13 弹出【选项】对话框，系统自动切换到【所有方法】选项卡，在【整数最优性】文本框中输入【0】。

14 单击 确定(O) 按钮，返回【规划求解参数】对话框。

⑮单击 求解(S) 按钮，弹出【规划求解结果】对话框，撤选【返回"规划求解参数"对话框】复选框。

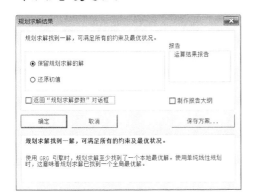

⑯单击 确定 按钮，返回工作表，此时即可看到规划求解的结果。

3. 生成规划求解报告

使用【规划求解】功能不仅能够得到求解结果，还能够生成运算结果报告。

生成运算结果报告的具体步骤如下。

❶切换到工作表"产销预算"中，切换到【数据】选项卡，在【分析】组中单击【规划求解】按钮 规划求解。

❷弹出【规划求解参数】对话框，保持里面的设置不变。

❸单击 求解(S) 按钮，弹出【规划求解结果】对话框，在【报告】列表框中选择【运算结果报告】选项，然后选中【制作报告大纲】复选框。

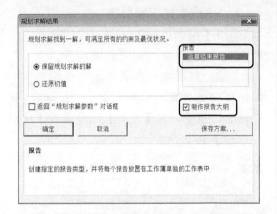

4 单击 __确定__ 按钮，系统会自动创建一个名为"运算结果报告1"的工作表，切换到该工作表中，即可看到运算结果报告的具体内容。

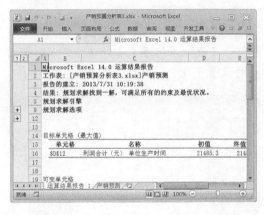

5 由于在【规划求解结果】对话框中选中了【制作报告大纲】复选框，因此运算结果报告以大纲形式显示（即分级显示），部分详细数据被隐藏起来。在表格左侧单击 ② 按钮，即可将隐藏的详细数据显示出来。

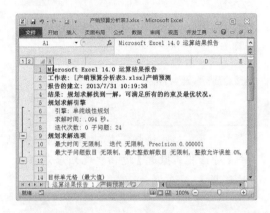

规划求解报告生成以后，用户可以清楚地从报告中看到规划求解的结果以及详细的运算限制条件。

第 3 篇
PowerPoint 办公应用

PowePoint 2010 是 Office 2010 中的一个幻灯片制作程序，主要用来创建和编辑用于幻灯片播放、会议和网页的演示文稿。PowerPoint 2010 是日常办公中必不可少的幻灯片制作工具，使用 PowerPoint 2010 可以快速制作出精美的演示文稿。要使用 PowerPoint 2010 编排出具有专业水准的文档，就必须掌握一些基本的和高级的操作，主要包括演示文稿的基本操作、在幻灯片中插入表格、图表的对象，以及在幻灯片中插入视频、音频文件等。

本篇介绍 PowerPoint 2010 在日常办公中的应用。通过本篇的学习用户能够熟练地掌握幻灯片的编辑、优化等技巧，轻松地提高在日常工作中使用 PowerPoint 2010 的水平。

- 第 9 章　PowerPoint 2010 快速入门
- 第 10 章　编辑演示文稿
- 第 11 章　美化与放映演示文稿

第 9 章
PowerPoint 2010 快速入门

PowerPoint 2010 是现代日常办公中经常用到的一种制作演示文稿的软件，可用于介绍新产品、方案企划、教学演讲以及汇报工作等。

本章通过制作员工培训案例和产品营销案例来介绍如何创建和编辑演示文稿，如何插入新幻灯片，以及如何对幻灯片进行美化设置等内容。

要 点 导 航

■ 制作员工培训案例
■ 制作产品营销案例

9.1 制作员工培训案例

案例背景

为加强对培训工作的管理，确保制定出的培训计划符合公司的发展要求，保证培训工作能够顺利进行，一般公司都会制定相关的培训计划管理章程。之前我们已经制作出了相应的员工培训管理章程，下面通过制作一个员工培训案例的演示文稿使整个培训课程不再枯燥单一，使读者看起来更加简单易懂。

最终效果及关键知识点

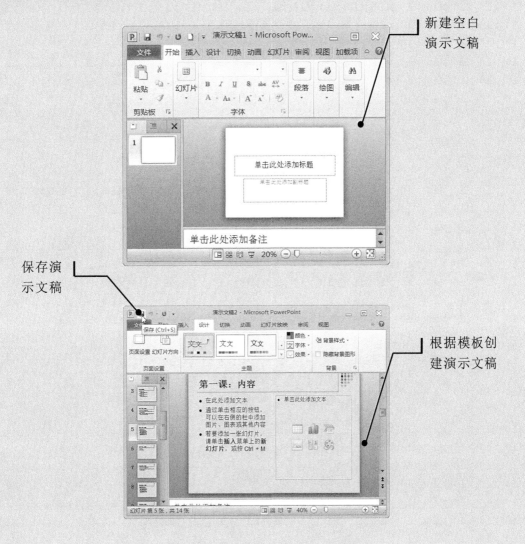

新建空白
演示文稿

保存演
示文稿

根据模板创
建演示文稿

加密演示文稿

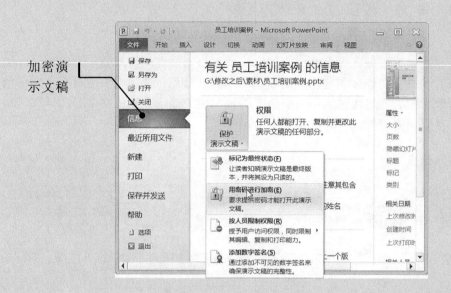

插入幻灯片

复制幻灯片

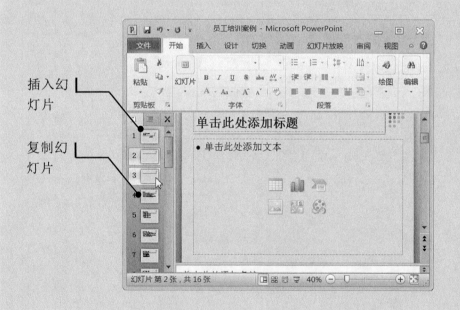

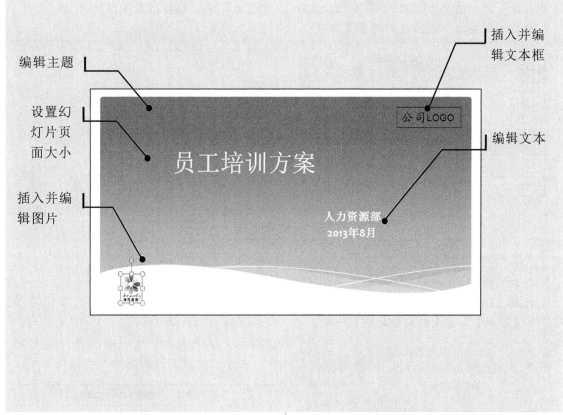

编辑主题

设置幻灯片页面大小

插入并编辑图片

插入并编辑文本框

公司LOGO

员工培训方案

编辑文本

人力资源部
2013年8月

9.1.1　新建演示文稿

新建演示文稿的方法有两种，用户既可以新建空白演示文稿，也可以使用模板创建演示文稿。

本实例的原始文件和最终效果所在位置如下。		
	原始文件	原始文件\09\演示文稿 1.pptx
	最终效果	最终效果\09\演示文稿 2.pptx

1.　新建空白演示文稿

通常情况下，启动 PowerPoint 2010 之后就会自动地创建一个空白演示文稿。

2.　根据模板创建演示文稿

用户还可以根据系统自带的模板创建演示文稿，具体的操作步骤如下。

① 在演示文稿窗口中单击 文件 按钮，在弹出的下拉菜单中选择【新建】菜单项。

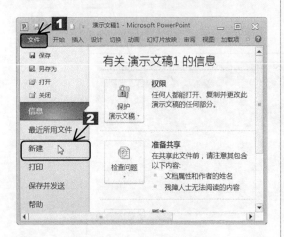

② 在右侧的【可用的模板和主题】列表框中选择【Office.com 模板】➤【演示文稿】➤【培训】➤【培训演示文稿】选项。

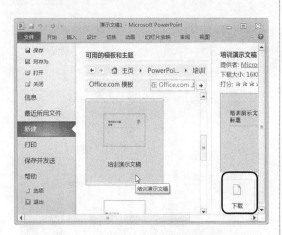

③ 单击【下载】按钮，弹出【正在下载模板】对话框。

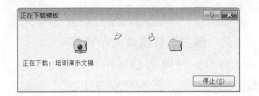

提示

在连接网络的情况下才可以下载模板。

④ 下载完毕，模板效果如图所示。

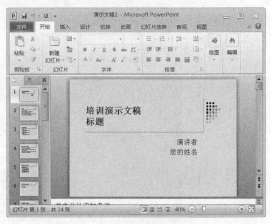

9.1.2 保存和加密演示文稿

创建了演示文稿之后，用户还可以将其保存起来，以供以后使用。为了防止别人查看演示文稿的内容，可以对其进行加密操作。本小节设置的密码均为"123456"。

本实例的原始文件和最终效果所在位置如下。		
	原始文件	原始文件\09\演示文稿 2.pptx
	最终效果	最终效果 09\员工培训案例.pptx

1. 保存演示文稿

保存演示文稿的具体步骤如下。

① 打开演示文稿，在【快速访问工具栏】中单击 🖫 按钮。

② 弹出【另存为】对话框，在保存范围列表框中选择合适的保存位置，然后在【文件名】文本框中输入"员工培训案例.pptx"。

③ 设置完毕，单击 保存(S) 按钮，即可回到幻灯片普通视图页面下。

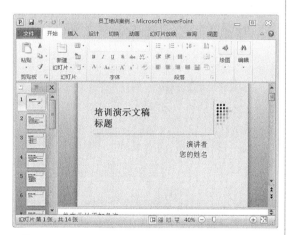

④ 如果对已有的演示文稿进行了编辑操作，可以直接单击【快速访问工具栏】中的 🖫 按钮保存演示文稿。如果要将已有的演示文稿保存在其他位置，可以在演示文稿窗口中单击 文件 按钮，在弹出的快捷菜单中选择【另存为】菜单项进行保存即可。

2. 加密演示文稿

对演示文稿进行加密的具体步骤如下。

① 在演示文稿中单击 文件 按钮，在弹出的下拉菜单中选择【信息】菜单项，然后单击【保护演示文稿】按钮，在弹出的下拉列表中选择【用密码进行加密】选项。

② 弹出【加密文档】对话框，在【密码】文本框中输入"123456"，然后单击 确定 按钮，弹出【确认密码】对话框，在【重新输入密码】文本框中输入"123456"。设置完毕，单击 确定 按钮。

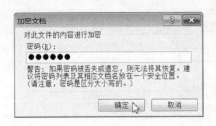

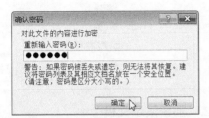

❸再次启动该文档时将会弹出【密码】对话框。

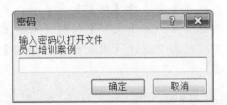

❹在【输入密码以打开文件】文本框中输入密码"123456"，然后单击 确定 按钮。

❺随即打开相应的演示文稿。

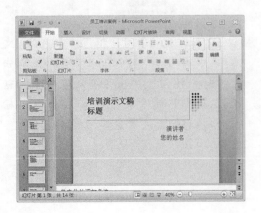

❻如果要取消加密演示文稿，单击 文件 按钮，在弹出的下拉菜单中选择【信息】菜单项，然后单击【保护演示文稿】按钮，在弹出的下拉列表中选择【用密码进行加密】选项。

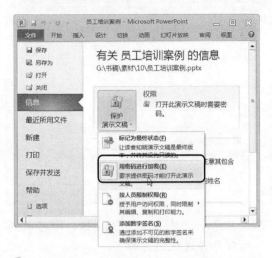

❼弹出【加密文档】对话框。此时，在【密码】文本框中显示设置的密码"123456"，将密码删除，然后单击 确定 按钮。

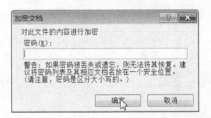

❽随即返回到相应的演示文稿中，此时便解除了密码锁定。

9.1.3　插入和删除幻灯片

用户在制作演示文稿的过程中经常需要添加新的幻灯片，或者删除不需要的幻灯片。

本实例的原始文件和最终效果所在位置如下。	
原始文件	原始文件\09\员工培训案例.pptx
最终效果	最终效果 09\员工培训案例 01.pptx

1.　插入幻灯片

用户可以通过右键快捷菜单插入新的幻灯片，也可以通过【幻灯片】组插入。

● **使用右键快捷菜单**

使用右键快捷菜单插入新的幻灯片的具体步骤如下。

❶打开本实例的原始文件，单击▣按钮切换到普通视图，在要插入幻灯片的位置单击鼠标右键，然后在弹出的快捷菜单中选择【新建幻灯片】菜单项。

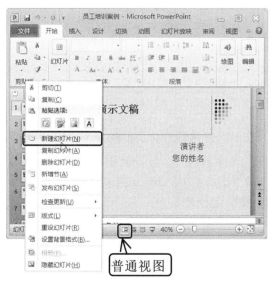

❷即可在选中的幻灯片的下方插入一张新的幻灯片，并自动应用幻灯片版式。

● **使用【幻灯片】组**

使用【幻灯片】组插入新的幻灯片的具体步骤如下。

❶选中要插入幻灯片的位置，切换到【开始】选项卡，在【幻灯片】组中单击【新建幻灯片】按钮下方的下拉按钮，在弹出的下拉列表中选择【节标题】选项。

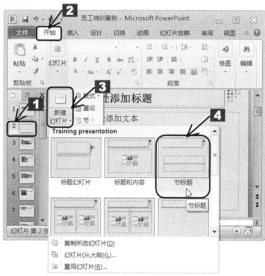

❷即可在选中幻灯片的下方插入一张新的幻灯片。

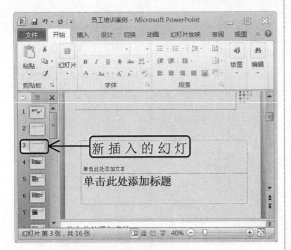

2. 删除幻灯片

如果演示文稿中有多余的幻灯片，用户可以将其删除。

❶ 在左侧的幻灯片列表中选择要删除的幻灯片，在此同时选中第 2 张和第 3 张幻灯片。

提示

选中连续的幻灯片：首先选中需要选中的第一张幻灯片，然后按住【Shift】键选中需要选中的最后一张幻灯片。

选中不连续的幻灯片：按住【Ctrl】键，依次选中所有需要选中的幻灯片即可。

❷ 单击鼠标右键，在弹出的快捷菜单中选择【删除幻灯片】菜单项，即可将选中的幻灯片删除。

9.1.4 设计 Office 主题

之前我们已经通过模板创建了新的演示文稿，但看起来不够美观，这时可以利用幻灯片自带的主题对幻灯片的风格进行更改，使其不仅实用而且美观。

本实例的原始文件和最终效果所在位置如下。		
	原始文件	原始文件\09\员工培训案例 01.pptx
	最终效果	最终效果\09\员工培训案例 02.pptx

1. 设置幻灯片页面的大小

通常情况下，创建新的演示文稿时，演示文稿使用的是 Office 自带的样式，用户可以根据自己的喜好，修改幻灯片页面的大小，使其更美观。

❶ 打开本实例的原始文件，切换到【设计】选项卡，在【页面设置】组中单击【幻灯片方向】按钮，在弹出的下拉列表中选择【横向】选项。

2 在【设计】选项卡下，单击【页面设置】
组中的【页面设置】按钮。

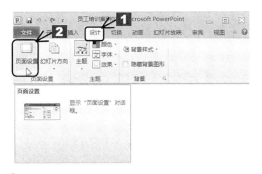

3 随即弹出【页面设置】对话框，在【幻灯
片大小】下拉列表中选择【全屏显示
（16:9）】选项，然后单击 确定 按钮。

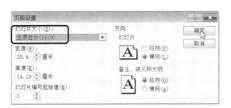

4 回到普通视图下，幻灯片的页面大小就随
之改变。

2. 编辑 Office 主题

如果我们建立的演示文稿并不是特别
美观，还可以对幻灯片的主题进行编辑。

1 切换到【设计】选项卡下，单击【主题】
组中的【其他】按钮。

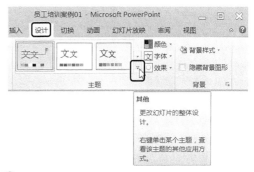

2 在弹出的下拉列表中选择【内置】➤【波
形】选项。

3 回到普通视图下，幻灯片主题随之改变。

9.1.5 编辑幻灯片

幻灯片的主要构成要素包括:文本、图片、形状和表格。接下来对幻灯片的各个要素进行编辑。

	本实例的素材文件、原始文件和最终效果所在位置如下。
素材文件	素材文件\09\图片 01.jpg
原始文件	原始文件\09\员工培训案例 02.pptx
最终效果	最终效果\09\员工培训案例 03.pptx

1. 编辑文本

在幻灯片中编辑文本的步骤如下。

① 打开本实例的原始文件,在左侧的幻灯片列表中选择要编辑的第 1 张幻灯片,单击标题占位符,此时占位符中出现闪烁的光标。

② 在占位符中输入标题"员工培训方案",也可对其进行相应的字体设置。

③ 使用同样的方法编辑其他文本框。

2. 插入并编辑文本框

在幻灯片中编辑文本框的步骤如下。

① 切换到【插入】选项卡,在【文本】组中单击【文本框】按钮,在弹出的下拉列表中选择【横排文本框】选项。

② 在要添加文本框的位置按下鼠标左键,绘制一个横排文本框,然后输入文字"公司 LOGO",并进行简单设置。编辑完成以后,第 1 张幻灯片的最终效果如图所示。

插入的文本框

3. 插入并编辑图片

在幻灯片中编辑图片的具体步骤如下。

1 切换到【插入】选项卡，在【图像】组中单击【图片】按钮。

2 弹出【插入图片】对话框，从中选择素材文件"图片 01"。

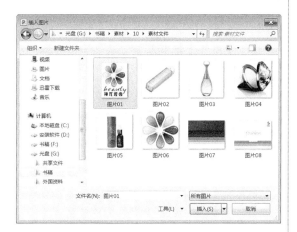

3 单击 插入(S) 按钮返回演示文稿窗口，然后调整图片的大小和位置，效果如图所示。

插入的图片

9.1.6 移动、复制与隐藏幻灯片

用户在编辑演示文稿的过程中，经常需要移动、复制和隐藏幻灯片。

本实例的原始文件和最终效果所在位置如下。		
	原始文件	原始文件\09\员工培训案例 03.pptx
	最终效果	最终效果\09\员工培训案例 04.pptx

1. 移动幻灯片

移动幻灯片的具体步骤如下。

1 打开本实例的原始文件，在左侧的幻灯片列表中选择要移动的幻灯片，然后按住鼠标左键不放，将其拖动到要移动的位置后释放左键即可。例如选中第 3 张幻灯片，然后按住鼠标左键不放。

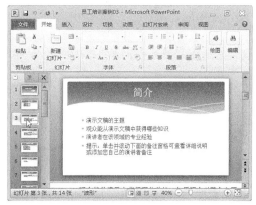

2 将其拖动到第 2 张幻灯片的位置即可。

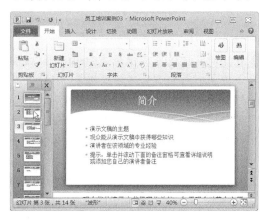

2. 复制幻灯片

复制幻灯片的具体步骤如下。

❶ 选中要复制的第 14 张幻灯片,然后单击鼠标右键,在弹出的快捷菜单中选择【复制幻灯片】菜单项。

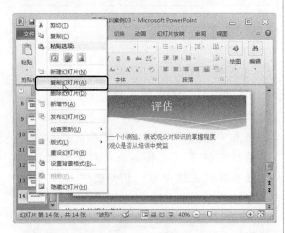

❷ 此时,即可在下方复制一张与第 14 张幻灯片格式和内容相同的幻灯片。

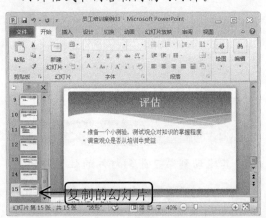

❸ 另外,用户还可以使用【Ctrl】+【C】组合键复制幻灯片,然后使用【Ctrl】+【V】组合键在同一演示文稿内或不同演示文稿之间进行粘贴。选中要复制的第 15 张幻灯片,按下【Ctrl】+【C】组合键,然后按下【Ctrl】+【V】组合键,即可复制一张与第 15 张幻灯片样式和内容一样的幻灯片。

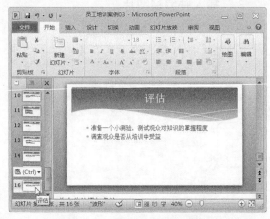

3. 隐藏幻灯片

当用户不想放映演示文稿中的某些幻灯片时,则可以将其隐藏起来。隐藏幻灯片的具体步骤如下。

❶ 按下【Shift】键的同时,在左侧的幻灯片列表中选择要隐藏的第 15 和第 16 张幻灯片。

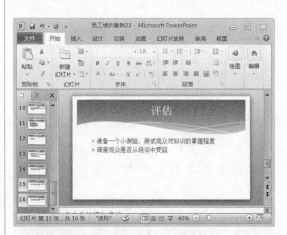

❷ 单击鼠标右键,在弹出的快捷菜单中选择【隐藏幻灯片】菜单项。

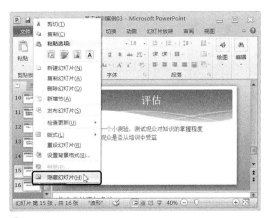

3 此时，在该幻灯片的标号上会显示一条删除斜线，表明该幻灯片已经被隐藏。

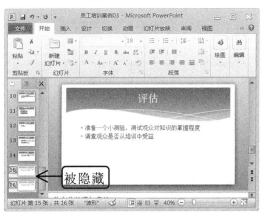

被隐藏

4 要取消隐藏，方法非常简单，只需要选中相应的幻灯片，然后单击鼠标右键，在弹出的快捷菜单中选择【隐藏幻灯片】即可。

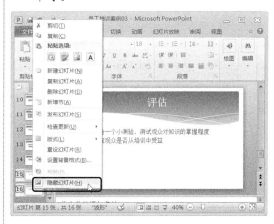

9.2 制作产品营销案例

案例背景

　　在日常工作中，演示文稿经常应用于工作总结、产品推介、公司宣传、演讲文案、个人相册、项目规划、广告设计以及企划方案等多方面。接下来以神龙化妆品的营销推广为例，详细介绍从模板设计到幻灯片制作的过程。

最终效果及关键知识点

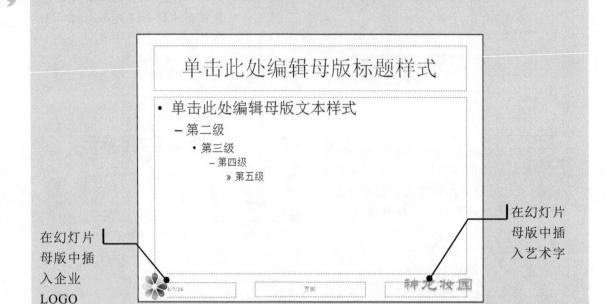

在幻灯片母版中插入企业LOGO

在幻灯片母版中插入艺术字

在幻灯片母版中设置背景格式

在幻灯片中填充图形

插入并编辑
文本框

插入基本
形状

编辑引言
幻灯片

使用项目符
号和编号

编辑过渡幻灯片

插入形状

插入并编辑图片

设置图片灰度

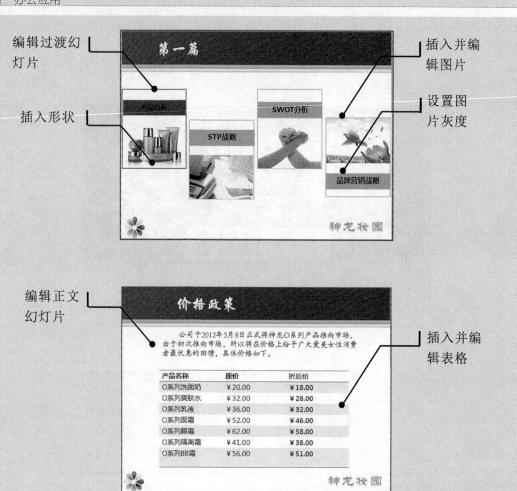

编辑正文幻灯片

插入并编辑表格

编辑结尾幻灯片

插入并编辑艺术字

在幻灯片母版中插入并编辑图片

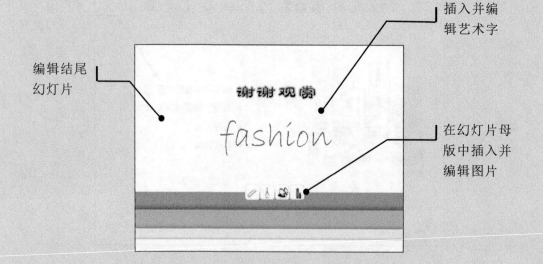

9.2.1　设计幻灯片母版

　　幻灯片母版是幻灯片层次结构中的顶层幻灯片，用于存储有关演示文稿的主题和幻灯片版式的信息，包括背景、颜色、字体、效果、占位符大小和位置。

　　一个完整且专业的演示文稿，它的内容、背景、配色和文字格式等都有着统一的设置。为了实现统一的设置就需要用到幻灯片母版。设计幻灯片母版，可以使演示文稿中的所有幻灯片具有与设计母版相同的样式效果。

本实例的素材文件、原始文件和最终效果所在位置如下。	
素材文件	素材文件\09\图片 06.jpg
原始文件	原始文件\09\产品营销案例.pptx
最终效果	最终效果\09\产品营销案例 01.pptx

1.　插入企业 LOGO

　　设计幻灯片母版的具体步骤如下。

❶打开本实例的原始文件，在演示文稿窗口中，切换到【视图】选项卡，在【母版视图】组中单击 幻灯片母版 按钮。

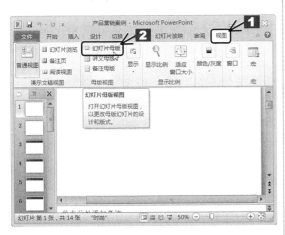

❷此时，系统会自动切换到幻灯片母版视图，并切换到【幻灯片母版】选项卡，在左侧的幻灯片浏览窗格中选择【时尚幻灯片母版：由幻灯片 1-14 使用】选项。

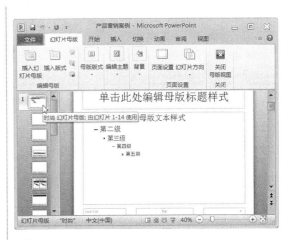

❸切换到【插入】选项卡，单击【图像】组中的【图片】按钮 。

❹弹出【插入图片】对话框，从中选择素材文件"图片 06"，然后单击 插入(S) 按钮。

⑤随即返回到演示文稿窗口，调整图片的大小，并将图片放到合适的位置，如下图所示。

2. 插入并编辑艺术字

艺术字是 PowerPoint 2010 提供的现成的文本样式对象，用户可以将其插入到幻灯片中，并设置其格式效果。PowerPoint 2010 提供了多种艺术字功能，在演示文稿中使用艺术字特效可以使幻灯片更加灵动和美观。下面具体介绍如何在幻灯片母版中插入艺术字。

①在左侧的幻灯片浏览窗格中选择【时尚幻灯片母版：由幻灯片 1-14 使用】选项。然后切换到【插入】选项卡，在【文本】组中单击【艺术字】按钮，并在弹出的下拉列表中选择【填充-紫色，强调文字颜色 4，外部阴影—强调文字颜色 4，软边缘棱台】选项，具体的操作如下图所示。

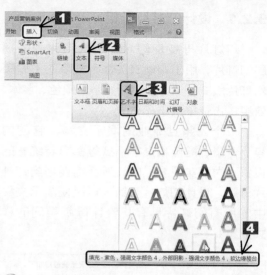

②此时，即可在幻灯片中插入一个艺术字文本框。

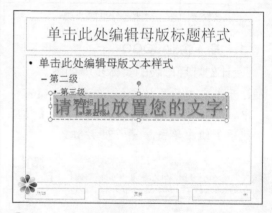

③在【请在此放置您的文字】文本框中输入"神龙妆园"，然后将其移动到合适的位置。

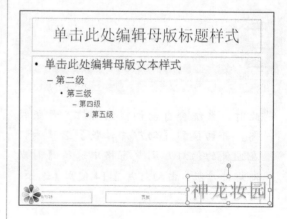

④ 如果用户对艺术字效果不满意，可以选中艺术字文本框，切换到【开始】选项卡，在【字体】组中单击【对话框启动器】按钮 。

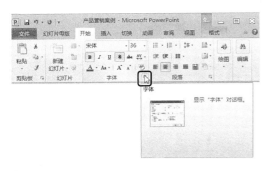

⑤ 弹出【字体】对话框，切换到【字体】选项卡，在【中文字体】下拉列表中选择【华文隶书】选项，然后在【大小】微调框中输入"36"，单击 确定 按钮即可。

⑥ 设置完毕，回到普通视图页面下，最后效果如图所示。

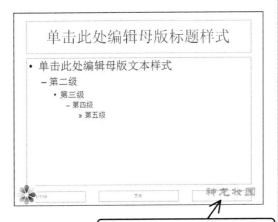

修改了艺术字的字体和字号

9.2.2　设计标题幻灯片版式

标题幻灯片版式常常在演示文稿中作为封面和结束语的样式。下面具体介绍如何设计标题幻灯片版式。

本实例的素材文件、原始文件和最终效果所在位置如下。		
	素材文件	素材文件\09\图片 02.jpg~05.jpg、07.jpg
	原始文件	原始文件\09\产品营销案例 01.pptx
	最终效果	最终效果\09\产品营销案例 02.pptx

1.　设置背景格式

设计标题幻灯片版式的具体步骤如下。

① 在幻灯片母版视图中，切换到【幻灯片母版】选项卡，在左侧的幻灯片浏览窗格中选择【标题幻灯片 版式：由幻灯片 1 使用】选项。

② 在【背景】组中选中【隐藏背景图形】复选框，即可隐藏标题幻灯片的背景。

2. 填充图形

在幻灯片中填充图形，可以使幻灯片更加美观，下面介绍具体的方法。

1 在幻灯片母版视图中，切换到【幻灯片母版】选项卡，单击【背景】组中的【对话框启动器】按钮。

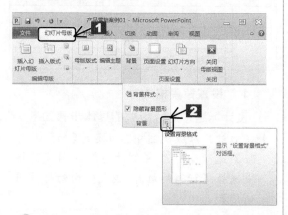

2 随即弹出【设置背景格式】对话框，切换到【填充】选项卡，然后单击 文件(F)... 按钮。

3 随即弹出【插入图片】对话框，选择"图片 07"，然后单击 插入(S) ▼ 按钮。

4 返回【设置背景格式】对话框，单击 关闭 按钮即可。

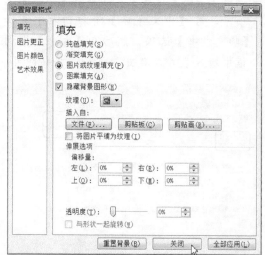

5 随即插入了背景图片，如下图所示。

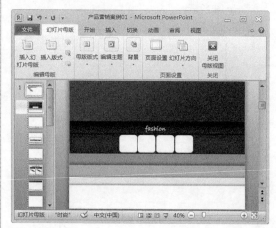

⑥在 4 个空白的边框形状处填充"图片 02.jpg~图片 05.jpg"即可，最后效果如图所示。

9.2.3　编辑标题幻灯片

幻灯片母版设计完成以后，接下来用户可以根据标题幻灯片版式来编辑演示文稿的标题幻灯片。

本实例的原始文件和最终效果所在位置如下。	
原始文件	原始文件\09\产品营销案例 02.pptx
最终效果	最终效果\09\产品营销案例 03.pptx

1.　插入并编辑文本框

❶打开本实例的原始文件，在【幻灯片母版】视图下，单击【关闭】组的【关闭母版视图】按钮即可关闭母版视图。

❷切换到【插入】选项卡，单击【文本】组中的【文本框】按钮，在弹出的下拉列表中选择【横排文本框】选项。

❸在要添加文本框的位置按住鼠标左键绘制一个横排文本框，并调整其大小和位置。

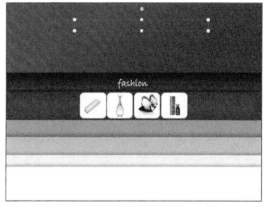

❹在绘制的文本框中输入文字"化妆品营销推广方案"，然后将字体设置为白色，48号加粗，华文行楷。

5 按照同样的方法编辑副标题,具体如下图所示。

2. 插入基本形状

下面介绍如何在幻灯片中插入基本的形状。

1 切换到【插入】选项卡,在【插图】组中单击 形状 按钮 ,在弹出的下拉列表中选择【直线】选项。

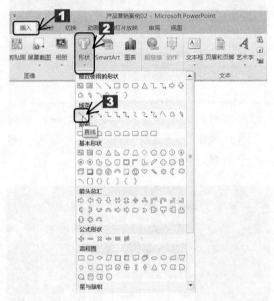

2 在要添加形状的位置按住鼠标左键绘制一条直线。选中该直线,在【绘图工具】栏中,切换到【格式】选项卡,在【形状样式】组中单击 形状轮廓 按钮,在弹出的下拉列表中选择【白色,背景1】选项。

3 使用同样的方法,在弹出的下拉列表中选择【粗细】➤【2.25磅】选项。

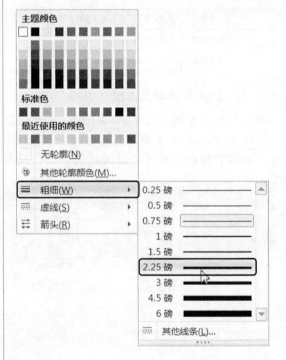

④使用【Ctrl】+【C】组合键和【Ctrl】+【V】组合键，复制并粘贴一条相同的直线，并将其调整到合适的位置。

⑤编辑完成后，标题幻灯片的最终效果如图所示。

9.2.4　编辑其他幻灯片

标题幻灯片编辑完成以后，接下来就可以编辑其他幻灯片了。除了标题幻灯片以外，演示文稿中还包括引言、目录、过渡、正文、结尾等多种类型的幻灯片。

本实例的素材文件、原始文件和最终效果所在位置如下。		
◎	素材文件	素材文件\09\图片 09.jpg~15.jpg
	原始文件	原始文件\09\产品营销案例 03.pptx
	最终效果	最终效果\09\产品营销案例 04.pptx

1.　编辑引言幻灯片

引言幻灯片主要用于介绍演示文稿的主题，如公司概况、产品简介、活动摘要、演讲主旨等。引言幻灯片通常位于演示文稿的封面之后、目录之前。

编辑引言幻灯片的具体步骤如下。

❶打开本实例的原始文件，在左侧的幻灯片列表中选择要编辑的第 1 张幻灯片，切换到【开始】选项卡，在【幻灯片】组中单击【新建幻灯片】按钮 下方的下拉按钮，在弹出的下拉列表中选择【两栏内容】选项。

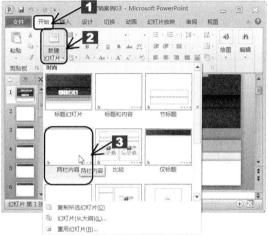

❷即可在第 1 张幻灯片的下方插入一张两栏内容的新幻灯片。

③ 插入一个文本框，并输入文字"神龙妆园
O系列化妆品（套装）"，然后将其移到合
适的位置。

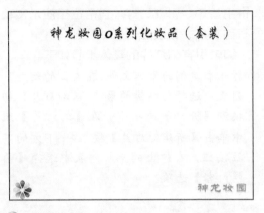

④ 按照插入图片的方法，在左边插入图片
"图片 12.jpg"。

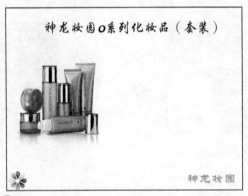

⑤ 在右栏插入一个文本框，并输入相应的文
本内容，具体如下图所示。

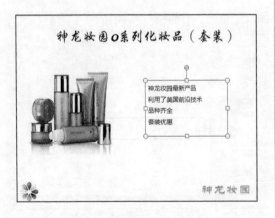

⑥ 选中文本，然后单击鼠标右键，在弹出的
快捷菜单中选择【项目符号】➤【带填充
效果的大圆形项目符号】选项。

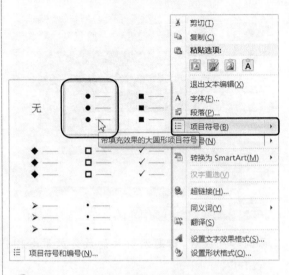

⑦ 编辑完成后，引言的第一张幻灯片的最终
效果如图所示。

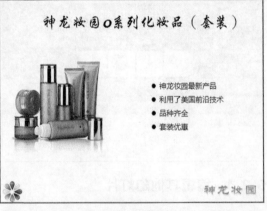

⑧ 选中第 3 张空白的幻灯片，切换到【设计】
选项卡下，单击【背景】组中的【对话
框启动器】按钮 。

9 随即弹出【设置背景格式】对话框，切换到【填充】选项卡下，单击 文件(F)... 按钮。

10 在弹出的【插入图片】对话框中，选择"图片 09"，然后单击 插入(S) 按钮。

11 返回【设置背景格式】对话框，单击 关闭 按钮即可。

12 填充的背景图片如下图所示。

13 按照插入图片的方法，插入图片 10.jpg、图片 11.jpg、图片 12.jpg，最后效果如图所示。

⑭输入文字"神龙妆园 O 系列化妆品",然后将其移到合适的位置。引言的第 2 张幻灯片的设计效果如下图所示。

2. 编辑目录幻灯片

目录幻灯片主要用于演示文稿目录的列示,主要包括罗列型、图文型、SmartArt型和导航型等多种类型。目录幻灯片通常位于前言幻灯片之后、过渡幻灯片之前。本小节以编辑图文型目录为例,介绍目录幻灯片的编辑过程。

编辑目录幻灯片的具体步骤如下。

①在左侧的幻灯片列表中选择要编辑的第 4 张幻灯片,在标题文本框中输入文字"目录",并调整其大小和位置。

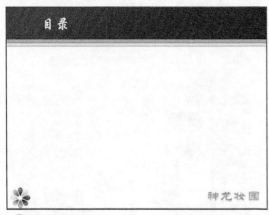

②切换到【插入】选项卡,在【插图】组中

单击 形状 按钮,在弹出的下拉列表中选择【矩形】选项。

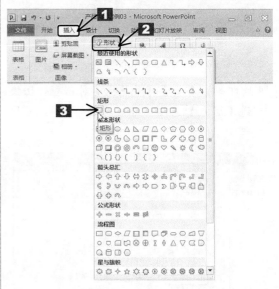

③在要添加形状的位置按住鼠标左键并拖动,绘制一个矩形。选中该矩形,在【绘图工具】栏中,切换到【格式】选项卡,在【形状样式】组中选择合适的样式,例如选择【彩色轮廓-红色,强调颜色 2】选项。

④在【大小】组的【高度】和【宽度】微调框中,分别将矩形的高度和宽度设置为"7.24 厘米"和"6.04 厘米"。

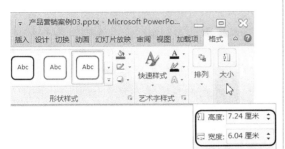

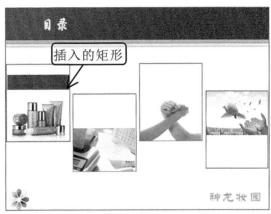

5 复制 3 个相同的矩形框，然后按照一定的规律进行排列，效果如图所示。

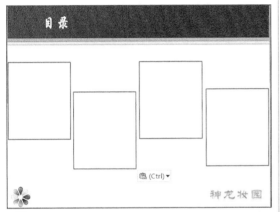

6 按照插入图片的方法，插入图片 12.jpg、图片 13.jpg、图片 14.jpg、图片 15.jpg，最后效果如图所示。

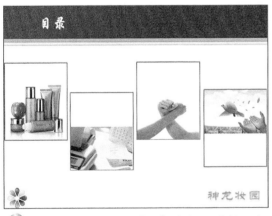

7 按照插入形状的方法，在适当位置插入矩形，高度和宽度分别设为 1.4 厘米和 5.93 厘米，并选择【红色，强调文字颜色 2，深色 25%】选项。

8 再插入一个文本框，输入"产品分析"，并设计相应的字体格式，如下图所示。

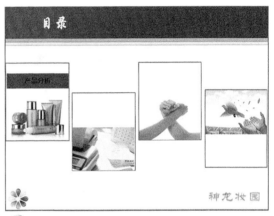

9 按照相同的方法设计其他 3 个形状，最后效果如下图所示。

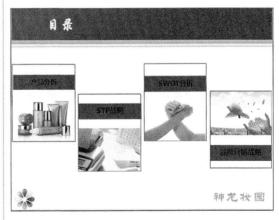

3. 编辑过渡幻灯片

过渡幻灯片主要用于演示文稿从目录到正文的过渡。通常情况下，过渡幻灯片是在目录幻灯片的基础上，对有关标题进行突出显示而形成的新幻灯片。

编辑过渡幻灯片的具体步骤如下。

① 在左侧的幻灯片列表中选择第 4 张幻灯片，然后单击鼠标右键，在弹出的快捷菜单中选择【复制幻灯片】菜单项。

② 此时，即可在第 4 张幻灯片的下方复制一张相同的幻灯片，选中该幻灯片，然后将标题文本框改为"第一篇"。

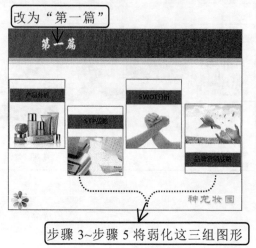

步骤 3~步骤 5 将弱化这三组图形

③ 按下【Shift】键，同时选中其他 3 个大文本框中的 3 张图片，在【绘图工具】栏中，切换到【格式】选项卡，在【调整】组中单击【颜色】按钮，在弹出的下拉列表中选择【灰度】选项。

④ 按下【Shift】键，同时选中其他 3 个大文本框中的 3 个填充的矩形，在【绘图工具】栏中，切换到【格式】选项卡，在【形状样式】组中单击【形状填充】按钮，在弹出的下拉列表中选择【白色，背景 1，深色 35%】选项。

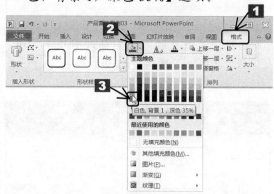

⑤ 按下【Shift】键，同时选中其他 3 个大文本框中的 3 个大的矩形框，在【绘图工具】栏中，切换到【格式】选项卡，在【形状样式】组中单击【形状轮廓】按钮，在弹出的下拉列表中选择【白色，背景 1，深色 15%】选项。

❻返回演示文稿,过渡幻灯片的最终效果如图所示。

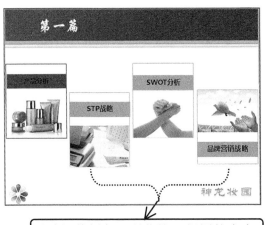

通过调整颜色,弱化这三组图的内容

4. 编辑正文幻灯片

正文幻灯片是演示文稿的主要内容。通常情况下,正文幻灯片的内容由图形、图片、图表、表格以及文本框组成。

在此以编辑数据表格为例简单介绍一下编辑正文幻灯片的具体步骤。

❶在左侧的幻灯片列表中选择要编辑的第6张幻灯片,插入一个文本框,输入并编辑标题文本"价格政策"。

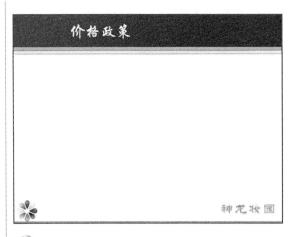

❷插入一个文本框,并输入相应的文本内容,具体如下图所示。

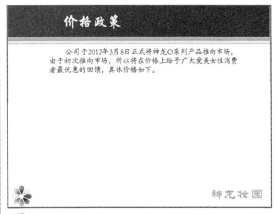

❸切换到【插入】选项卡下,单击【表格】组中的【表格】按钮,在弹出的下拉列表中选择【插入表格】选项。

④ 随即弹出【插入表格】对话框，在行和列微调框中，分别将其设置为"8"和"3"，最后单击 确定 按钮。

⑤ 此时即可在幻灯片中插入一个8行3列的表格。

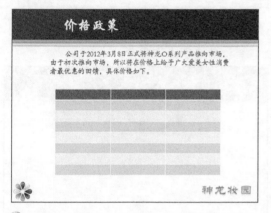

⑥ 选中该表格，在【表格工具】栏中，切换到【设计】选项卡，在【表格样式】组中单击【其他】按钮。

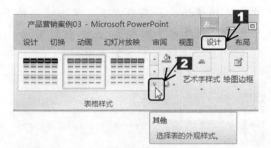

⑦ 随即弹出【表格样式库】，在其下拉列表中选择【淡】➤【浅色样式1-强调2】选项。

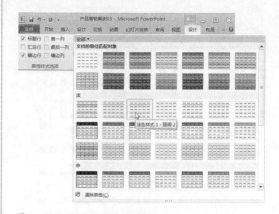

⑧ 随即表格就呈现相应的样式，具体如下图所示。

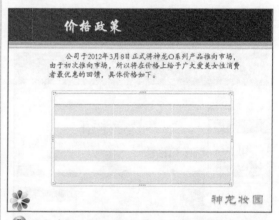

⑨ 输入相应的文本，最后的效果如图所示。

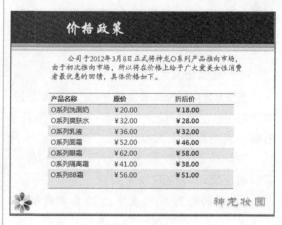

9.2.5　编辑结尾幻灯片

结尾幻灯片主要用于表示演示文稿的结束。通常情况下，结尾幻灯片会对观众予以致谢。

本实例的素材文件、原始文件和最终效果所在位置如下。		
	素材文件	素材文件\09\图片 02.jpg~05.jpg、08.jpg
	原始文件	原始文件\09\产品营销案例 04.pptx
	最终效果	最终效果\09\产品营销案例 05.pptx

编辑结尾幻灯片的具体步骤如下。

1．插入并编辑图片

① 打开本实例的原始文件，在左侧的幻灯片列表中选择第 15 张幻灯片，然后切换到【开始】选项卡，在【幻灯片】组中单击【新建幻灯片】按钮，在弹出的下拉列表中选择【空白】选项。

② 切换到【视图】选项卡下，单击【母版视图】组的【幻灯片母版】按钮 幻灯片母版。

③ 切换到【设计】选项卡下，单击【背景】组中的【对话框启动器】按钮，然后单击 文件(F)... 按钮，按照之前介绍的设计背景格式的方法，插入"图片 08"，最后依次单击 插入(S) 按钮和 关闭 按钮。

④ 随即会在幻灯片母版视图下插入图片，从而对其背景进行相应的设置效果如下图所示。

⑤ 按照之前介绍的插入图片的方法在幻灯片母版中合适的位置插入图片 02.jpg~图片 05.jpg，插入后的效果如下图所示。

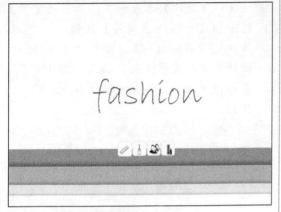

2. 插入并编辑艺术字

①在幻灯片母版视图下，切换到【幻灯片母版】选项卡下，单击【关闭】组中的【关闭母版视图】按钮。

②随即回到普通视图下。

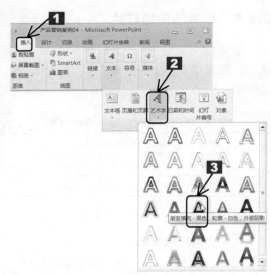

③选中第16张幻灯片，切换到【插入】选项卡，在【文本】组中单击【艺术字】按钮，在弹出的下拉列表中选择【渐变填充-黑色,轮廓-白色,外部阴影】选项。

④此时，即可在幻灯片中插入一个艺术字文本框。然后输入"谢谢观赏"，并把字体设置为"迷你简祥隶，54号"即可，最后效果如图所示。

第 10 章
编辑演示文稿

前一章介绍了 PowerPoint 2010 的基本操作和幻灯片母版的基本操作。接下来，我们具体介绍如何对幻灯片进行相应的编辑，使其更加实用美观。

本章通过制作企业文化宣传册和年终总结报告演示文稿来介绍如何进一步编辑演示文稿，如何在幻灯片中插入形状、图解、图表和表格等元素，以及如何美化这些新元素。

要 点 导 航

■ 制作企业文化宣传册
■ 制作年终总结报告

10.1 制作企业文化宣传册

案例背景

一个有计划性和远瞻性的公司会有自己的企业文化理念和企业发展理念，这是一个企业强有力的思想根基。为了广大的消费者和一些关心企业发展的人们能够更好地了解企业的发展历程和走向，企业需要通过一个演示文稿将其要传达的信息以简单明了的方式表达出来。下面通过制作企业文化宣传册的演示文稿来展现神龙妆园的企业特色和活力。

最终效果及关键知识点

插入 SmartArt
图形

在 SmartArt 图
形中添加形状

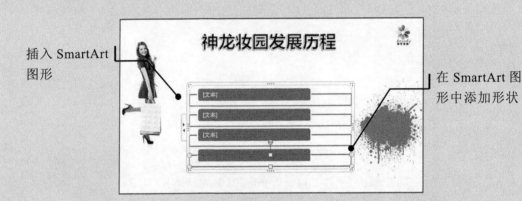

设计 SmartArt
图形的样式

在 SmartArt 图
解中输入文本

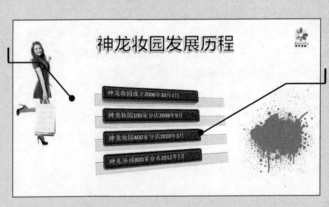

10.1.1　绘制列表型图解

PowerPoint 2010 提供了很多图解的样式，下面利用 PowerPoint 2010 中绘制自选图形的功能制作一个列表型图解。

本实例的原始文件和最终效果所在位置如下。	
原始文件	原始文件\10\企业文化宣传册.pptx
最终效果	最终效果\10\企业文化宣传册 01.pptx

1.　插入 SmartArt 图形

❶打开本实例的原始文件，切换到第 4 张幻灯片，切换到【插入】选项卡，在【插图】组中单击【SmartArt】按钮。

❷随即弹出【选择 SmartArt 图形】对话框。

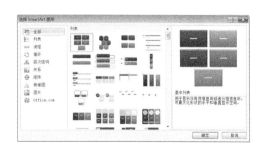

❸ 切换到【列表】选项卡，选中【垂直框列表】选项，在右边的预览区会显示出选中图形的大图及特点。

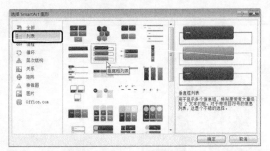

❹ 单击 确定 按钮，即可在幻灯片的适当位置插入一个垂直框列表型图解。

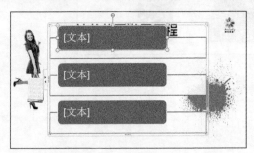

2. 添加形状

❶ 选中插入的图解，切换到【SmartArt 工具】栏的【设计】选项卡下，单击【创建图形】组中的【添加形状】按钮 添加形状 。

❷ 在弹出的下拉列表中选择【在后面添加形状】选项。

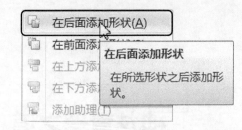

❸ 添加一个形状后的效果如图所示。

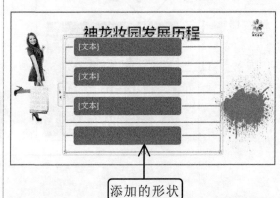

❹ 将整个图解选中，将鼠标指针移到边框的四个点的任意一个点处，当鼠标指针变为 形状时，拖曳整个图解框，以调整其大小；当鼠标指针变为 形状时，拖曳整个图解框，将其放到合适的位置，最后效果如图所示。

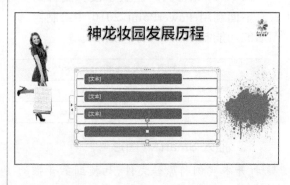

3. 设计 SmartArt 图形样式

接下来介绍如何设计 SmartArt 图形的样式，使其更加美观。

❶选中插入的图解，切换到【SmartArt 工具】栏的【设计】选项卡下，单击打开【SmartArt 样式】组中的【SmartArt 样式库】，在【SmartArt 样式库】中会显示当前图解的样式。

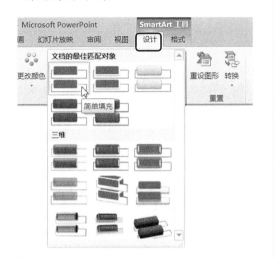

❷在【SmartArt 样式库】中选择【三维】➢【日落场景】选项。

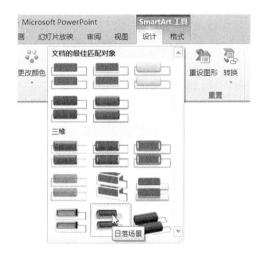

❸此时插入的图解的样式就会发生改变，如图所示。

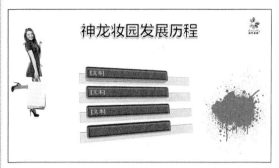

❹接下来选中图解中的一部分，在这里同时选中所有米色矩形上方的 4 个蓝颜色的长矩形，如下图所示。

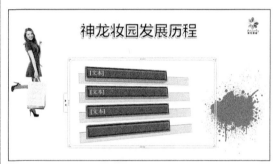

❺切换到【SmartArt 工具】栏的【格式】选项卡下，单击【形状样式】组中的【形状填充】按钮，在弹出的下拉列表中选择【紫色】选项。

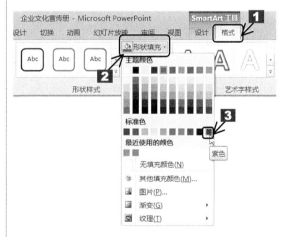

6 设置完成后的效果如图所示。

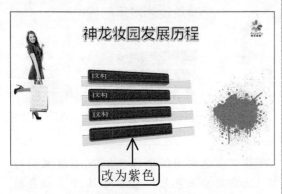

改为紫色

4. 在 SmartArt 中输入文本

接下来介绍如何在 SmartArt 图解中输入文本。

1 选中插入的图解后，单击左侧的 按钮，随即弹出文本编辑框。

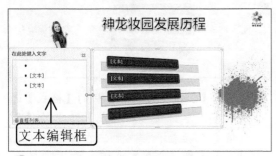

文本编辑框

2 在文本框中输入相应的文本内容。

3 选中输入的文本，单击鼠标右键，在弹出的快捷菜单中选择【字体】选项。

4 弹出【字体】对话框，自动切换到【字体】选项卡，在【中文字体】下拉列表中选择【楷体】选项，在【大小】下拉列表中选择【16】选项，在【字体颜色】下拉列表中选择【茶色，背景2】选项。

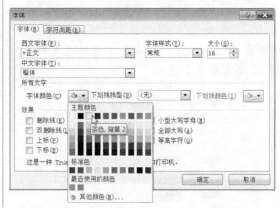

5 单击 确定 按钮。文本编辑完成后，单击文本框右上角的 按钮。也可以直接在图解上编辑文本。文本编辑完后，回到图解中，最后文本的编辑效果如图所示。

10.1.2　绘制自选图形

在之前的实例中，我们已经介绍了如何绘制简单的自选图形，本小节将介绍绘制复杂的自选图形的方法，以及如何组合复杂图形。

本实例的原始文件和最终效果所在位置如下。	
原始文件	原始文件\10\企业文化宣传册 01.pptx
最终效果	最终效果\10\企业文化宣传册 02.pptx

1.　绘制基本形状

① 打开本实例的原始文件，在演示文稿窗口中，切换到第 11 张幻灯片。

② 切换到【插入】选项卡下，单击【插图】组中的 形状 按钮。

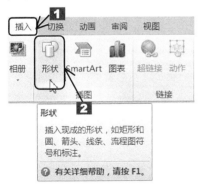

③ 在弹出的下拉列表中选择【线条】➢【直线】选项。

④ 即可插入一条直线，如下图所示。

⑤ 选中直线，切换到【绘图工具】栏的【格式】选项卡下，单击【形状样式】组中的【其他】按钮 ，在弹出的下拉列表中选择【中等线-强调颜色 4】选项。

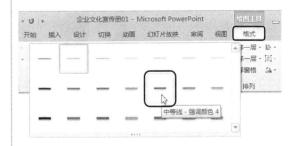

6 按照相同的方法再插入一条直线。

7 按照插入形状的方法，插入一个同心圆。

8 插入同心圆后的效果如图所示。

9 切换到【绘图工具】栏的【格式】选项卡下，单击【形状样式】组中的【形状填充】按钮，在弹出的下拉列表中选择【紫色】选项。

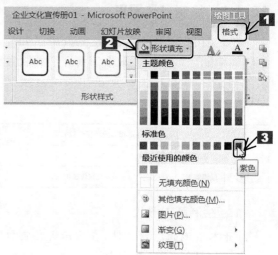

10 继续在【绘图工具】栏的【格式】选项卡下，单击【形状样式】组中的【形状轮廓】按钮，在弹出的下拉列表中选择【无轮廓】选项。

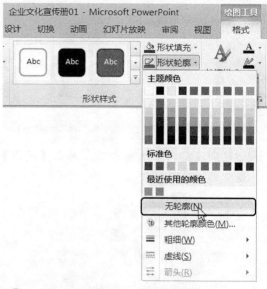

11 最后效果如图所示。

12 切换到【插入】选项卡下，单击【插图】组中的 形状 按钮，在弹出的下拉列表中选择【矩形】➤【矩形】选项。

13 选中矩形，切换到【绘图工具】栏的【格式】选项卡下，在【大小】组中将【高度】和【宽度】微调框的值分别设置为"1.78 厘米"和"8.52 厘米"。

14 选中矩形，然后切换到【绘图工具】栏的【格式】选项卡下，单击【形状样式】组中的【形状填充】按钮 形状填充，在弹出的下拉列表中选择【紫色】选项。

15 切换到【插入】选项卡下，单击【插图】组中的 形状 按钮，在弹出的下拉列表中选择【基本形状】➤【梯形】选项。

16 选中梯形，切换到【绘图工具】栏的【格式】选项卡下，在【大小】组中将【高度】和【宽度】微调框的值分别设置为"1.86 厘米"和"9.1 厘米"。

17 选中梯形，然后切换到【绘图工具】栏的【格式】选项卡下，单击【形状样式】组中的【形状填充】按钮，在弹出的下拉列表中选择【紫色，强调文字颜色 4，深色 25%】选项。

20 选中该梯形后，将其旋转 180°，并将其颜色设置为【紫色】，设置完成后的效果如图所示。

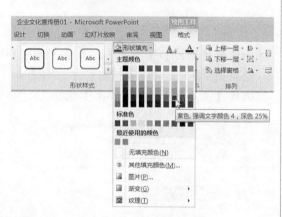

21 按照相同的方法，再插入一个梯形，在【大小】组中将【高度】和【宽度】微调框的值分别设置为"1.86 厘米"和"9.1 厘米"，并将其颜色设置为【紫色，强调文字颜色 4，深色 25%】。最后效果如图所示。

18 设置完成后的效果如下图所示。

19 按照相同的方法，再插入一个梯形，在【大小】组中将【高度】和【宽度】微调框的值分别设置为"1.86 厘米"和"9.1 厘米"。

2. 组合、编辑图形

在幻灯片中插入图形后，可以在图形上插入文本框并输入文本，同时为了使图形和文本更好地结合到一起，可以将其组合到一起。

❶ 切换到【插入】选项卡，在【文本】组中单击【文本框】按钮，在弹出的下拉列表中选择【横排文本框】即可。

❷ 输入相应的文本内容。

❸ 复制该文本框 3 次，并修改相应的文本内容，具体内容如图所示。

❹ 按下【Shift】键同时选中所有的形状和文本框。

❺ 单击鼠标右键，在弹出的快捷菜单中选择【组合】➢【组合】菜单项。

❻ 随即形状和文本就组合到一起了，具体如下图所示。

提示

对图形进行组合主要是为了便于对组合后的图形对象进行整体移动、修改大小等操作。如果用户需要对其中的某个图形对象进行移动、修改大小等操作，则需要取消组合。

10.2 制作年终总结报告

案例背景

　　一个公司经营到一个季度或者年度结束后，为了了解公司的经营情况，相关人员必定要对公司这段时间的各项指标做出相应的总结，展示公司整个年度的经营情况，以及员工各项业绩的进展情况，从而使上级领导以及公司员工对公司本年度的经营发展有更透彻地了解。本节将如何在幻灯片中插入表格和图表的知识点融入到年终总结报告的演示文稿中，以便读者能更好地在幻灯片中使用表格和图表。

最终效果及关键知识点

弹出数据
表窗口

插入图表

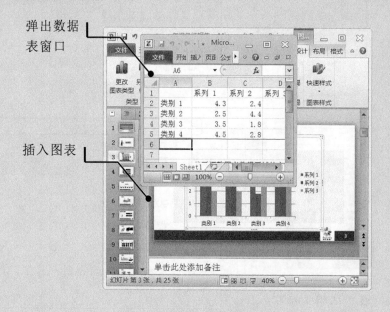

美化图表

设置图例
字体格式

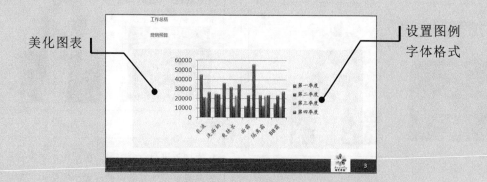

输入行
标签

输入列
标签

输入数据
文本

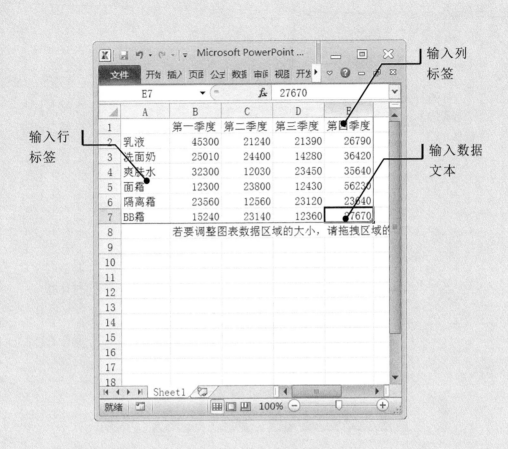

手动绘制
单元格

插入表格

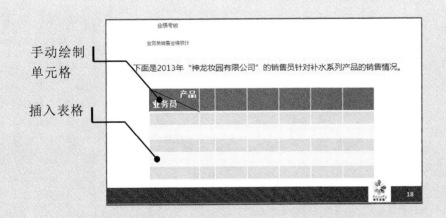

添加与删除行或列

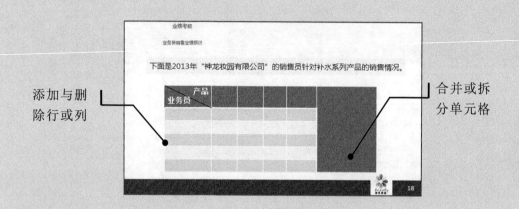

合并或拆分单元格

在表格内输入文本

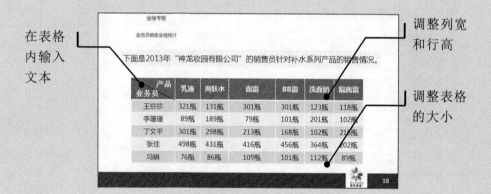

调整列宽和行高

调整表格的大小

设置表格的背景填充

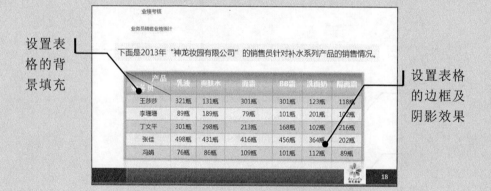

设置表格的边框及阴影效果

10.2.1　插入和编辑图表

图表是数据的形象化表达。图表展示的不仅仅是数据，还有数据的发展趋势。

本实例的原始文件和最终效果所在位置如下。	
原始文件	原始文件\10\年终总结报告.pptx
最终效果	最终效果\10\年终总结报告 01.pptx

1.　图表的种类

电子表格类数据图表

电子表格类数据图表是根据电子表格中的数据插入的图表。

插入图表的具体步骤如下。

1 切换到【插入】选项卡，单击【插图】组中的图表按钮。

2 弹出【插入图表】对话框，在左侧列表框中选择【条形图】，然后从中选择【簇状条形图】选项。

3 单击 确定 按钮，返回演示文稿，此时即可在幻灯片中插入一个簇状条形图。

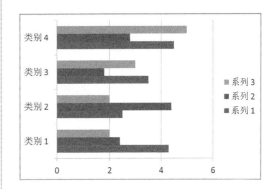

4 同时弹出一个电子表格，编辑电子表格，输入相关数据和项目，输入完毕，单击窗口右上角的【关闭】按钮即可。

5 此时，演示文稿中的条形图会自动应用电子表格中的数据。对条形图进行美化，效果如图所示。

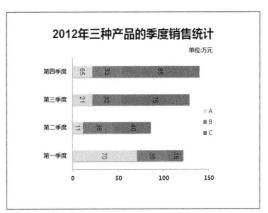

电子表格类图表展示

电子表格类条形图模板：

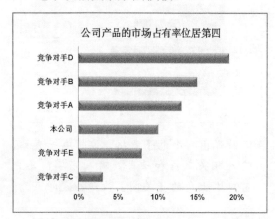

电子表格类柱形图模板：

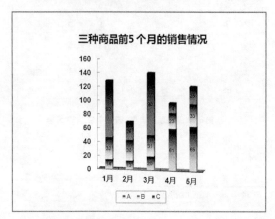

电子表格类饼图模板：

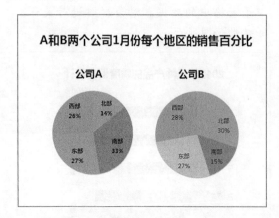

电子表格类折线图模板：

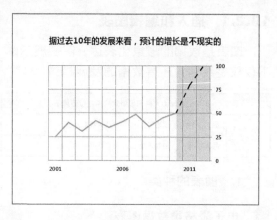

图形组合类数据图表

图形组合类的数据图表是指通过简单的图形组合成条形图、柱形图、饼图等各种数据图表。这类图表不仅能够进行数据分析，还可以通过对图形设置阴影、映像、发光、柔滑边缘、三维、棱台等实现真实的 3D 效果。

组合类柱形图：

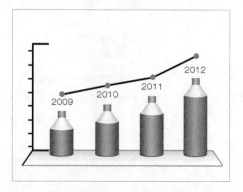

组合类折线图：

组合类饼图：

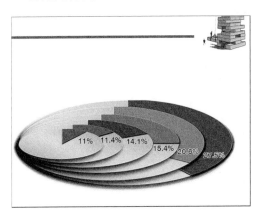

组合类条形图：

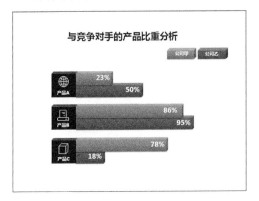

让你的图表专业起来

业余的图表各有不同，但专业的图表通常具备共同的特点，那就是一个主题、图文并茂、简单明了、整齐划一。

一个主题：图表是展示语言的重要工具，决定图表形式的不是数据本身，而是表的主题。每张图表都会表达一个明确的主题。

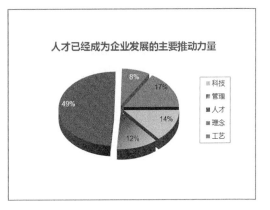

图文并茂：图文并茂，让你的幻灯片一目了然。图表本身具有数据分析的功能，加上必要的说明性文字，让观众更容易理解图表要表达的主题。

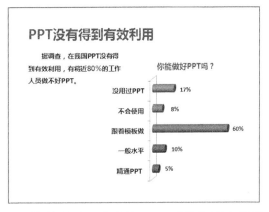

简单明了：成功的 PPT 不是堆积大量数据的图表，而是需要图表的思维，但又不拘泥图表的形式，做到手中无表，心中有表。每张图表都要从表达的主题出发，尽量做到简单明了，逻辑合理，清晰易懂，让图表表达的信息与观众的理解保持一致。

整齐划一：一张精美的图表，必须保证风格统一，字体得当，着色合理，搭配协调，这样才能给人以耳目一新的感受，让你的图表更具有视觉上的冲击力。

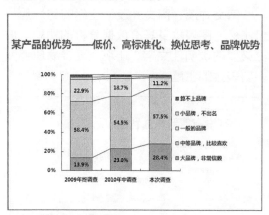

2. 插入图表

插入图表的方法有两种，一种是利用幻灯片版式自带的图表占位符插入图表，需要新建一张幻灯片，然后在新建的幻灯片中插入图表。另一种是利用菜单项在幻灯片中插入图表，该张幻灯片可以是已经存在的幻灯片，也可以是新建的幻灯片。下面具体介绍直接利用菜单项插入图表的方法。

①打开本实例的原始文件，切换到第 3 张幻灯片。

②切换到【插入】选项卡，单击【插图】组中的【图表】按钮。

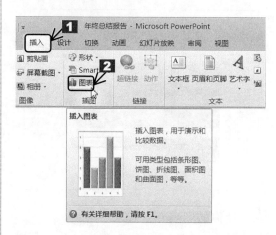

③随即弹出【插入图表】对话框，切换到【柱形图】选项卡，选择【簇状柱形图】选项，然后单击 确定 按钮。

④随即在幻灯片中插入一个簇状柱形图表，同时会出现一个单独的数据表窗口。

3. 数据表的编辑

图表上显示的数据来源于数据表中的数据，因此在对图表进行编辑之前先要对数据表进行编辑操作。

⚫ **输入标签**

在数据表中输入标签，可以通过更改插入图表时自带的数据表中的标签来完成，同时更改的标签会在数据表中显示出来。

①选中图表，单击鼠标右键，然后在弹出的快捷菜单中选择【编辑数据】菜单项。

②随即进入图表编辑状态，弹出一个系统自带的数据表。

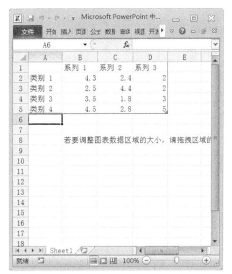

③在数据表中单击第二行中的第一个单元格，使该单元格成为活动单元格，按下【Back Space】键删除该单元格内的标签"类别1"，此时可以看到光标在该单元格内闪烁。

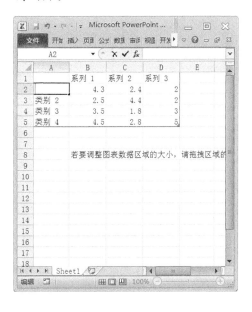

④在该单元格内输入新的标签名称"乳液"，然后按下【Enter】键。

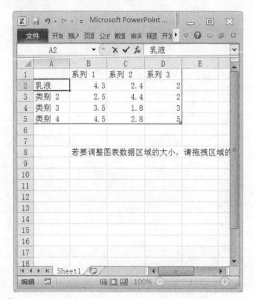

⑤使用同样的方法，更改其他行的标签名称。

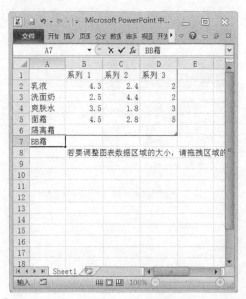

⑥使用同样的方法，更改所有列的标签的名称。

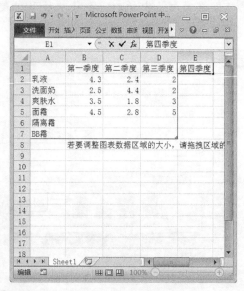

⑦此时图表的图例就会随着数据表中标签的更改而更改。

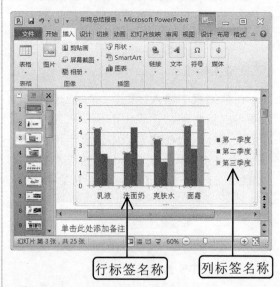

行标签名称　　　　列标签名称

输入数据

对数据表的主要操作就是向数据表中输入数据。

1 进入图表编辑状态,在数据表中选中数据"4.3"所在的单元格,输入新的数据"45300",然后按下【Enter】键确定,同时下一个单元格将成为活动单元格。

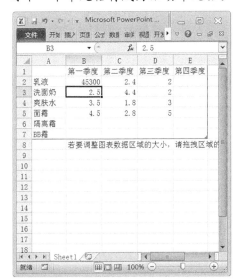

2 使用同样的方法,将其他的数据更改为需要的数据。具体如下图所示。

3 最后图表的效果如图所示。

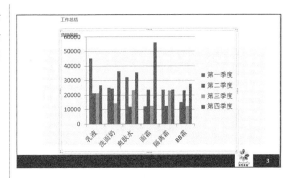

4. 美化图表

下面具体介绍如何对已有的图表进行美化。

1 将图表调整为合适的大小,并移动到合适的位置。

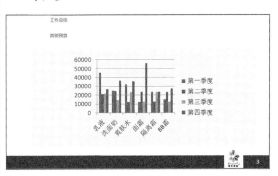

2 切换到【图表工具】栏的【设计】选项卡下,单击【图表样式】组中的【快速样式】按钮,在弹出的下拉列表中选择【样式 26】选项。

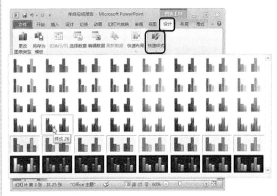

❸设置完成后效果如图所示。

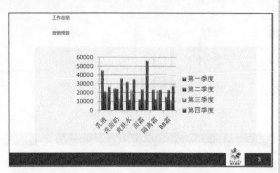

❹选中列标题，单击鼠标右键，在弹出的快捷菜单中选择【字体】菜单项。

❺随即弹出【字体】对话框，将【中文字体】设置为"楷体"，将【字体样式】设置为"加粗"，将【大小】设置为"14"，将【字体颜色】设置为"紫色"即可。

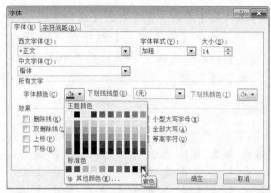

❻设置完成后效果如图所示。

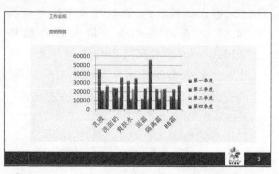

❼按照上面的方法对行标题的字体进行相应的设置，最后效果如图所示。

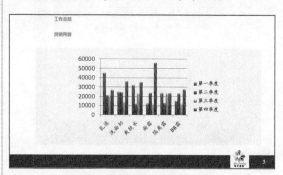

10.2.2 插入和编辑表格

表格是重要的数据分析工具之一。使用表格，能够让复杂的数据显示得更加整齐、规范。

本实例的原始文件和最终效果所在位置如下。		
⊚	原始文件	原始文件\10\年终总结报告 01.pptx
	最终效果	最终效果\10\年终总结报告 02.pptx

1. 表格的设计技巧

文不如字，字不如表

表格可以使复杂的数据简单化、规范化。表格的视觉效果要比文字强很多。

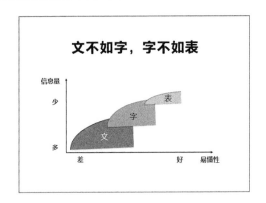

用好 Office 自带的表格样式

商务报告中通常会出现大量的段落或数据，表格是组织这些文字和数据的最好选择。

Office 2010 提供了多种表格样式，用户可以根据需要选用。

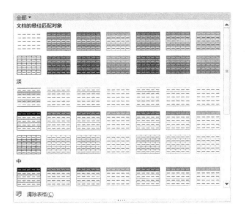

应用表格样式后的效果如图所示。

美化表格

除了应用样式外，用户还可以通过加大字号、给文字着色、添加标记、背景反衬等方式突出关键字，美化表格。

美化表格
——突出关键字

加大	A	B	C	D
着色	A	B	C	D
标记	A	B	C	D
反衬	A	B	C	D

接下来看看下面美化的表格是不是很漂亮？

岗位培训说明书

项目名称	公司财务学和营销学		
培训人数	40-50人		
培训对象	营销系统所有有兴趣人员均可申请（选修）		
项目性质	常年性，每年举办		
培训教师	外聘培训公司顾问		
培训内容	□资本预算理论　□资本分类理论	□资本结构和细分原则　□市场效率理论	□投资选择理论　□投资前景分析
培训方式	□讲授　□讨论	□个人设计　□进行模拟演练	□群体设计　□进行实践演练

经典表格模板展示

用活表格，让你的表格会说话。精美的表格具有很强的视觉化效果，能够轻松地展示演示文稿要表达的主题内容。

这是一套精美的表格模板，利用简单的图形组合成形式多样的表格，加上漂亮的幻灯片背景，对观众具有很强的吸引力。

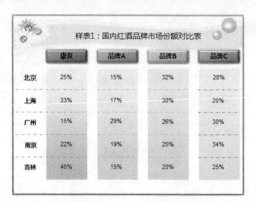

下面是一张简洁的表格，利用单元格不同的背景颜色来反衬文字，即给人一种别具一格的感受。

2. 插入表格

表格是演示文稿中重要的组成部分之一，它可以直观、简捷地表达演示文稿的主题。通常有 3 种插入表格的方法。下面主要介绍利用"插入"选项卡插入表格的方法。

利用【功能区】中的【插入】选项卡下的【表格】按钮 ▦ 插入表格是一种直接的方法。可以在已有的幻灯片中插入表格，也可以在新建的幻灯片中插入表格。

❶ 打开本实例的原始文件，选中第 18 张幻灯片，然后切换到【插入】选项卡，单击【表格】组中的【表格】按钮 ▦，在其下拉列表中相应位置按住鼠标左键，并在表格上拖曳一个区域，即选定 "7×6 表格" 样式。

2 选定区域后释放鼠标左键，在幻灯片中就会出现一个 6 行 7 列的表格，然后将其调整到合适的位置。

3. 手动绘制单元格

1 选中第 18 张幻灯片，选中刚插入的表格，同时切换到【表格工具】栏的【设计】选项卡，在【绘图边框】组单击【绘制表格】按钮。

2 此时鼠标指针变成⬭形状。在表格的第一个单元格内绘制一条由左上顶点至右下顶点的斜线。

3 在单元格内输入文本，在文本上下行需要隔开的位置按下【Enter】键，然后将左右两侧的文本移到合适的位置即可。

4. 添加与删除行或列

在表格中需要输入内容时，可能会根据需要在表格中添加行或列，下面具体介绍如何在表格中添加行或列，以及删除行和列的方法。

1 选中表格，将光标定位在最后一列的单元格内。单击鼠标右键，在弹出的快捷菜单中选择【插入】➤【在下方插入行】选项。

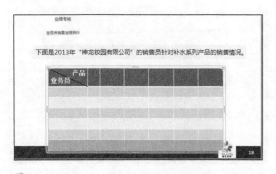

2 随即在表格的下方插入了一行,效果如图所示。

3 如果要删除该行,则可选中该行,单击鼠标右键,在弹出的快捷菜单中选择【删除行】菜单项即可。

5. 合并或拆分单元格

合并单元格就是将相邻的几个单元格合并成一个单元格,而拆分单元格就是将一个单元格拆成两个等宽的单元格。

1 选中表格,分别选中第6列和第7列,单击鼠标右键,在弹出的快捷菜单中选择【合并单元格】选项。

2 合并后的效果,如下图所示。

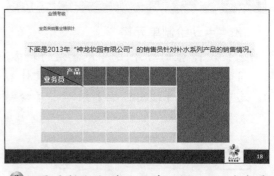

3 如果要拆分合并后的单元格,可以选中最后一列(合并后的)单元格,然后单击鼠标右键,在弹出的快捷菜单中选择【拆分单元格】选项。

6.　在表格内输入文本

之前已经介绍了表格的基本操作，接下来介绍如何在表格内输入文本，具体的操作如下所示。

❶在表格相应的位置输入相应的文本，并将表格拖曳至合适的位置。

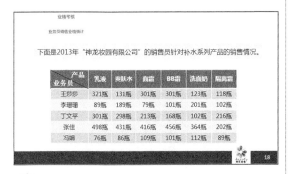

❷在表格的任意位置，单击鼠标右键，在弹出的快捷菜单中选择【设置形状格式】菜单项。

❸弹出【设置形状格式】对话框，切换到【文本框】选项卡，单击【文本版式】组合框下的【垂直对齐方式】右侧的下箭头，在弹出的下拉列表中选择【中部居中】选项。

❹按照个人喜好设置文本的格式，最后效果如图所示。

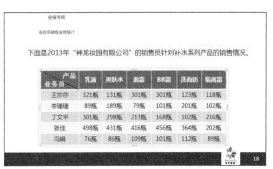

7. 调整列宽和行高

表格的基本框架已经做好了，接下来就是对表格的格式进行调整，使表格更加美观。调整行高与调整列宽的方法相同，下面以调整列宽为例介绍其具体的方法。

1. 将光标定位于需要更改列宽的单元格右侧的边框上，鼠标指针会变成水平的双向箭头形状 ↔。

产品 \ 业务员	乳液	爽肤水	面霜	BB霜	洗面奶	隔离霜
王莎莎	321瓶	131瓶	301瓶	301瓶	123瓶	118瓶
李珊珊	89瓶	189瓶	79瓶	101瓶	201瓶	102瓶
丁文平	301瓶	298瓶	213瓶	168瓶	102瓶	216瓶
张佳	498瓶	431瓶	416瓶	456瓶	364瓶	202瓶
冯娟	76瓶	86瓶	109瓶	101瓶	112瓶	89瓶

2. 按住鼠标左键，当出现垂直虚线时按住鼠标左键拖动，此时的垂直虚线显示了当前列的右边框位置。

产品 \ 业务员	乳液	爽肤水	面霜	BB霜	洗面奶	隔离霜
王莎莎	321瓶	131瓶	301瓶	301瓶	123瓶	118瓶
李珊珊	89瓶	189瓶	79瓶	101瓶	201瓶	102瓶
丁文平	301瓶	298瓶	213瓶	168瓶	102瓶	216瓶
张佳	498瓶	431瓶	416瓶	456瓶	364瓶	202瓶
冯娟	76瓶	86瓶	109瓶	101瓶	112瓶	89瓶

3. 拖动至合适的列宽后释放鼠标左键即可。

产品 \ 业务员	乳液	爽肤水	面霜	BB霜	洗面奶	隔离霜
王莎莎	321瓶	131瓶	301瓶	301瓶	123瓶	118瓶
李珊珊	89瓶	189瓶	79瓶	101瓶	201瓶	102瓶
丁文平	301瓶	298瓶	213瓶	168瓶	102瓶	216瓶
张佳	498瓶	431瓶	416瓶	456瓶	364瓶	202瓶
冯娟	76瓶	86瓶	109瓶	101瓶	112瓶	89瓶

8. 调整表格的大小

用户可以手动调整表格的大小，使表格的整体外观更加符合用户的要求。

1. 选中第18张幻灯片，在表格的任意位置，此时在表格的外侧边框上会出现含8个控制点的外边框单击。

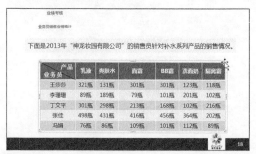

2. 将鼠标指针置于任意一个控制点处，鼠标指针会变成双向箭头形状 ↔。现将鼠标指针置于右下角的控制点处，鼠标指针变成 ⤢ 形状。

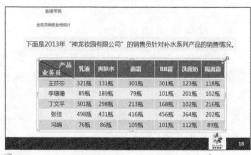

3. 按下鼠标左键，双向箭头变成 十 形状后沿表格缩放方向拖动鼠标，在原表格处会显示表格缩放时的虚线框，此虚线框表示了表格缩放后的大小。

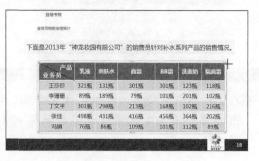

4 调整至合适大小后释放鼠标左键，此时表格的行高和列宽都等比例地变化了。

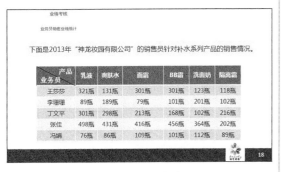

9. 设置表格的背景填充

为表格填充颜色可以使枯燥的数据具有现实感，增强幻灯片的演示效果。

1 打开本实例的原始文件，切换到第 18 张幻灯片，将鼠标指针移至表格的左侧，待鼠标指针变为 ➡ 形状时单击，以便选中表格的第 1 行。

2 在第 1 行上单击鼠标右键，在弹出的快捷菜单中选择【设置形状格式】菜单项。

3 弹出【设置形状格式】对话框，切换到【填充】选项卡，选中【渐变填充】单选钮。

4 选中第 1 个光圈，在【位置】微调框中输入【0%】，然后单击【颜色】按钮 ，在弹出的下拉列表中选择【其他颜色】选项。

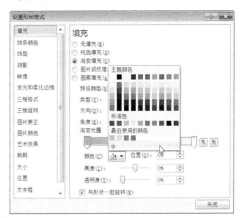

5 弹出【颜色】对话框，切换到【自定义】选项卡，将光圈 1 的颜色值设置为“红色 192，绿色 102，蓝色 224”。

6 设置完毕，单击 确定 按钮，【设置形状格式】对话框。

7 按照相同的方法，将光圈 2 的颜色值设置为"红色 233，绿色 199，蓝色 230"，并将位置调到"50%"处。

8 将光圈 3 的颜色值设为"红色 153，绿色 204，蓝色 255"，将位置调到"100%"处。

9 3 个光圈设置完成后，单击 关闭 按钮即可。

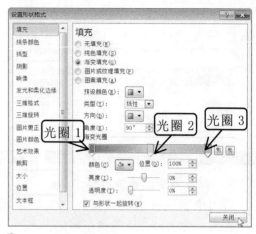

10 最终效果如图所示。

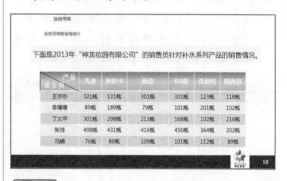

提示

> 若有多余的渐变光圈，可以将其删除。方法是：单击选中要删除的光圈，然后按【Delete】键。

10. 设置表格的边框及阴影

1 选中表格，切换到【表格工具】栏的【设计】选项卡，单击【绘图边框】组中【笔颜色】按钮 笔颜色，在弹出的下拉列表中选择【紫色，强调文字颜色 4，深色 40%】选项。

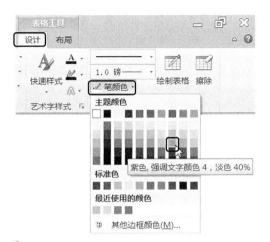

2 单击【表格样式】组中的【无边框】按钮
　　，在弹出的下拉列表中选择【所有框
　　线】选项。

3 随即在表格上呈现紫色的所有边框线，如
　　下图所示。

4 单击【表格样式】组中的【效果】按钮　，
　　在弹出的下拉列表中选择【阴影】▶【外
　　部】▶【居中偏移】选项。

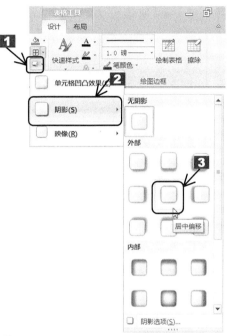

5 选中表格，单击鼠标右键，在弹出的快捷
　　菜单中选择【设置形状格式】菜单项，
　　弹出【设置形状格式】对话框，切换到
　　【阴影】选项卡，单击【颜色】按钮　，
　　然后在弹出的下拉列表中选择【紫色，
　　强调文字颜色 4，深色 25%】选项。设置
　　完毕，单击　关闭　按钮。

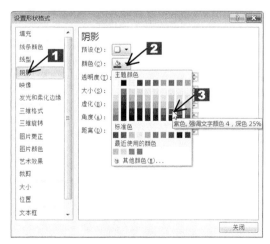

⑥选中表格，切换到【表格工具】栏的【设计】选项卡，单击【表格样式】组中的【效果】按钮，在弹出的下拉列表中选择【映像】➤【映像变体】➤【紧密映像，接触】选项。

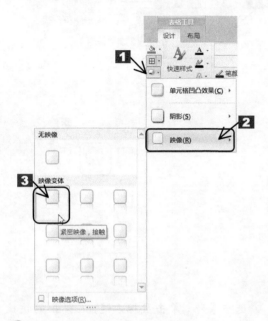

⑦选中表格，打开【设置形状格式】对话框，切换到【映像】选项卡，在【透明度】右侧的微调框中输入"48%"，在【大小】右侧的微调框中输入"35%"。

⑧在【虚化】后面的微调框中输入"0.5磅"，单击 关闭 按钮。

⑨设置完成后，最后效果如图所示。

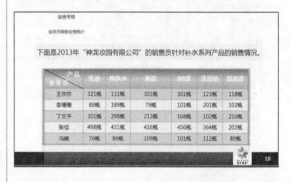

第 11 章
美化与放映演示文稿

　　演示文稿制作完成后，制作者所需要表达的内容基本已经融入到幻灯片的各个元素中了，但是如果幻灯片中只有要表达的基本元素，是很难使幻灯片达到期望的效果的，所以需要对其进一步美化，使其更加生动，并且容易吸引观众的眼球。

　　本章通过美化企业文化宣传册和产品营销案例演示文稿来介绍如何进一步美化演示文稿，如何为幻灯片添加动画效果，以及如何添加视频和音频文件等新元素。

要 点 导 航

■ 美化企业文化宣传册
■ 美化产品营销案例

11.1 美化企业文化宣传册

案例背景

　　一个企业的文化理念是一个企业的精神支撑，企业的文化宣传册是一个企业的象征和代表。之前我们已经完成了企业文化宣传册的编辑，为了使其更加吸引观众的眼球，我们可以为其添加动画元素，以及为其添加超链接，使整个幻灯片看起来不再枯燥乏味。下面通过美化之前的企业文化宣传册演示文稿再次展现神龙妆园的企业特色和活力。

最终效果及关键知识点

为对象添加强调效果

设置对象的进入效果

为对象添加自定义动作路径

为对象添加退出效果

设置页
面切换
动画

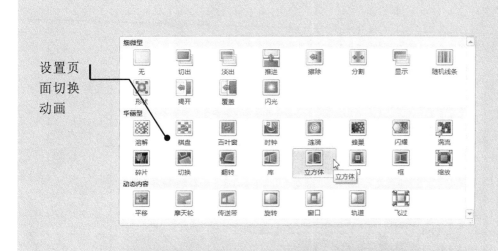

预览页
面切换
动画

利用快捷
菜单创建
超链接

利用动作
设置创建
超链接

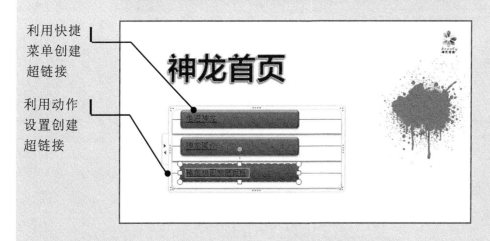

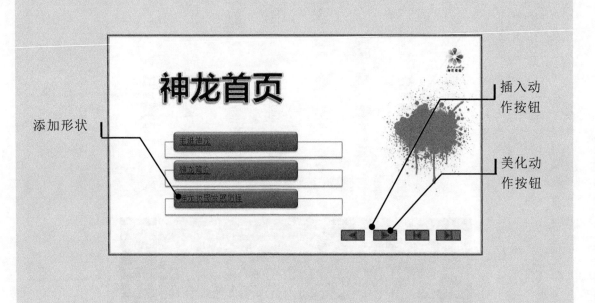

添加形状

插入动
作按钮

美化动
作按钮

11.1.1　为多层元素添加动画

为了使演示文稿更具有吸引力，可以为
幻灯片添加动画效果。本小节将通过几个实
例介绍如何为幻灯片中的各个对象添加动
画效果，以及如何应用动作路径等内容。

本实例的原始文件和最终效果所在位置如下。	
原始文件	原始文件\11\企业文化宣传册.pptx
最终效果	最终效果\11\企业文化宣传册 01.pptx

1.　设置对象的进入效果

❶打开本实例的原始文件，切换到第 2 张幻
灯片，选中"神龙简介"标题，切换到

【动画】选项卡下，在【动画】组中单击
打开样式组，将进入效果设置为【随机
线条】。

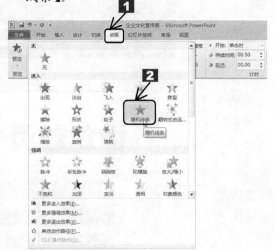

② 在【动画】选项卡下，在【计时】组中单击【开始】下拉列表右端的下拉箭头 ·，在弹出的下拉列表中选择【上一动画之后】选项。

③ 在【动画】选项卡下，在【动画】组中单击【效果选项】按钮 ※，在弹出的下拉列表中选择【方向】➤【水平】和【序列】➤【整批发送】选项。

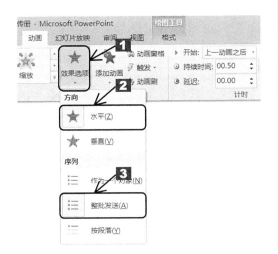

④ 选中幻灯片右侧蓝色的圆形，按照上面的方法将其进入效果设置为【飞入】。

⑤ 在【计时】组中单击【开始】下拉列表右端的下拉箭头 ·，选择【上一动画之后】选项。

⑥ 在【动画】组中单击【效果选项】按钮 ※，在弹出的下拉列表中选择【自底部】选项。

⑦ 选中幻灯片右上角的企业 LOGO，按照上面的方法将其进入效果设置为【随机线条】。

⑧在【动画】组中单击【效果选项】按钮，在弹出的下拉列表中选择【垂直】选项。

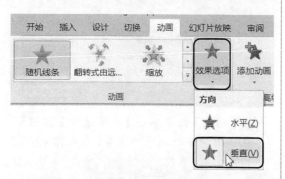

⑨在【计时】组中单击【开始】下拉列表右端的下拉箭头，选择【单击时】选项。

⑩选中幻灯片左上角的图片，按照上面的方法将其进入效果设置为【弹跳】。

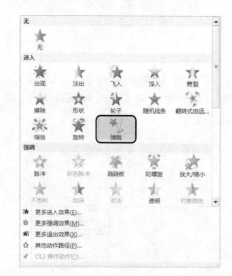

⑪在【计时】组中单击【开始】下拉列表右端的下拉箭头，选择【单击时】选项。

⑫选中文本框中的文本，按照上面的方法将其进入效果设置为【劈裂】。

⑬在【动画】组中单击【效果选项】按钮，在弹出的下拉列表中选择【中央向上下展开】选项。

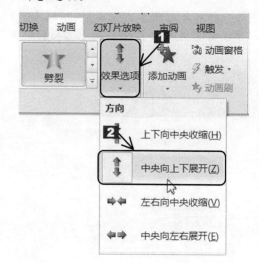

⑭在【计时】组中单击【开始】下拉列表右端的下拉箭头 ，选择【与上一动画同时】选项。

2. 添加强调效果

接下来介绍如何利用添加动画选项来为动画添加强调效果。

①切换到第 2 张幻灯片，选中左边的图片，切换到【动画】选项卡下，在【高级动画】组中单击【添加动画】按钮 。

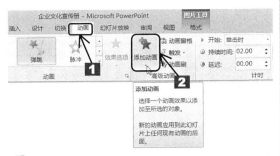

②在弹出的下拉列表中将其强调效果设置为【放大/缩小】。

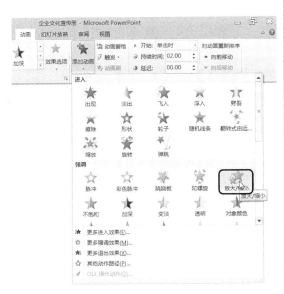

③单击【高级动画】组中的【动画窗格】按钮 。

④选中【动画窗格】任务窗格中的【Picture2】，并单击鼠标右键，在弹出的下拉列表中选择【效果选项】选项。

⑤在弹出的【放大/缩小】对话框中，切换到【效果】选项卡下，将【尺寸】调整为"40%"和"水平"，即在自定义对话框中输入"40%"后按下回车键，并选中【水平】选项。

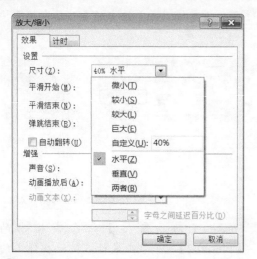

⑥ 继续在【放大/缩小】对话框中，切换到
【计时】选项卡下，在【开始】下拉列表
中选择【单击时】选项，并在【期间】下
拉列表中选择【慢速（3 秒）】，最后单击
确定 按钮。

3. 添加自定义动作路径

接下来介绍如何利用添加动画选项来为
动画添加自定义动作路径。

① 接下来为右侧的图片添加动作路径。在
【动作路径】中选择【自定义路径】，然后
勾画出水平的直线路径。

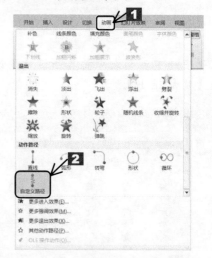

⑦ 按照上面的方法为右侧的 LOGO 图片设
置为同样的强调动画效果。但在【计时】
选项卡下，在【开始】下拉列表中选择【与
上一动画同时】选项，并在【期间】下拉
列表中选择【中速（2 秒）】选项，最后
单击 确定 按钮。

② 在【自定义路径】对话框中将【开始】和
【期间】下拉列表中分别选择【与上一动
画同时】和【非常慢（5 秒）】选项。

③ 切换到【效果】选项卡下，在【路径】、
【平滑开始】、【平滑结束】中分别选择【解
除锁定】、【2.5 秒】和【2.5 秒】，最后单
击 确定 按钮。

④ 利用同样的方法为文本框内的文本添加
自定义路径。

提示

图中的 0 1 2 3 4 代表幻灯片中动画
的顺序。

⑤ 在【自定义路径】对话框中将【开始】和
【期间】下拉列表中分别选择【单击时】
和【中速（2 秒）】选项。

⑥ 切换到【效果】选项卡下，在【路径】、
【平滑开始】、【平滑结束】中分别选择【解
除锁定】、【1 秒】和【1 秒】，最后单击
确定 按钮。

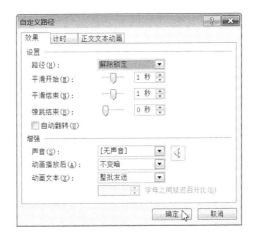

4．添加退出效果

接下来介绍如何为对象添加退出效果。

① 切换到第 11 张幻灯片，选中"谢谢欣赏"文本，切换到【动画】选项卡，在【动画】组中单击以打开样式组，将退出效果设置为【飞出】。

② 切换到【效果】选项卡，在【方向】、【平滑开始】、【平滑结束】中分别选择【到底部】、【0秒】和【0秒】。

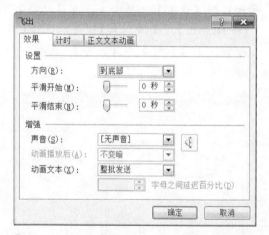

③ 切换到【计时】选项卡，在【开始】下拉列表中选择【上一动画之后】选项，并在【期间】下拉列表中选择【非常快（0.5秒）】，最后单击 确定 按钮。

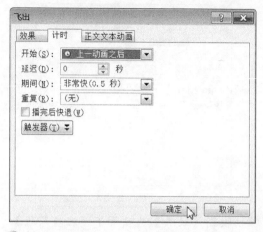

④ 可以将其他的图片、图形的退出效果设置为【消失】，如下图所示。

⑤ 接下来在【开始】下拉列表中选择【与上一动画同时】选项。

5. 设置页面切换动画

页面切换动画是幻灯片之间进行切换的一种动画效果。添加页面切换动画不仅可以轻松实现页面之间的自然切换，还可以使PPT真正动起来。

设置页面切换动画的具体步骤如下。

❶ 选中第 1 张幻灯片，然后切换到【切换】选项卡，在【切换到此幻灯片】组中单击【细微型】➢【闪光】选项。

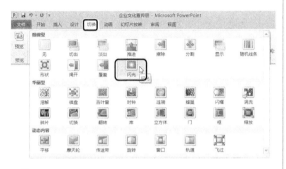

❷ 设置完毕，回到【切换】选项卡，在【预览】组中单击【预览】按钮。

❸ "闪光"的页面切换效果如图所示。

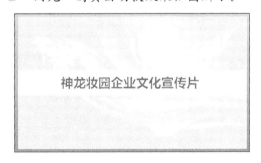

❹ 选中第 2 张幻灯片，然后切换到【切换】选项卡，在【切换到此幻灯片】组中单击【华丽型】➢【立方体】选项。

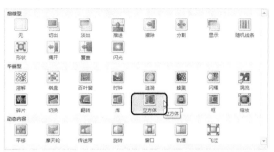

❺ 设置完毕，回到【切换】选项卡，在【预览】组中单击【预览】按钮。"立方体"的页面切换效果如图所示。

11.1.2　创建超链接

创建交互式演示文稿可以实现演示文稿中幻灯片的轻松跳转，或者方便地打开某个程序，使用户的操作更加快捷、简单。

本实例的原始文件和最终效果所在位置如下。	
原始文件	原始文件\11\企业文化宣传册 01.pptx
最终效果	最终效果\11\企业文化宣传册 02.pptx

1. 插入超链接

超链接是一种允许用户与其他的网页或站点之间进行链接的元素。超链接可以将文字或图形链接到网页、图形、文件、邮箱或其他的网站上。

利用【插入】选项卡创建超链接

在演示文稿中用户可以为任何的文本或者其他的对象（如图片、图形、图表和表格等）创建超链接。创建超链接的方法很多，下面具体介绍利用【插入】选项卡创建超链接的方法。

1 打开本实例的原始文件，切换到第 2 张幻灯片，选中"走进神龙"文本，然后切换到【插入】选项卡下，在【链接】组中单击【超链接】按钮。

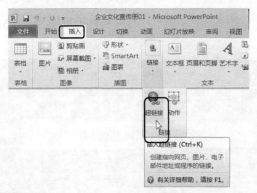

2 随即打开【插入超链接】对话框。

3 在【链接到】组合框中选择【本文档中的位置】选项，然后在【请选择文档中的位置】列表框中选择想要超链接的位置，在此选择【幻灯片标题】➢【幻灯片 3】选项，表示创建的超链接为"幻灯片 3"所在的幻灯片。

【链接到】组合框中其他选项的含义如下。

（1）现有文件或网页：如果用户想要超链接到文件或者网页中，则可选择该选项，在右侧的【查找范围】下拉列表中选择文件所在的文件夹，并在列表框中选中需要超链接到的文件，或者在【地址】下拉列表中选择网页网址。

（2）新建文档：如果用户想要超链接到新建文档，则可选择该选项，并且在右侧的【新建文档名称】文本框中输入新建文档的名称，然后单击相应的 确定 按钮即可设置新建文档的文件夹名称，在【何时编辑】组合框中选中【是否立即编辑新文档】单选钮。

（3）电子邮件地址：如果用户想要超链接到电子邮件地址中，则可选择该选项，在右侧的【电子邮件地址】文本框中输入需要超链接的邮件地址，然后在【主题】文本框中输入邮件的主题。

4 单击 屏幕提示(P)... 按钮打开【设置超链接屏幕提示】对话框。在【屏幕提示文字】文本框中输入"走进神龙"，设置超链接时的屏幕提示文字，然后单击 确定 按钮返回到第 2 张幻灯片中。

5 此时在幻灯片中可以看到创建超链接的"走进神龙"文本的下方出现了下划线，并且文本的颜色变成了该演示文稿配色方案中设置的超链接的文本颜色。

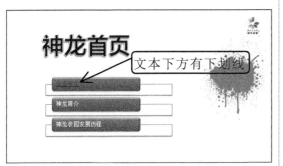

文本下方有下划线

6 单击【大纲】任务窗格底部的【幻灯片放映】按钮 🖵 放映幻灯片, 将鼠标指针置于创建超链接的 "走进神龙" 文本处, 鼠标指针会变成 🖑 形状, 并且出现 "走进神龙" 的字样。

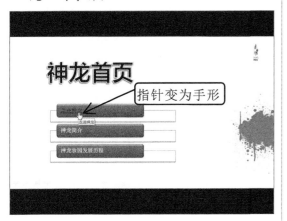

指针变为手形

利用快捷菜单创建超链接

1 在第 2 张幻灯片中, 选中 "神龙简介" 文本, 然后单击鼠标右键, 在弹出的快捷菜单中选择【超链接】菜单项。

2 随即打开【插入超链接】对话框。在【链接到】组合框中选择【本文档中的位置】选项, 然后在【请选择文档中的位置】列表框中选择想要超链接的位置, 在此选择【幻灯片标题】➤【幻灯片 4】选项, 表示创建的超链接为 "幻灯片 4" 所在的幻灯片。

3 单击 屏幕提示(P)... 按钮打开【设置超链接屏幕提示】对话框。在【屏幕提示文字】文本框中输入 "神龙简介", 设置超链接时的屏幕提示文字, 然后单击 确定 按钮。

4 随即返回到第 2 张幻灯片中。

⑤ 此时在幻灯片中可以看到创建超链接的"神龙简介"文本的下方出现了下划线，并且文本的颜色变成了该演示文稿配色方案中设置的超链接的文本颜色。

⑥ 单击【大纲】任务窗格底部的【幻灯片放映】按钮 放映幻灯片，将鼠标指针置于创建超链接的"神龙简介"文本处，鼠标指针会变成 形状，并且出现"神龙简介"的字样。

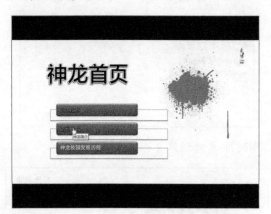

利用动作设置创建超链接

利用"动作设置"创建超链接就是为文本或者其他的对象设置交互动作。

① 在第 2 张幻灯片中，选中"神龙妆园发展历程"文本，然后切换到【插入】选项卡，在【链接】组中单击【动作】按钮 。

② 随即弹出【动作设置】对话框。

③ 在【动作设置】对话框中切换到【单击鼠标】选项卡，在【单击鼠标时的动作】组合框中选中【超链接到】单选钮，然后单击其下方的下箭头按钮 ，在弹出的下拉列表中选择【幻灯片...】选项。

④ 打开【超链接到幻灯片】对话框，在【幻灯片标题】列表框中选择【5.幻灯片 5】选项，然后单击 确定 按钮返回【动作设置】对话框。

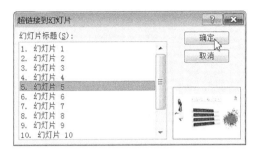

⑤ 此时在【动作设置】对话框中的【超链接到】文本框中会显示选择的"幻灯片 5"，然后单击 确定 按钮返回到幻灯片中。

⑥ 此时幻灯片中的"神龙妆园发展历程"文本的下方会出现下划线，同样文本的颜色也会变为该演示文稿配色方案中设置的超链接的文本颜色。

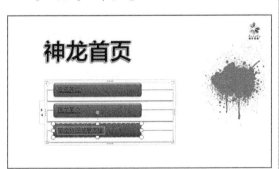

⑦ 单击【大纲】任务窗格底部的【幻灯片放映】按钮 放映幻灯片，将鼠标指针置于创建了超链接的"神龙妆园发展历程"文本处，鼠标指针就会变成 形状。

2. 添加动作按钮

PowerPoint 2010 中提供了一组动作按钮，用户可以在幻灯片中添加动作按钮，从而轻松地实现幻灯片的跳转，或者激活其他的程序、文档和网页等。添加动作按钮实际上也是创建超链接的一种方法。

① 切换到第 2 张幻灯片中，然后切换到【插入】选项卡下，单击【插图】组中【形状】按钮，在弹出的下拉列表中可以看到一组动作按钮。

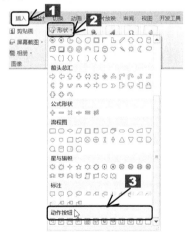

② 在弹出的下拉列表中单击【动作按钮：后退或前一项】按钮◁。

③ 鼠标指针变成十形状，将指针移动到想添加动作按钮的位置，按住鼠标左键进行拖动，在幻灯片上拖出一个动作按钮，然后调整按钮的大小。

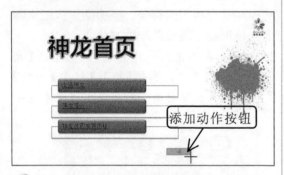

④ 动作按钮的位置和大小调整合适后松开鼠标，随即打开【动作设置】对话框，切换到【单击鼠标】选项卡，在【单击鼠标时的动作】组合框中选中【超链接到】单选钮，然后单击其文本框右侧的下箭头按钮▼，在弹出的下拉列表中选择【上一张幻灯片】选项。

⑤ 单击 确定 按钮返回幻灯片中，单击【大纲】任务窗格底部的【幻灯片放映】按钮放映幻灯片，将鼠标指针放到【动作按钮：后退或前一项】动作按钮◀ 上时，鼠标指针会变成小手形状，单击该按钮即可切换到上一张幻灯片中。

⑥ 在【插入】选项卡下，再次单击【插图】组中的【形状】按钮，在弹出的下拉列表中单击【动作按钮：前进或下一项】按钮▷，在幻灯片上拖出一个动作按钮，最后在【动作设置】对话框中切换到【单

击鼠标】选项卡，在【单击鼠标时的动作】
组合框中选中【超链接到】单选钮，然后
单击其文本框右侧的下箭头按钮█，在
弹出的下拉列表中选择【下一张幻灯片】
选项。

7 在【插入】选项卡下，再次单击【插图】
组中的【形状】按钮█，在弹出的下拉列
表中单击【动作按钮：开始】按钮█，
在幻灯片上拖出一个动作按钮，在【动作
设置】对话框中，在【单击鼠标时的动作】
组合框中选中【超链接到】单选钮，并选
择【第一张幻灯片】选项。

8 在【插入】选项卡下，插入【动作按钮：
结束】按钮█，在幻灯片上拖出一个动
作按钮，在【动作设置】对话框中，在【单
击鼠标时的动作】组合框中选中【超链接
到】单选钮，并选择【最后一张幻灯片】
选项。

9 单击 确定 按钮返回幻灯片中，效果
如图所示。

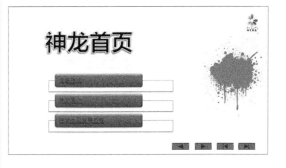

11.2 美化产品营销案例

案例背景

　　之前我们已经针对神龙妆园的新产品的推广做出了一个关于该产品的营销案例，但是为了突出产品的特色，光靠图片和文字是很难达到满意的效果的，为了使消费者更好地了解产品的特点以及各方面的情况，我们通过在演示文稿中增加音频和视频的方式来达到更加吸引观众眼球的效果。本节将介绍如何在幻灯片中添加音频、视频文件，从而使幻灯片看起来更加丰富多彩。

最终效果及关键知识点

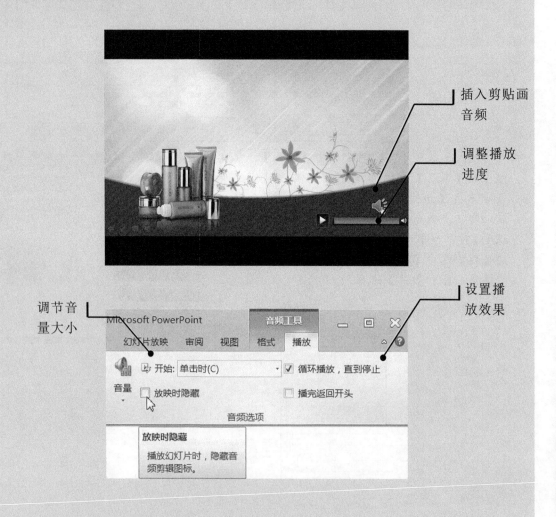

插入声音
文件

设置声音
播放效果

编辑文字

设置按钮的
形状格式

为按钮添加动画效果

利用播放按钮控制声
音的播放

插入剪贴
画视频

调整视频
大小、位
置

预览视频文件
的切换效果

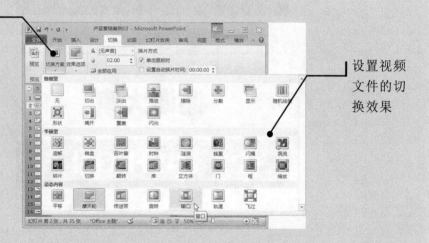

设置视频
文件的切
换效果

从外来文
件中插入
影片

放映幻灯片

调整视频文件
的图片大小

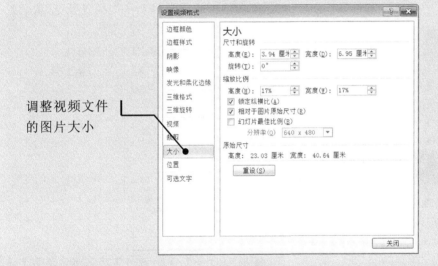

设置视频文件
的播放效果

在幻灯片放映
状态下播放视
频

11.2.1 插入剪贴画音频

在幻灯片中恰当地插入声音，可以使幻灯片的播放效果更加生动、逼真，从而引起观众的注意。

本小节我们先来学习一下如何在幻灯片中插入剪贴画音频。

本实例的原始文件和最终效果所在位置如下。	
原始文件	原始文件\11\产品营销案例.pptx
最终效果	最终效果\11\产品营销案例 01.pptx

1. 插入剪贴画音频

① 打开本实例的原始文件，切换到第 1 张幻灯片。

② 切换到【插入】选项卡下，在【媒体】组中单击【音频】按钮，在弹出的下拉列表中选择【剪贴画音频】选项。

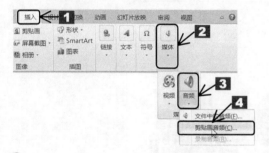

③ 随即打开【剪贴画】任务窗格，然后可以看到在其列表框中显示了剪辑器中所有的声音文件。

④ 在任务窗格中的【搜索文字】文本框中输入"鼓掌欢迎"，单击 搜索 按钮，在该声音文件上单击其右侧的下箭头按钮，在弹出的下拉列表中选择【预览/属性】选项。

⑤ 随即打开【预览/属性】对话框，单击【播放】按钮 ▶ ，即可聆听音乐效果。

⑥ 如果对播放的声音满意，可以在步骤 4 中的下拉列表中选择【插入】选项。

⑦ 或者单击该声音文件图标，在幻灯片中插入声音图标 🔊，此时可以看到在幻灯片中插入了音频文件。

⑧ 单击左侧的【播放/暂停】按钮 ▷，随即音频文件进入播放状态，并显示播放进度。

⑨ 在幻灯片中将声音图标拖动到合适的位置，并适当地调整其大小。最后在空白处单击，随即下方的播放进度对话框就会消失。

⑩ 切换到"幻灯片放映视图"模式下，在放映幻灯片的过程中单击声音图标即可播放音乐。从剪辑管理器中插入声音文件后的最终效果如下图所示。

2.　设置声音效果

插入声音后，可以设置声音的播放效果，使其能和幻灯片放映同步。

❶ 切换到第 1 张幻灯片。在声音图标上单击后，幻灯片会自动转换到【音频工具】栏，并切换到【播放】选项卡下，单击【音频选项】组中的【音量】按钮 🔊，并在弹出的下拉列表中选择【高】选项。

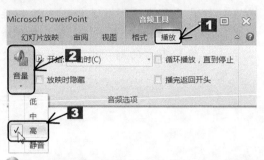

② 单击【音频选项】组中的【开始】右侧的
下拉箭头按钮，在弹出的下拉列表中选
择【单击时】选项。

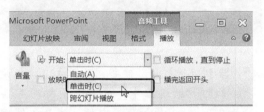

③ 在【音频选项】组中选中【循环播放，直
到停止】复选框，这样声音就会循环播放
直到幻灯片放映完才结束。

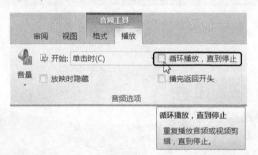

④ 在【音频选项】组中选中【放映时隐藏】
复选框，这样放映时就会隐藏声音图标。

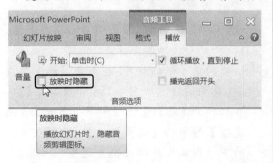

11.2.2　使用文件中的声音

用户除了可以在幻灯片中插入剪贴画音
频外，还可以插入从文件中插入音频。

本实例的素材文件、原始文件和最终效果所在位置如下。	
素材文件	素材文件\11\钢琴.mp3
原始文件	原始文件\11\产品营销案例 01.pptx
最终效果	最终效果\11\产品营销案例 02.pptx

1.　插入声音

剪辑管理器中的声音毕竟是有限的，可
能满足不了用户的所有需要，为此用户可以
插入文件中的声音。

① 打开本实例对应的原始文件，切换到第
35 张幻灯片中，然后选择【插入】➤【媒
体】➤【音频】➤【文件中的音频】选项。

② 随即打开【插入音频】对话框，选择素材
声音所在的文件夹，然后选择需要插入的
声音文件，在此选择"钢琴"文件，单击
插入(S) 按钮即可。

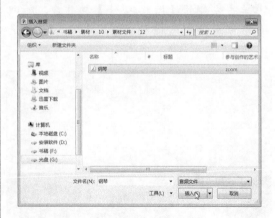

❸这样在幻灯片中就会插入声音图标 ，并且会出现显示声音播放进度的"显示框"。

❹在幻灯片中将声音图标拖动到合适的位置，并适当地调整其大小。

❺在幻灯片中插入声音后，可以先听一下声音的效果。双击声音图标可以听到声音，单击左侧的【播放/暂停】按钮，随即音频文件进入播放状态，并显示播放进度。

❻切换到"幻灯片放映视图"模式中，放映幻灯片时音乐就会自动播放。

❼在声音图标上单击后，幻灯片会自动转换到【音频工具】栏，并切换到【播放】选项卡下，单击【音频选项】组中的【音量】按钮，并在弹出的下拉列表中选择【中】选项。

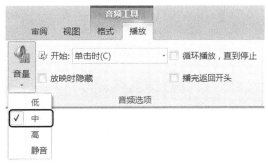

❽单击【音频选项】组中的【开始】右侧的下拉箭头按钮，在弹出的下拉列表中选择【单击时】选项。

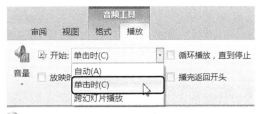

❾在【音频选项】组中选中【播完返回开头】复选框，这样声音就会在播放完成后自动返回开头。

⑩在【音频选项】组中选中【放映时隐藏】复选框，这样就隐藏声音图标。

⑪切换到"幻灯片放映视图"模式中，放映幻灯片时音乐就会自动播放，并且声音图标 会隐藏起来。

2. 利用播放按钮控制声音

在幻灯片播放声音的同时，可能还需要进行其他的工作，因此可以手动控制声音的播放。

①切换到第 35 张幻灯片中，然后在幻灯片中绘制一个矩形。

②在矩形上单击鼠标右键，在弹出的快捷菜单中选择【编辑文字】菜单项。

③输入文本"播放"，并将字体格式设置为"微软雅黑"。

④选中该矩形，切换到【绘图工具】栏，将绘制的矩形的颜色设置为"紫色、强调文字颜色 4"。并将字体颜色设置为"黑色"，将轮廓设置为"无轮廓"。

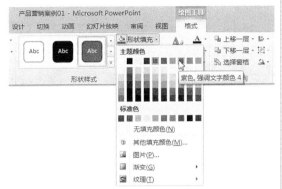

5 选中该矩形, 单击鼠标右键, 在弹出的快捷菜单中选择【设置形状格式】菜单项, 弹出【设置形状格式】对话框, 切换到【三维格式】选项卡, 在【顶端】的下拉列表中选择【角度】选项。

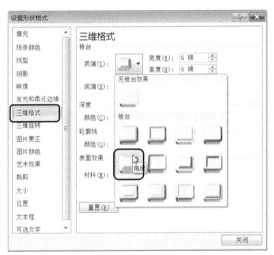

6 在【顶端】右侧的【宽度】、【高度】微调框中都输入"1.1 磅", 在【底端】右侧的【宽度】、【高度】微调框中都输入"1.1 磅"即可。然后在【深度】组合框中的【深度】微调框中输入"34 磅", 最后单击 关闭 按钮。

7 得到如下图所示的图形效果。

8 按照同样的方法, 在幻灯片的合适位置再添加两个矩形, 分别输入文本"暂停"、"停止", 并设置矩形的三维效果, 如下图所示。

9 选中幻灯片中的声音图标,切换到【动画】选项卡,在【高级动画】组中单击【添加动画】按钮,在弹出的下拉列表中选择【媒体】➤【播放】选项。

10 在幻灯片中选中声音图标,切换到【计时】组中,将【开始】设置为【单击时】选项。

11 在【高级动画】组中单击【动画窗格】按钮,随即弹出【动画窗格】任务窗格,选中相应的音频文件,单击其右侧的下三角按钮,在弹出的下拉列表中选择【计时】选项。

12 随即打开【播放音频】对话框,切换到【计时】选项卡,单击 触发器(T) 按钮,选中【单击下列对象时启动效果】单选钮。

13 在其右侧的下拉列表中选择触发对象为【矩形 2: 播放】选项,然后单击 确定 按钮。

14 按照上面介绍的方法,设置"暂停"和"停止"按钮的动画效果。

⓯ 返回幻灯片中,可以看到在声音图标的左上侧有 3 个 "🎵" 形状的图标。

⓰ 这样在放映幻灯片时,用户就可以通过单击 "播放"、"暂停"、"停止" 按钮来控制声音的播放。

11.2.3 插入剪贴画视频

上面介绍了插入音频的方法。下面具体介绍插入剪贴画视频的方法。

本实例的原始文件和最终效果所在位置如下。		
	原始文件	原始文件\11\产品营销案例 02.pptx
	最终效果	最终效果\11\产品营销案例 03.pptx

❶ 打开本实例的原始文件,切换到第 5 张幻灯片。

❷ 切换到【插入】选项卡,单击【媒体】组中的【视频】按钮,在弹出的下拉列表中选择【剪贴画视频】选项。

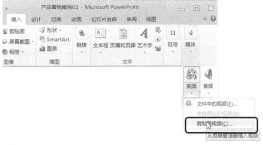

❸ 随即打开【剪贴画】任务窗格,在其列表框中显示了剪辑管理器中的部分文件。在【剪贴画】任务窗格中的【搜索文字】文本框中输入想要插入的剪贴画的关键词,在此输入 "businessmen",然后单击 搜索 按钮进行搜索。

4 选中合适的影片文件缩略图，然后单击其右侧的下箭头按钮 ，在弹出的下拉列表中选择【预览/属性】选项。

5 随即打开【预览/属性】对话框，用户可以在此预览其播放效果，并且可以了解影片文件的相关信息。

6 单击该影片文件即可将其插入到幻灯片中，在幻灯片中将影片文件的缩略图拖动到合适的位置，并适当地调整其大小。

7 选中添加的视频文件，切换到【幻灯片放映】选项卡下，勾选【设置】组中的【播放旁白】、【使用计时】、【显示媒体控件】前的复选框。

11.2.4 插入文件中的视频

剪辑管理器中的影片文件毕竟是有限的，满足不了用户的所有需要，因此用户可以插入文件中的影片。

本实例的素材文件、原始文件和最终效果所在位置如下。		
	素材文件	素材文件\11\化妆品.avi
	原始文件	原始文件\11\产品营销案例 03.pptx
	最终效果	最终效果\11\产品营销案例 04.pptx

1. 从外来文件中插入影片

1 打开本实例对应的原始文件，切换到第 2 张幻灯片中，然后切换到【插入】选项卡，在【媒体】组中单击【视频】按钮 ，在弹出的下拉列表中选择【文件中的视频】选项。

② 打开【插入视频文件】对话框，在【查找范围】下拉列表中选择影片文件所在的文件夹，选中查找到的影片文件，然后单击 插入(S) 按钮。

③ 随即影片文件就会插入到幻灯片中。

④ 按住鼠标左键拖动影片文件缩略图图标的尺寸控制点来调整其大小，并将其放置于合适的位置。

⑤ 单击【大纲】任务窗格底部的【幻灯片放映】按钮 放映幻灯片，欣赏插入的影片文件的播放效果。在影片文件的缩略图图标上单击一下即可播放影片文件，再单击一次可暂停播放影片，再次单击则可继续播放。

⑥ 返回"幻灯片普通视图"模式中，选中插入的视频文件，切换到【视频工具】栏的【播放】选项卡下，在【视频】选项组中单击【开始】右侧的下拉按钮，在弹出的下拉列表中选择【单击时】选项。

7 在【视频选项】组中选中【循环播放，直到停止】复选框。

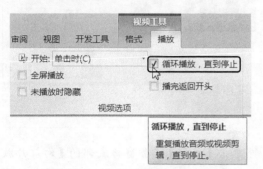

2. 设置放映时的动画效果

对于影片文件，除了可以在"影片选项"中设置播放效果外，还可以利用"自定义动画"来设置其动画效果。

1 选中插入的视频文件，切换到【动画】选项卡，在【高级动画】组中单击【添加动画】按钮，在弹出的下拉列表中选择【播放】选项。

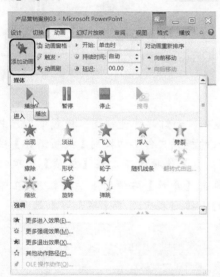

2 打开【动画窗格】任务窗格，选中【化妆品】。

3 单击鼠标右键，在弹出的菜单中选择【效果选项】。

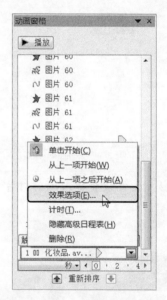

4 随即弹出【播放视频】对话框，切换到【效果】选项卡，选中【开始播放】组合框下的【开始时间】单选钮，选中【停止播放】组合框下的【单击时】单选钮。

⑤ 切换到【计时】选项卡，单击 触发器(T) ▲ 按钮，选中【单击下列对象时启动效果】单选钮。在右侧的下拉列表中选择【化妆品.avi】选项，最后单击 确定 按钮。

⑦ 按照上面的方法设置其效果选项。

⑥ 在【动画】选项卡下，单击【高级动画】组中的【添加动画】按钮 ，在弹出的下拉列表中选择【暂停】选项。

⑧ 随即弹出【暂停视频】对话框，切换到【效果】选项卡，在【增强】组合框下的【声音】下拉列表中选择【风声】，在【动画播放后】下拉列表中选择【播放动画后隐藏】选项。

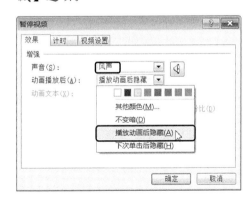

9 在【动画】选项卡下，单击【高级动画】组中的【添加动画】按钮，在弹出的下拉列表中选择【停止】选项。

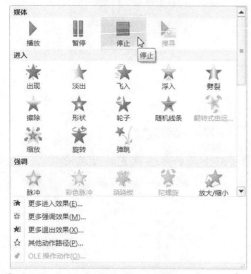

10 按照上面的方法设置其效果选项。

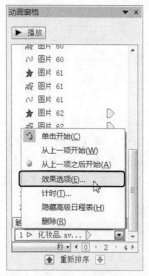

11 随即弹出【停止视频】对话框，切换到【效果】选项卡，在【声音】下拉列表中选择【鼓掌】选项，然后在【动画播放后】下拉列表中选择【下次单击后隐藏】选项。

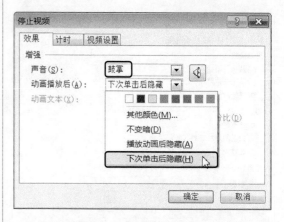

3. 设置影片放映最佳效果

在放映影片文件时，有时会出现画面不清晰的情况，影响影片的观赏效果。可以通过下面的方法来设置影片的最佳比例，以达到播放时的最佳效果。

1 在影片文件的图标上单击鼠标右键，在弹出的快捷菜单中选择【设置视频格式】菜单项。

2 随即打开【设置视频格式】对话框，切换到【大小】选项卡，选中【锁定纵横比】、【相对于图片原始尺寸】和【幻灯片最佳比例】这3个复选框，然后将【分辨率】

调整为 "640×480"，最后在【尺寸和旋转】组合框中的【高度】和【宽度】微调框中输入合适的值。

❸在【设置视频格式】对话框中，切换到【位置】选项卡，将【水平】、【垂直】分别设置为 "0.53 厘米" 和 "1.16 厘米"，都是 "自左上角"。

❹切换到【裁剪】选项卡，按下图所示设置【图片位置】和【裁剪位置】组合框下的各项值。

❺单击 关闭 按钮返回幻灯片中，将其调整到合适的位置，然后单击【大纲】任务窗格底部的【幻灯片放映】按钮，即可观赏设置后的最佳效果。

4. 设置视频文件动画效果

设置完视频的播放效果，下面具体介绍如何设置视频文件的动画效果，实际上设置视频文件的动画效果也是为视频的播放而服务的。

① 选中第 2 张幻灯片，切换到【动画】组，单击【高级动画】组中的【添加动画】按钮，在弹出的下拉列表中选择【进入】➢【形状】选项。

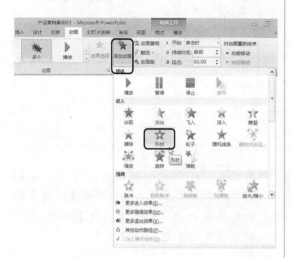

② 在【动画】组，单击【高级动画】组中的【添加动画】按钮，在弹出的下拉列表中选择【强调】➢【脉冲】选项。

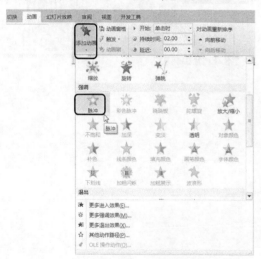

③ 再次单击【高级动画】组中的【添加动画】按钮，在弹出的下拉列表中选择【退出】➢【旋转】选项。

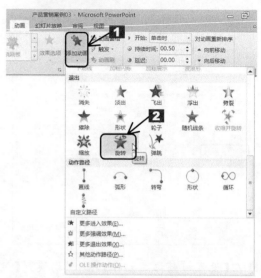

④ 接下来将【进入】的效果的【方向】设置为【放大】,【声音】设置为【风铃】,【动画播放后】设置为【播放动画后隐藏】。

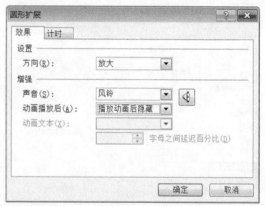

⑤ 在【圆形扩展】对话框中切换到【计时】选项卡，在【开始】下拉列表中选择【上一动画之后】选项，在【期间】下拉列表中选择【中速(2 秒)】选项，最后单击 确定 按钮即可。

6 接下来将【强调】效果中的【声音】设置为【微风】，将【动画播放后】设置为【播放动画后隐藏】。

7 在【脉冲】对话框中切换到【计时】选项卡，在【开始】下拉列表中选择【上一动画之后】选项，在【期间】下拉列表中选择【快速（1 秒）】，最后单击 确定 按钮。

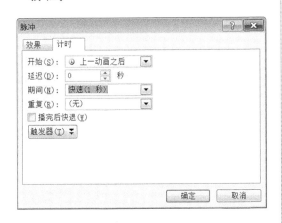

8 接下来将【退出】效果中的【声音】设置为【照相机】。

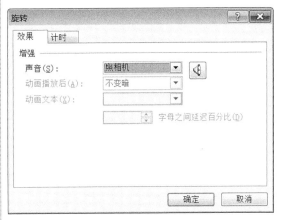

9 在【旋转】对话框中切换到【计时】选项卡，在【开始】下拉列表中选择【单击时】选项，在【期间】下拉列表中选择【慢速（3 秒）】，最后单击 确定 按钮。

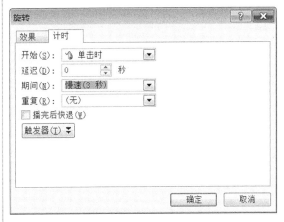

10 选中插入视频文件的缩略图，切换到【切换】选项卡，在【切换到此幻灯片】组中单击【切换方案】按钮，在弹出的下拉列表中选择【动态内容】➤【窗口】选项。

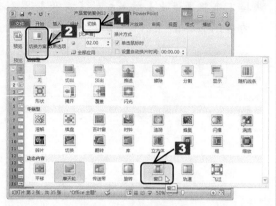

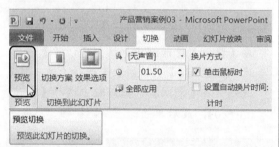

⑪在【预览】组中单击【预览】按钮。

⑫随即在幻灯片中预览新设置的视频文件的切换效果。

⑬在【切换】选项卡下的【计时】组中将【声音】设置为【风铃】，将【持续时间】设置为【02:00】，并选中【单击鼠标时】复选框。

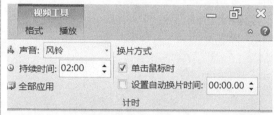

⑭返回幻灯片中，单击【大纲】任务窗格底部的【幻灯片放映】按钮，在放映幻灯片的同时就可以观看到设置的动画效果。

11.3 放映产品营销案例

案例背景

　　演示文稿编辑完成以后，用户就可以进行放映了。在放映幻灯片的过程中，放映者可能对幻灯片的放映方式和放映时间有不同的需求，为此，用户可以对其进行相应的设置。

最终效果及关键知识点

设置循环播放幻灯片　　　　　使用排练计时实现自动放映

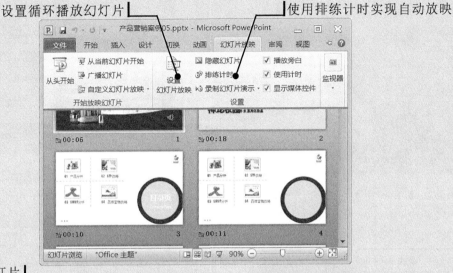

添加放映幻灯片时的特殊效果

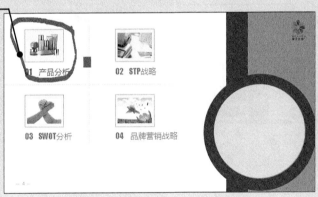

幻灯片设置完毕，接下来用户就可以播放幻灯片，观看幻灯片的放映效果。在放映的过程中还可以添加一些特殊效果，例如使用画笔在幻灯片上标注信息。

本实例的原始文件和最终效果所在位置如下。

	本实例的原始文件和最终效果所在位置如下。	
原始文件	原始文件\11\产品营销案例 04.pptx
最终效果	最终效果\11\产品营销案例 05.pptx

11.3.1　使用排练计时实现自动放映

在放映幻灯片之前，用户可以对幻灯片的放映方式进行设置。幻灯片的放映方式有两种：自动放映和手动放映，下面介绍使用排练计时的方法实现自动放映。

1 打开本实例的原始文件，选择第 1 张幻灯片，切换到【幻灯片放映】选项卡，在【设置】组中，单击【排练计时】按钮 ⏱排练计时。

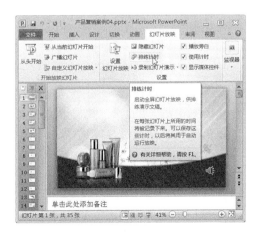

2 此时，进入幻灯片放映状态，在【录制】工具栏的【幻灯片放映时间】文本框中显示了当前幻灯片的放映时间。

3 单击【下一项】按钮 ➡，切换到其他幻灯片中，然后按照同样的方法设置其放映时间。

当前幻灯片放映时间   已放映幻灯片总时间

4 幻灯片排练完成，单击【录制】工具栏中的【关闭】按钮 ✕，随即弹出【Microsoft Office PowerPoint】对话框，提示用户幻灯片放映共需时间以及是否保留幻灯片排练时间。

5 单击 是(Y) 按钮，系统会自动返回"幻灯片浏览视图"中，在该视图方式中显示了每张幻灯片播放所需时间。

6 切换到【幻灯片放映】选项卡，在【设置】组中，单击【设置幻灯片放映】按钮。

7 弹出【设置放映方式】对话框，在【放映幻灯片】组合框中选中【从】单选钮，在其微调框中输入"2"，在【到】微调框中输入"5"，在【换片方式】组合框中选中【如果存在排练时间，则使用它】单选钮，其他选项保持默认设置。

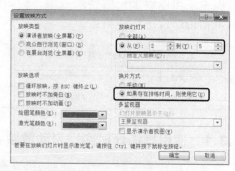

8 单击 确定 按钮，返回幻灯片中，按【F5】键即可从第 2 张幻灯片开始自动放

映幻灯片，按下【Esc】键即可退出幻灯片的放映状态。

11.3.2　设置循环播放幻灯片

如果用户要循环播放幻灯片，那么就需要设置幻灯片的放映方式。在设置循环播放幻灯片之前，首先需要对幻灯片进行排练计时，由于在前面已经设置，所以下面只设置循环播放的方式。

❶切换到【幻灯片放映】选项卡，在【设置】组中，单击【设置幻灯片放映】按钮，打开【设置放映方式】对话框，在【放映幻灯片】组合框中选中【全部】单选钮，在【放映选项】组合框中选中【循环放映，按 ESC 键终止】复选框，在【换片方式】组合框中选中【如果存在排练时间，则使用它】单选钮，其他选项保持默认设置。

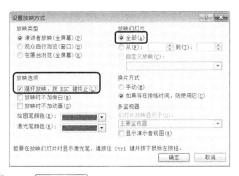

❷单击 确定 按钮，返回幻灯片中，切换到【幻灯片放映】选项卡，在【开始放映幻灯片】组中，单击【从头开始】按钮，即可实现幻灯片从头开始循环播放。

11.3.3　添加放映幻灯片时的特殊效果

在放映幻灯片时，为了方便演讲者表达意愿，可以使用画笔在幻灯片上勾画或者标注信息等。

❶按【F5】键进入幻灯片放映状态，当放映到指定的幻灯片时，单击幻灯片放映窗口底部的【画笔】按钮，在弹出的下拉列表中选择【荧光笔】选项。

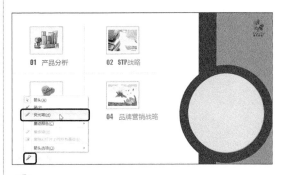

❷接着再次从画笔下拉列表中选择【墨迹颜色】➢【红色】选项。

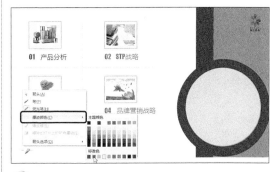

❸将鼠标指针移动到幻灯片中，此时就可以拖动鼠标，勾画出需要特别强调的内容。

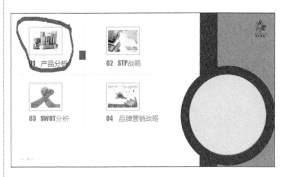

④ 如果要清除勾画的笔迹，可以从画笔下拉列表中选择【擦除幻灯片上的所有墨迹】菜单项。

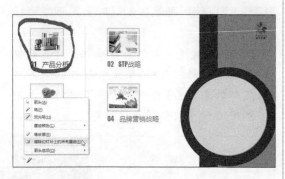

⑤ 此时幻灯片上的所有墨迹就都会被清除。

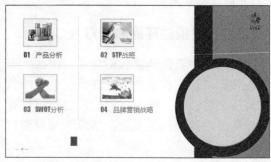